“十四五”职业教育国家规划教材

高等教育 装配式建筑系列教材

装配式混凝土建筑施工

（第4版）

ZHUANGPEISHI HUNNINGTU JIANZHU SHIGONG

主 编

王 鑫 刘晓晨 李洪涛 郑卫锋

主 审

王全杰

重庆大学出版社

内容提要

本书是“十四五”职业教育国家规划教材。全书详细地介绍了建筑产业化的背景与现状、装配式混凝土结构设计生产施工全过程、装配式混凝土框架结构施工技术、装配式混凝土剪力墙结构施工技术以及装配式建筑专项施工组织设计。为便于学生理解，针对关键知识点配套相关视频资源，可以扫描书中二维码观看。

本书适合作为高等院校装配式建筑工程技术、土木工程、建筑工程技术等相关专业的教材使用，也可作为建筑相关从业人员的培训、考试和自学用书。

图书在版编目(CIP)数据

装配式混凝土建筑施工 / 王鑫等主编. -- 4 版. -- 重庆：重庆大学出版社，2023.1(2024.1 重印)
高等教育装配式建筑系列教材
ISBN 978-7-5689-1292-1

Ⅰ. ①装… Ⅱ. ①王… Ⅲ. ①装配式混凝土结构—混凝土施工—高等学校—教材 Ⅳ. ①TU755

中国国家版本馆 CIP 数据核字(2023)第 005674 号

高等教育装配式建筑系列教材
装配式混凝土建筑施工
(第 4 版)
主 编 王 鑫 刘晓晨 李洪涛 郑卫锋
策划编辑：林青山
责任编辑：肖乾泉 版式设计：肖乾泉
责任校对：谢 芳 责任印制：赵 晟
*
重庆大学出版社出版发行
出版人：陈晓阳
社址：重庆市沙坪坝区大学城西路 21 号
邮编：401331
电话：(023)88617190 88617185(中小学)
传真：(023)88617186 88617166
网址：http://www.cqup.com.cn
邮箱：fxk@cqup.com.cn (营销中心)
全国新华书店经销
重庆华数印务有限公司印刷
*
开本：787mm×1092mm 1/16 印张：16.25 字数：413 千
2018 年 8 月第 1 版 2023 年 1 月第 4 版 2024 年 1 月第 12 次印刷
印数：34 001—39 000
ISBN 978-7-5689-1292-1 定价：68.00 元

前　言

Preface

随着我国在2060年前实现“碳中和”目标的确定，建筑业作为国民经济的支柱产业，必须加大改革创新的力度，落实新发展理念，加快构建新发展格局，积极推动绿色低碳安全高质量发展，从根本上改变传统、落后的生产建造方式，加快推进产业转型发展，走可持续发展的道路。近年来，建筑产业现代化受到了各方面的高度重视并得以大力推动，呈现了良好的发展态势。建筑产业现代化的核心是建筑工业化，建筑工业化的重要特征是采用标准化设计、工厂化生产、装配化施工、一体化装修和全过程的信息化管理。建筑工业化是生产方式变革，是传统生产方式向现代工业化生产方式的转变，它不仅是房屋建设自身的生产方式变革，也是推动我国建筑业转型升级，实现国家新型城镇化发展、节能减排战略的重要举措。发展新型建造模式，大力推广装配式建筑，是实现建筑产业转型升级的必然选择，是推动建筑业在“十四五”和今后一个时期赢得新跨越、实现新发展的重要引擎。装配式建筑可大大缩短建造工期，全面提升工程质量，在节能、节水、节材等方面效果非常显著，并且可以大幅度减少建筑垃圾和施工扬尘，更加有利于保护环境。

2016年发布的《中共中央 国务院关于进一步加强城市规划建设管理工作的若干意见》指出，要大力推广装配式建筑，减少建筑垃圾和扬尘污染，缩短建造工期，提升工程质量。要求“制订装配式建筑设计、施工和验收规范；完善部品部件标准，实现建筑部品部件工厂化生产；鼓励建筑企业装配式施工，现场装配；建设国家级装配式建筑生产基地；加大政策支持力度，力争用10年左右的时间，使装配式建筑占新建建筑的比例达到30%”。

党的二十大报告指出：坚持以推动高质量发展为主题，着力提升产业链供应链韧性和安全水平，建设现代化产业体系，推动建筑业高质量发展，以新型建筑工业化带动建筑业全面转型升级，对建筑业未来发展指明了方向，通过新一代信息技术驱动，以工程全寿命周期系统化集成设计、精益化生产施工为主要手段，整合工程全产业链、价值链和创新链，实现工程建设高效益、高质量、低消耗、低排放的建筑工业化。为推进建筑产业现代化，适应新型建筑工业化的发展要求，大力推广应用装配式建筑技术，指导高等院校与企业正确掌握装配式建筑技术原理和方法，便于工程技术人员在工程实践中操作和应用，辽宁城市建设职业技术学院和广联达科技股份有限公司组织编写了本书。由于国内采用装配式住宅的项目比较多，占装配式建筑的85%以上，故本书着重阐述住宅体系的施工工艺与流程，并以住宅施工流程为例进行了介绍。同时，本书也详细介绍了建筑产业化的背景与现状、装配式混凝土结构设计施工全过程、装配式混凝土框架结构施工技术、装配式混凝土剪力墙结构施工技术以及装配式建筑专项施工组织设计。

本书总结了国内装配式建筑施工等方面的经验，层次分明，通俗易懂，便于读者快速了解装配式建筑的相关知识。本书第一版于 2018 年出版后，受到广大院校的欢迎，并于 2023 年入选“十四五”职业教育国家规划教材。本次修订主要是在原有教材基础上精简前两章的知识结构体系，完善框架和剪力墙结构体系的施工技术流程，补充了相关案例；新增 13 个关键施工工艺视频；更新部分规范验收质量标准。为便于教学，本书提供配套的 PPT、课后习题答案、试卷及答案、29 个关键工艺模拟仿真视频、3 个拓展阅读资料、44 个建筑云课视频等教学资源，教师可加入装配式建筑交流 QQ 群（群号：592228858）下载。

本书在编写过程中，参考了大量文献资料，也参考了大量国内外企业的成功经验与经典案例，感谢书中相关企业的大力帮助与鼎力支持。装配式技术并非一家一门的技术，也不是封闭和保守的技术，只有全社会各家各企业共同为之努力和奋斗，打破经验技术的壁垒，才能将这项造福人类的事业发展起来。为了编写方便，未能对所引用的文献资料一一注明，在此，我们向有关企业、专家和原作者致以真诚的感谢。

由于编者的水平有限，书中难免会有疏漏、不足之处，恳请广大读者批评指正。

编　者

2023 年 1 月

目 录

Contents

模块1　建筑产业化

1.1　建筑产业化的背景与现状

1.1.1　建筑产业化的定义

(1)主要概念

建筑产业化是指运用现代化管理模式,通过标准化的建筑设计以及模数化、工厂化的部品生产,实现建筑构部件的通用化和现场施工的装配化、机械化。《装配式混凝土建筑技术标准》(GB/T 51231—2016)中给出明确定义:装配式建筑是指结构系统、外围护系统、设备与管线系统、内装系统的主要部分采用预制部品部件集成的建筑。

新型建筑工业化是新型工业化的组成部分,是建筑产业现代化的重要途径。其目的是:提高建筑工程质量、效率和效益;改善劳动环境,节省劳动力;促进建筑节能减排、节约资源。重点是:现代工业化、信息化技术(如BIM)在传统建筑业的集成应用,促进建筑生产方式转变和建筑产业转型升级。

(2)主要特点

与现浇混凝土建筑相比,装配式混凝土建筑的主要特点如下:

①主要构件在工厂或现场预制,采用机械化吊装(图1.1),可以与现场各专业施工同步进行,具有施工速度快、有效缩短工程建设周期、有利于冬期施工的特点。

②构件预制采用定型模板平面施工作业,代替现浇结构立体交叉作业,具有生产效率高、产品质量好、安全环保、有效降低成本的特点。

③在预制构件生产环节可以采用反打一次成型工艺或立模工艺等,将保温、装饰、门窗附件及特殊要求的功能高度集成,可以减少物料损耗和施工工序。

图1.1　叠合板安装

④对从业人员的技术管理能力和工程实践经验要求较高,装配式建筑的设计、施工应做好前期策划,具体包括工期进度计划、构件标准化深化设计及资源优化配置方案等。

1.1.2　建筑产业化的重要意义

建筑产业化对住房和城乡建设领域的可持续发展具有革命性、根本性和全局性等重要意义。

(1)革命性

建筑产业现代化是生产方式的变革,是传统生产方式向现代工业化生产方式转变的过程。

(2)根本性

建筑产业化是解决建筑工程质量、安全、效率、效益、节能、环保、低碳等一系列重大问题的根本途径;是解决房屋建造过程中设计、生产、施工、管理之间相互脱节、生产方式落后问题的有效途径;是解决当前建筑业劳动力成本提高、劳动力和技术工人短缺以及提高建筑工人素质的必然选择。

(3)全局性

建筑产业化是推动我国建筑业以及住房和城乡建设领域的转型升级,实现国家新型城镇化发展、节能减排战略的重要举措。

党的二十大报告提出:建设现代化产业体系,坚持把发展经济的着力点放在实体经济上,推进新型工业化,加快建设制造强国、质量强国;要坚持科技创新,构建新一代信息技术、新材料、绿色环保的增长引擎。装配式建筑技术采用新技术、新工艺替代传统现浇工艺建造方式,既可以减少人员投入、提高工程质量,也能积极响应国家“双碳”目标、制造强国、质量强国的号召。

1.1.3 建筑产业化背景

当前,我国建筑业仍是一个劳动密集型、建造方式相对落后的传统产业(图 1.2),尤其在房屋建造的整个生产过程中,高能耗、高污染、低效率、粗放的传统建造模式还具有普遍性,与当前的新型城镇化、工业化、信息化发展要求不相适应。

图 1.2 传统施工现场

我国建筑业目前的主要问题是生产方式落后(图 1.3)。

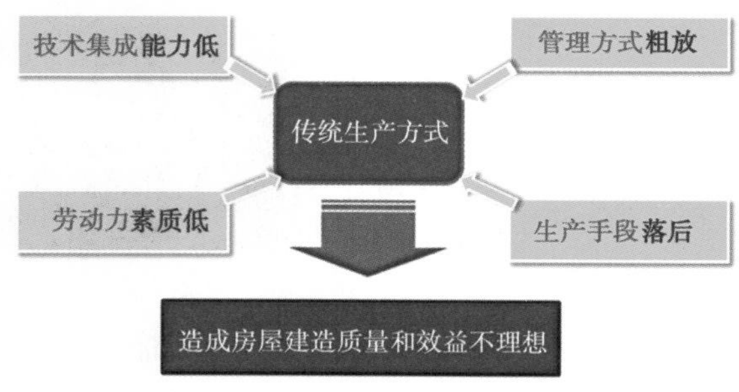

图 1.3 传统生产方式的缺点

建筑产业化提出

建筑产业化发展现状

1.1.4 装配式混凝土结构项目简介

PC(Prefabricated Concrete)结构是预制装配式混凝土结构的简称,是以预制混凝土构件为主要构件,经装配、现浇等方式连接而形成的混凝土结构。预制构件是以构件加工单位工厂化制作而成的成品混凝土构件。

装配式混凝土结构项目在当今世界建筑领域中,采用形式因各国和各地区技术、政策不同而有所不同,在国内尚属开发、研究阶段,其主要特点如下:

①产业化流水预制构件工业化程度高。

②成型模具和生产设备一次性投入后可重复使用,耗材少,节约资源和费用。

③现场装配、连接可避免或减轻施工对周边环境的影响。

④预制装配工艺的运用可使劳动力资源投入相对减少。

⑤机械化程度有明显提高,操作人员劳动强度得到有效降低。

⑥预制构件外装饰工厂化制作,直接浇捣于混凝土中,建筑物外墙无湿作业,不采用外脚手架,不产生落地灰,扬尘得到抑制。

⑦预制构件的装配化建造方式使得现场施工周期缩短。

⑧工厂化预制混凝土构件不采用湿作业和减少现浇混凝土浇捣,避免了垃圾源的产生,不需要清洗搅拌车、固定泵以及湿作业的操作工具,大量废水和废浆污染源得到抑制。

⑨采用预制混凝土构件,建筑材料运输、装卸、堆放、控料过程中各种车辆行驶引起的扬尘减少。

⑩工厂化预制构件采用吊装装配工艺,无须泵送混凝土,避免固定泵产生噪声;模板安装、拼装时,在工艺上避免锤子锤击的声音。

⑪预制装配施工基本不需要夜间施工,减少了夜间照明对附近环境的生活影响,降低了光污染。

装配式混凝土结构有框剪结构和剪力墙结构等多种形式。对于框架剪力墙结构体系,结构的竖向及水平受力均由框架和剪力墙承担。预制外墙为围护构件,只承担自重和自身重力引起的地震作用和风荷载。楼板及阳台采用叠合板时,设计一般采用单向板形式。楼梯采用预制混凝土装配式成品楼梯时,有"先搁置,后连接"和"先结构,后吊装"两种形式。

剪力墙结构体系通常采用PCF构件,即预制构件外墙模,由构件加工制作而成的成品预制构件外墙模,通过与外墙内衬现浇混凝土结构连接,用于建筑外墙的外表面围护体系。

在外墙装配前,装配式混凝土结构外墙预制构件饰面砖由工厂化生产完成。外墙饰面砖由供应商通过特殊工厂化加工处理和制作后,在预制构件成品制作时事先与构件模具粘贴、固定,直接与构件混凝土浇捣连接在一起,无须另行安排现场面砖铺贴施工,避免现场外墙湿作业和外墙施工粉尘的产生,也可以防止面砖脱落。外门窗采用断热型系列铝合金门窗,其中门窗框在外墙装配前,在加工厂内安装,与构件混凝土浇捣在一起。

1.2　建筑产业化的基本内涵和应用优势

1.2.1　建筑产业化的基本内涵

(1)最终产品绿色化

20世纪80年代,人类提出可持续发展理念。党的十五大明确提出中国现代化建设必须实施可持续发展战略。党的十八大提出了"推进绿色发展、循环发展、低碳发展"和"建设美丽中国"的战略目标。面对来自建筑节能环保方面的更大挑战,2013年国家启动《绿色建筑行动方案》，在政策层面导向上表明了要大力发展节能、环保、低碳的绿色建筑。

2017 年 4 月，住房和城乡建设部印发了《建筑业发展“十三五”规划》，阐明“十三五”时期建筑业发展战略意图、明确发展目标和主要任务，推进建筑业持续健康发展，强调要推动建筑产业现代化，推广智能和装配式建筑；提高建筑节能水平，推广建筑节能技术，推进绿色建筑规模化发展。

党的十九大报告中全面阐述了加快生态文明体制改革、推进绿色发展、建设美丽中国的战略部署，明确指出：我们要建设的现代化是人与自然和谐共生的现代化，既要创造更多物质财富和精神财富以满足人民日益增长的美好生活需要，也要提供更多优质生态产品以满足人民日益增长的优美生态环境需要。党的十九大报告为未来中国推进生态文明建设和绿色发展指明了路线图。

党的二十大报告指出：推动绿色发展，促进人与自然和谐共生。加快发展装配式建筑产业，全面实施节约战略，实现建筑绿色转型，推动形成绿色低碳的生产方式和生活方式。

（2）建筑生产工业化

推进新型工业化，建设现代化产业体系，加快建设制造强国、质量强国和数字中国。实施建筑产业化发展，推动建筑产业向高端化、智能化、绿色化发展。建筑生产工业化是指用现代工业化的大规模生产方式代替传统的手工业生产方式来建造建筑产品。建筑生产工业化主要体现在 3 个部分：建筑设计标准化、中间产品工厂化、施工作业机械化（图 1.4）。

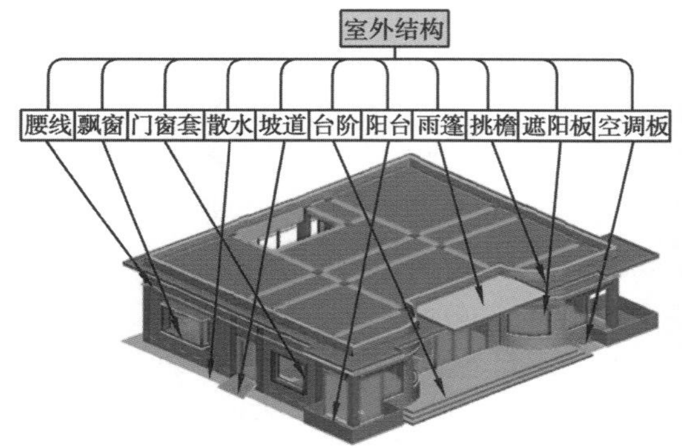

（a）建筑设计标准化

（b）中间产品工厂化

（c）施工作业机械化

图 1.4　建筑生产工业化

(3)全产业链集成化

加强关键核心技术攻关,准确把握科技数字化发展机遇,提升建筑产业化创新能力;借助信息技术手段,用整体综合集成的方法将工程建设的全部过程组织起来,使设计、采购、施工、机械设备和劳动力实现资源配置更加优化组合;采用工程总承包的组织管理模式,在有限的时间内发挥最有效的作用,提高资源的利用效率,创造更大的效用价值(图1.5)。

(4)产业工人技能化

培养造就大批德才兼备的高素质人才,是国家和民族长远发展大计。随着建筑业科技含量的提高,繁重的体力劳动将逐步减少,复杂的技能型操作工序将大幅度增加,对操作工人的技术能力也提出了更高的要求。因此,实现建筑产业现代化急需强化职业技能培训与考核持证,促进有一定专业技能水平的农民工向高素质的新型产业工人转变(图1.6)。

图1.5　全产业链集成化

图1.6　产业工人技能化

1.2.2　建筑产业化的应用优势

建筑产业化的应用优势见表1.1。

表1.1　建筑产业化的应用优势

内容	预制装配式混凝土结构	现浇混凝土结构
生产效率	现场装配,生产效率高,减少人力成本;需5~6天一层楼,人工减少50%以上	现场工序多,生产效率低,人力投入大;需6~7天一层,靠人海战术和低价劳动力
工程质量	误差控制在毫米级,墙体无渗漏、无裂缝;室内可实现100%无抹灰工程	误差控制在厘米级,空间尺寸变形较大;部品安装难以实现标准化,基层质量差
技术集成	可实现设计、生产、施工一体化、精细化;通过标准化、装配化形成集成技术	难以实现装修部品的标准化、精细化;难以实现设计、施工一体化、信息化
资源节约	施工节水60%、节材20%、节能20%;垃圾减少80%,脚手架、支撑架减少70%	水耗大、用电多、材料浪费严重;产生的垃圾多,需要大量的脚手架、支撑架
环境保护	施工现场基本无扬尘、废水、噪声	施工现场扬尘和噪声大、废水和垃圾多

1.3 建筑产业化的工作流程

建筑产业化工作流程如图 1.7 所示。

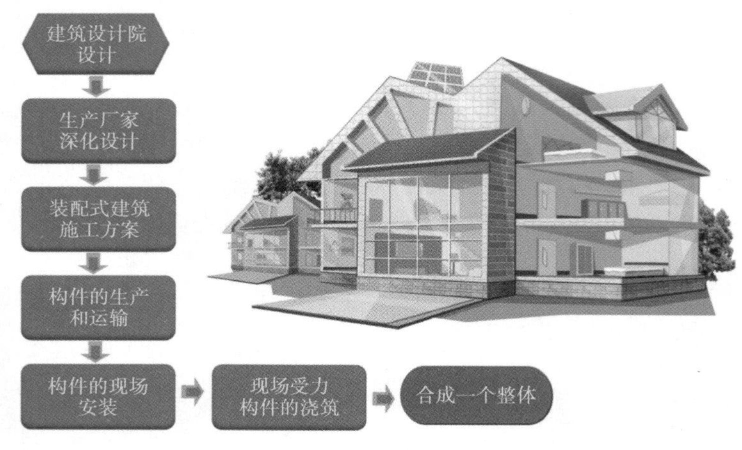

图 1.7 建筑产业化工作流程

1.3.1 装配式建筑方案设计

(1)初步方案文本编制主要内容

初步方案文本编制主要内容包括项目概况、结构体系选择、预制范围、装配率计算、节点连接方式。

(2)编制原则

在确定建筑方案的功能、风格、造型、高度及质感时,考虑装配式的影响和实现可能性,是否满足地方政府对预制装配率的强制要求,并确定相应的预制范围;以"标准化"和"模数化"的核心思想设计整个方案;按照"少规格、多组合"的原则进行设计,减少装配式构件的种类,降低生产成本,便于施工。

1.3.2 装配式建筑初步设计

协同建筑、结构、机电、装修各专业的模数尺寸,以减少装配式构件的种类,降低生产成本,便于施工;分析预制区域设计的合理性、预制区域构件生产的经济性、施工的安全性,最终确定整个项目的装配方案。

1.3.3 装配式建筑施工图设计

建筑专业在进行平面布局、立面造型、楼梯、阳台、飘窗、卫生间等布置时,应考虑模数和尺寸的统一;在选择内外墙材料时,应考虑装配式的特点。

外围护结构建筑设计,尽可能实现建筑、结构、保温、装饰一体化。

建筑构造设计和节点设计,应保证建筑防水、防火的要求,满足设备、管线、厨卫、装饰、门窗等专业或环节的要求,与深化设计对接。

结构专业在结构平面布局、构件截面取值、节点连接方式、构件拆分方式的各设计环节，应充分考虑装配式的影响，尽可能采用模数化设计。

设备专业在施工图阶段应充分考虑管线、洞口的预埋预留，避免后期修改对预制构件造成破坏。

1.3.4 构件的工业化生产

(1)生产的构件种类

生产的构件主要有剪力墙、主次梁、楼板。

预制剪力墙底部预埋钢筋对接套筒、腰部预留拉件孔、顶部预留次梁安装口，预制填充墙、外剪力墙与预埋套筒如图1.8至图1.10所示。

图1.8 预制内填充墙

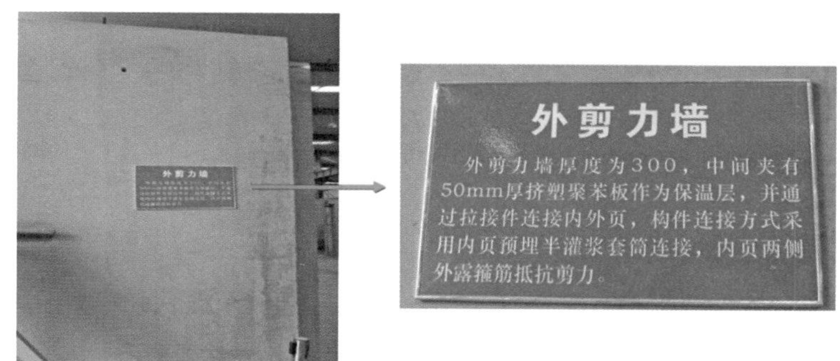

图1.9 预制外剪力墙

图1.10 预埋套筒

预制梁浇筑至板底、两端及上部预留安装、连接钢筋位置如图 1.11、图 1.12 所示。

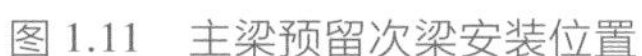

图 1.11　主梁预留次梁安装位置

图 1.12　预制梁预留钢筋位置

预制叠合板楼板只制作约一半板的厚度(约 6 cm,兼作模板),上面预留 7~9 cm 现浇混凝土,除底部外的其他三面预留连接钢筋、线管穿插孔洞(图 1.13)。

图 1.13　预制叠合楼板

(2)构件的工业化生产流程

钢筋制作→钢筋安装(含套筒)→浇筑混凝土→构件的初级养护→毛化处理→蒸汽养护→检验合格→印制二维码准备出品,如图 1.14 至图 1.18 所示。

图 1.14　钢筋制作

图1.15　钢筋安装

图1.16　浇筑混凝土

图1.17　毛化处理

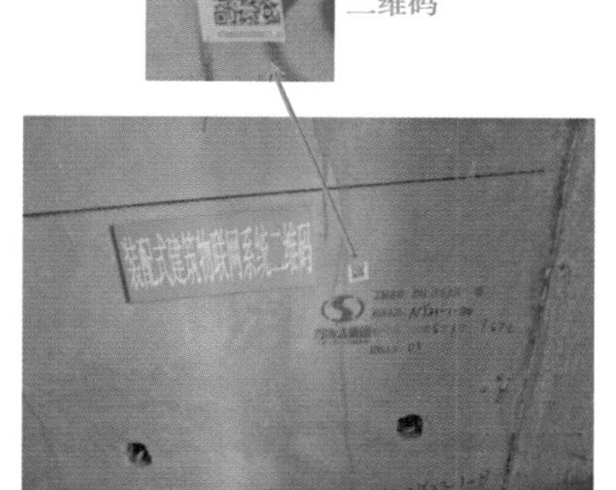

图1.18　构件二维码

1.3.5　构件运输

这么多的构件，会搞乱吗？

不会！每个构件都办了“身份证”——二维码，载明构件名称、具体部位等，由厂家负责运输，按时运到现场指定地方堆放（图1.19、图1.20）。

图 1.19　预制楼板运输

图 1.20　预制剪力墙运输

1.3.6　现场装配化施工

(1)预制剪力墙安装

放线定位→预制剪力墙安装(可采用墙顶预埋吊钉的形式,见图 1.21)→底部套入预埋钢筋→固定(水平定位、垂直度调节由限位装置与可调斜撑完成)→底部固定(采用套筒灌浆连接,见图 1.22)。

图 1.21　预制剪力墙安装

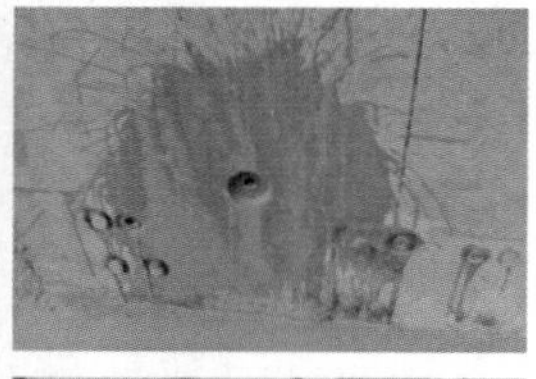

图 1.22　底部固定套管灌浆

(2)现浇竖向受力构件施工

竖向受力构件(暗柱)钢筋、模板安装要点如下:

①闭口筋操作要点:吊装墙板→放置暗柱箍筋→插入暗柱主筋→绑扎→封模。

②开口筋操作要点：主筋搭接（对接）→套放箍筋→绑扎→吊墙→封模。

剪力墙现浇区模板集中钻孔，应设置水平加固螺杆，间距满足施工要求，下部加固箍应采用双螺帽加固，防止螺帽因震动而松动；龙骨应采用方木、槽钢或方管加固；所有模板拼缝处均应设置和槽钢或方管同规格的方木加固，防止漏浆（图1.23）。

竖向受力构件（暗柱）混凝土浇筑如图1.24所示。

图1.23　剪力墙板支撑

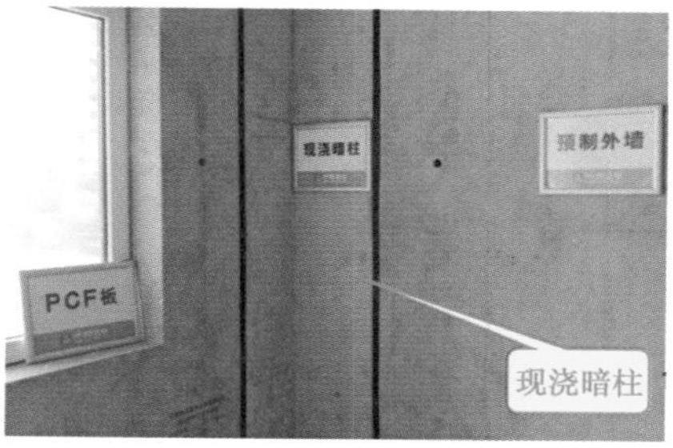

图1.24　墙板现浇暗柱

（3）主梁模板、钢筋安装

现浇区的主梁模板、钢筋安装如图1.25所示。叠合构件是由预制混凝土构件和后浇混凝土组成，以两阶段成型的整体受力结构构件；叠合梁和叠合楼板是最常用的装配式水平构件。叠合板的预制层可作为上层现浇叠合层的永久性模板，现浇层中绑扎面层钢筋，也可敷设水平设备管线。

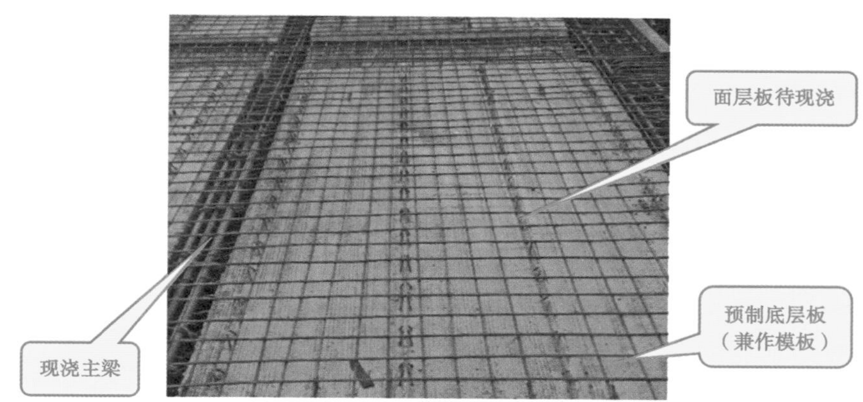

图1.25　主梁模板、钢筋安装

（4）预制梁、板安装

预制主、次梁吊装如图1.26所示。放出主梁定位线，在两段梁接头处按照图纸要求将箍筋放置完成，主筋采用灌浆套筒连接、机械连接或焊接连接。对梁节点处和上部钢筋进行绑扎。主梁安装完成后，预先放线，安放次梁支撑。放置次梁，校正次梁标高及相对位置，同时要保证次梁的锚固长度，以及主次梁交接处的箍筋加密要求。分别安放主、次梁上部纵筋，主梁上部纵向钢筋贯通，位于次梁上部纵向钢筋之下，在主次梁交接处粘贴海绵条，防止交接处漏浆。待叠合板安装完成后，同时浇筑混凝土。

图 1.26　梁吊装

预制叠合楼板吊装如图 1.27 所示。基本流程为:叠合楼板吊装就位→校正标高和搁置点长度→支撑固定和加固→松钩。根据墙体上用墨斗线弹出的标高控制线,复核水平构件的支座标高,对偏差部位进行切割、剔凿或修补,以满足构件安装要求。吊装前,检查叠合楼板的编号、预留洞、预埋线盒的位置和数量是否正确,明确叠合楼板搁置方向。叠合楼板吊点必须经设计校核以保持起吊平衡,吊装时采用慢起、稳升、缓放的操作方式。

图 1.27　预制叠合楼板吊装

(5)现浇楼板施工

楼板钢筋和线管安装如图 1.28 所示。楼板实际厚度主要由预制底板厚度、电气管线敷设需要厚度、后浇区钢筋布置需要厚度、保护层厚度以及钢筋、管线、预制底板之间的空隙组成。应注意将精细化施工管控与设计意图保持一致,防止误差累积,合理控制板厚。

图 1.28　楼板钢筋和线管安装

现浇楼板面层及连接点混凝土,所有构件合成整体(图1.29)。

这个环节和传统楼面混凝土浇筑基本相同,首先浇筑强度高的连接点(剪力墙、柱上部)混凝土,然后浇筑主梁、楼板面层混凝土。至此,所有构件合成整体,构成一个完整的受力体系。

图1.29 现浇楼板面层及连接点混凝土

(6)预制楼梯安装

预制楼梯是指用构件厂生产或现场制作的构件安装拼合而成的楼梯。较现浇式钢筋混凝土楼梯,采用预制楼梯可提高工业化施工水平,节约模板,简化操作程序,较大幅度地缩短工期。预制楼梯安装如图1.30所示。

图1.30 预制楼梯安装

(7)装饰装修施工

装配式建筑主体施工与普通工艺施工工期相差不多,但装配式施工的装修阶段较快,至少可减少1/3的工期(图1.31)。

图1.31 装饰装修施工

在工业化程度高的施工项目中,外墙可预先完成装饰层,卫生间也可整体预制等(图1.32)。

图1.32　整体卫浴安装

1.4　建筑产业化发展面临的问题与对策

1.4.1　当前存在的主要问题

(1)重视出台政策,忽视培育企业(政府层面)

近年来,各地出台了很多很好的政策措施和指导意见,但在推进过程中缺乏企业支撑,尤其是缺乏对龙头企业的培育,提供的建设项目也缺乏对实施过程的总结、指导和监督。

(2)重视技术研发,轻视管理创新(企业层面)

近年来,一些企业自发地开展产业化技术的研发和应用,但忽视了企业现代化管理制度和运行模式的建立,变成"穿新鞋走老路"。

(3)重视结构技术,轻视装修技术(企业层面)

企业在建筑工业化发展初期重视主体结构装配技术的应用,缺乏对建筑装饰装修技术的开发应用,忽视了房屋建造全过程、全系统、一体化发展。

(4)重视成本因素,轻视综合效益(企业层面)

企业在发展初期往往注重成本提高因素,忽视通过生产方式转变、优化资源配置、提升整体效益所带来的长远效益和综合效益最大化。

1.4.2　发展的对策建议

要实现建筑产业现代化的新跨越,必须要有新思维、新举措,做好准备,才能迎接挑战。

"新跨越"是指在一定历史条件下要跨越一个发展阶段、上一个新台阶、提升一个新高度,不是单纯地加快速度或简单地用"行政化"手段推进,更不是一哄而上,而是在不同的领域有先有后、有所侧重,重点突破,追求一种速度与质量并重、传统生产方式与现代工业化生产方式交替、当前发展与长远发展兼顾的协调发展模式。

(1)实现新跨越需要统一行动计划

建筑产业现代化覆盖建筑的全产业链、全过程,产业链长,系统性强,不是一个部门所能及,更不是有的部门抓"住宅产业现代化",有的部门抓"建筑产业现代化"。建议要加强宏观指导和协调,制定发展规划,明确发展目标,建立工作协调机制,优化配置政策资源,统一调动各方面力量,统筹推进,协调、有序发展。

(2)实现新跨越需要做好顶层设计

建筑产业现代化工作是一项系统工程,要理念一致、目标一致、步骤一致,要从全局的视角出发,对各个层次、各种要素、各种参与力量进行统筹考虑,要进行总体架构的设计,做好总体规划。不是简单地喊一个口号,或出台一些激励政策。在制定推进政策、措施的同时,要结合市场条件,适度引导企业合理布局,循序渐进,不可盲目跃进,一哄而上。

(3)实现新跨越需要重视管理创新

建筑产业现代化有两个核心要素:一个是技术创新,另一个是管理创新。在推进过程中,我们往往更多地注重了技术创新,忽视了管理创新,甚至有的企业投入大量的人力、财力开展技术创新并取得一定成果,然而在工程实践中运用新的技术成果仍然采用传统、粗放式的管理模式,导致工程项目总体质量及效益达不到预期效果。现阶段管理创新要比技术创新更难、更重要,应摆在更高的位置。

(4)实现新跨越需要培育企业能力

企业是主体,没有现代化企业支撑就无法实现建筑产业现代化。当前,建筑产业现代化处在发展的初期阶段,企业的专业化技术体系尚未成熟,现代化管理模式尚未建立,社会化程度还较低,专业化分工还没有形成,企业在设计、生产、施工、管理各环节缺技术、缺人才、缺专业化队伍仍具有普遍性,市场的信心和能力尚未建立。因此,能力建设显得尤为重要,能力建设的重点是培育企业的能力,包括设计能力、生产能力、施工能力和管理能力。

(5)实现新跨越需要树立革命精神

建筑产业现代化的核心是生产方式变革。这种生产方式的变革必将对现行的传统发展模式带来冲击,整个行业也将带来一系列变化,可以说建筑产业现代化是建筑业的一场革命,整个建筑行业将面临新一轮的改革发展。因此,我们必须要拿出革命精神和勇气去面对改革发展和由此带来的一系列挑战。

总之,要实现建筑产业现代化的新跨越,必须在技术集成能力、创新管理模式、转变生产方式、企业能力建设、政府体制机制等方面取得新突破,努力开创建筑产业现代化工作的新局面。

课后习题

1.1　什么是建筑产业化？建筑产业化的主要特点有哪些？

1.2　如何理解装配式混凝土结构？装配式混凝土结构的主要特点有哪些？

1.3　简述建筑产业化的工作流程。

1.4　当前建筑产业化存在的问题主要有哪些？针对这些问题有哪些对策和建议？

模块2　装配式混凝土结构设计生产施工全过程

2.1　装配式混凝土结构设计与构件生产

2.1.1　设计标准和图集

1)支撑装配式建筑的四大系统

《装配式混凝土建筑技术标准》(GB/T 51231—2016)中给出的支撑装配式建筑的四大系统分别是:

①结构系统:由结构构件通过可靠的连接方式装配而成,以承受或传递荷载作用的整体。

②外围护系统:由建筑外墙、屋面、外门窗及其他部品部件等组合而成,用于分隔建筑室内外环境的部品部件的整体。

③设备与管线系统:由给水排水、供暖通风空调、电气和智能化、燃气等设备与管线组合而成,满足建筑使用功能的整体。

④内装系统:由楼地面、墙面、轻质隔墙、吊顶、内门窗、厨房和卫生间等组合而成,满足建筑空间使用要求的整体。

2)图集清单

(1)结构系统参考图集

《装配式混凝土结构住宅建筑设计示例(剪力墙结构)》(15J939-1)

《装配式混凝土结构表示方法及示例(剪力墙结构)》(15G107-1)

《〈高层民用建筑钢结构技术规程〉图示》(16G108-7)

《装配式混凝土结构预制构件选用目录(一)》(16G116-1)

《装配式混凝土结构连接节点构造》(G310-1~2)

《预制混凝土剪力墙外墙板》(15G365-1)

《预制混凝土剪力墙内墙板》(15G365-2)

《桁架钢筋混凝土叠合板(60 mm 厚底板)》(15G366-1)

《预制钢筋混凝土板式楼梯》(15G367-1)

《预制钢筋混凝土阳台板、空调板及女儿墙》(15G368-1)

《多、高层民用建筑钢结构节点构造详图》(16G519)

《装配式混凝土剪力墙结构住宅施工工艺图解》(16G906)

《全国民用建筑工程设计技术措施:建筑产业现代化专篇(装配式混凝土剪力墙结构施工)》(2016JSCS-7-1)

《装配式建筑系列标准应用实施指南:装配式混凝土结构建筑》(2016SSZN-HNT)

《装配式建筑系列标准应用实施指南:钢结构建筑》(2016SSZN-GJG)

《装配式建筑系列标准应用实施指南:木结构建筑》(2016SSZN-MJG)

《钢结构设计制图深度和表示方法》(03G102)

《钢结构施工图参数表示方法制图规则和构造详图》(08SG115-1)

《钢结构住宅》(05J910-1)

《钢结构住宅》(05J910-2)

《钢管混凝土结构构造》(06SG524)

《型钢混凝土组合结构构造》(04SG523)

《木结构建筑》(14J924)

(2)外围护系统参考图集

《预制混凝土剪力墙外墙板》(15G365-1)

《预制钢筋混凝土阳台板、空调板及女儿墙》(15G368-1)

《装配式混凝土剪力墙结构住宅施工工艺图解》(16G906)

《人造板材幕墙》(13J103-7)

《双层幕墙》(07J103-8)

《玻璃采光顶》(07J205)

《外墙内保温建筑构造》(11J122)

《平屋面建筑构造》(12J201)

《坡屋面建筑构造(一)》(09J202-1)

《种植屋面建筑构造》(14J206)

《建筑一体化光伏系统电气设计与施工》(15D202-4)

《变形缝建筑构造》(14J936)

《太阳能集中热水系统选用与安装》(15S128)

《热水器选用与安装》(08S126)

(3)设备与管线系统参考图集

《内装修:室内吊顶》(12J502-2)

(4)内装系统参考图集

《内装修:墙面装修》(13J502-1)

《内装修:室内吊顶》(12J502-2)

《内装修:楼(地)面装修》(13J502-3)

《住宅内装工业化设计:整体收纳》(17J509-1)

《住宅厨房》(14J913-2)

《住宅卫生间》(14J914-2)

《装配式混凝土结构住宅建筑设计示例(剪力墙结构)》(15J939-1)
《装配式混凝土剪力墙结构住宅施工工艺图解》(16G906)
《住宅排气道(一)》(16J916-1)

2.1.2 设计关键技术

设计关键技术的内涵包括两个方面:一是设计出适合工业化生产的预制构件,二是设计出合理的节点连接方案。预制构件主要包括预制外墙板、预制楼梯、预制楼板、预制阳台等,预制外墙板又可分框架剪力墙结构方案和剪力墙结构方案。节点连接主要包括接缝位置的防水构造、构件之间传力与抗震构造。

(1)预制外墙板防水构造

预制外墙板防水构造一般包括空腔构造防水、材料密封防水、连接处设膨胀止水条防水。

以内浇外挂式为例,内浇外挂的预制外墙板(即 PCF 板)主要采用外侧排水空腔及打胶,内侧依赖现浇部分混凝土自防水的接缝防水形式。外挂式预制外墙板采用封闭式线防水形式。

封闭式线防水的防水构造采用内外三道防水、疏堵相结合的办法,其防水构造是非常完善的,因此防水效果也非常好,缺点是施工时精度要求非常高,墙板错位不能大于 5 mm,否则无法压紧止水橡胶条。采用的耐候防水胶的性能要求比较高,不仅要求高弹性耐老化,同时使用寿命要求不低于 20 年,成本比较高,结构胶施工时的质量要求比较高,必须由富有经验的专业施工团队负责操作。

开放式线防水与封闭式线防水在内侧的两道防水措施即企口型的减压空间以及内侧的压密式的防水橡胶条是基本相同的,但是在墙板外侧的防水措施上,开放式线防水不采用打胶的形式,而是采用一端预埋在墙板内、另一端伸出墙板外的幕帘状橡胶条上下相互搭接起到防水作用,同时外侧的橡胶条间隔一定距离设置不锈钢导气槽,同时起到平衡内外气压和排水的作用。

采用 160 mm 厚预制外墙板与框架柱外挂叠合连接,预制外墙板时在板四侧预留企口,并在墙板左右两侧及板顶端预留钢筋,待板安装就位后通过浇筑梁、柱、楼板混凝土将外墙板与结构柱连为一个整体,同时墙板边缘企口相互咬合形成构造空腔,空腔通过导流管与大气连通。外墙缝表面用高分子密封材料封闭。

该防水构造优点有:整个建筑外立面均被预制外墙板覆盖,外饰面可在工厂完成,减少高空湿作业,改善工人操作环境;缝的类型较为单一;每条拼接竖缝处有现浇混凝土柱,使水汽渗透路线加长,防水性好;能提高建筑的工业化程度,符合建筑工业化的要求。

其不足之处在于外墙板的四侧均需设置企口,且板厚较小,在制作及运输、安装过程中需要特别注意对成品的保护。

(2)结构特点

装配式混凝土结构可采用钢筋混凝土框架-剪力墙结构,外墙采用预制构件,结构的竖向及水平受力均由框架和剪力墙承担。预制外墙为围护构件，只承担自重、地震作用和风载。

装配式混凝土结构符合现行国家和地方结构规范，结构受力明确，抗震性能好。结构优点是传力明确，抗震性能好，应用预制外墙技术方便，工业化程度高，节点处理较好，可充分发挥预制外墙的优点，预制外墙较薄，使实用面积增大。结构缺点是受力构件的框架梁、框架柱均有部分外露，尤其是框架柱外露较多，对使用和房间美观有一定的影响。

(3)设计详图

①预制外墙构件如图 2.1 所示。

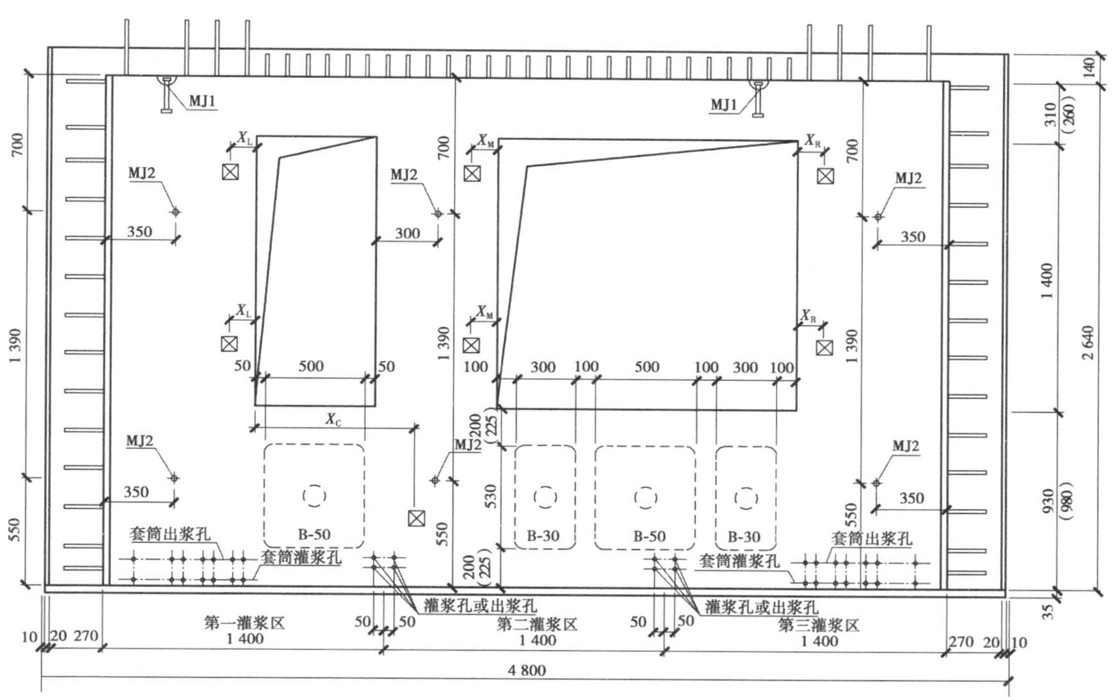

图 2.1　预制外墙构件图

②预制叠合楼板如图 2.2 所示。

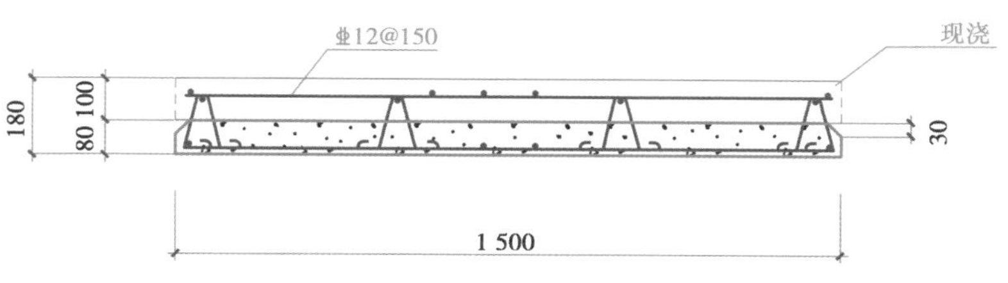

图 2.2　预制叠合楼板图

③预制阳台板如图 2.3 所示。

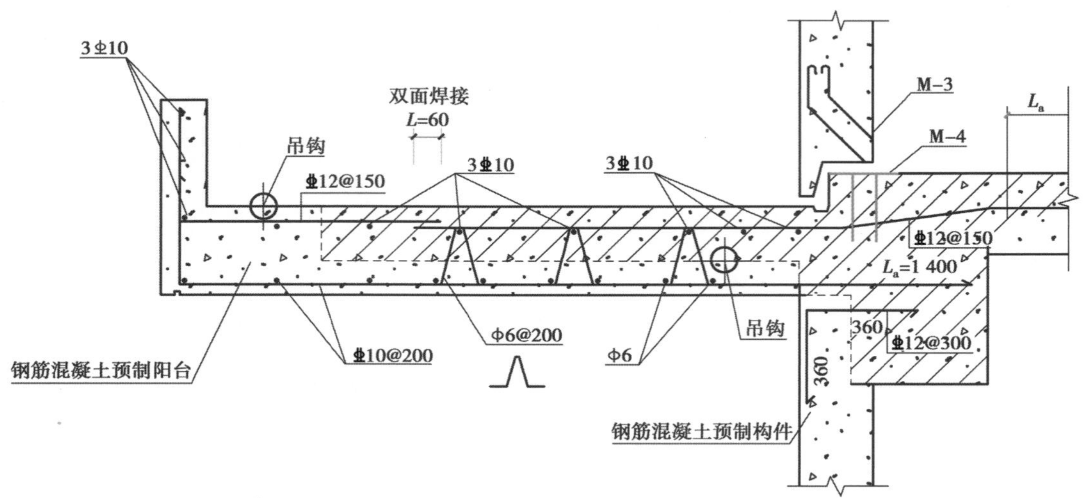

图 2.3　预制阳台板图

④预制楼梯如图 2.4 所示。

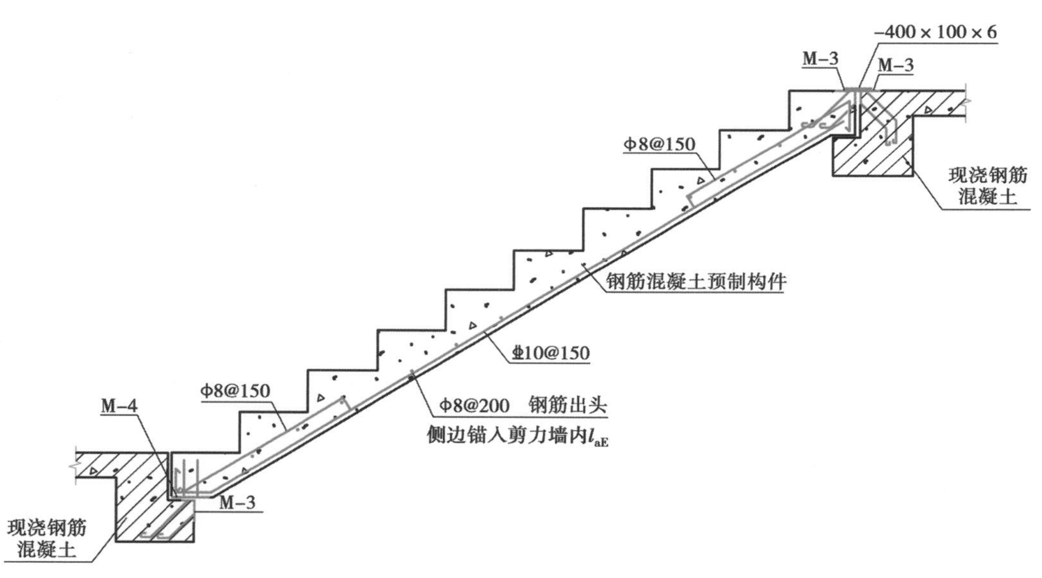

图 2.4　预制楼梯图

⑤节点详图(先柱梁结构,后外墙构件)如图 2.5 至图 2.8 所示。

预制外墙连接节点详图如图 2.5 所示。

预制叠合楼板节点详图如图 2.6 所示。

预制阳台板连接节点详图如图 2.7 所示。

预制楼梯连接节点详图如图 2.8 所示。

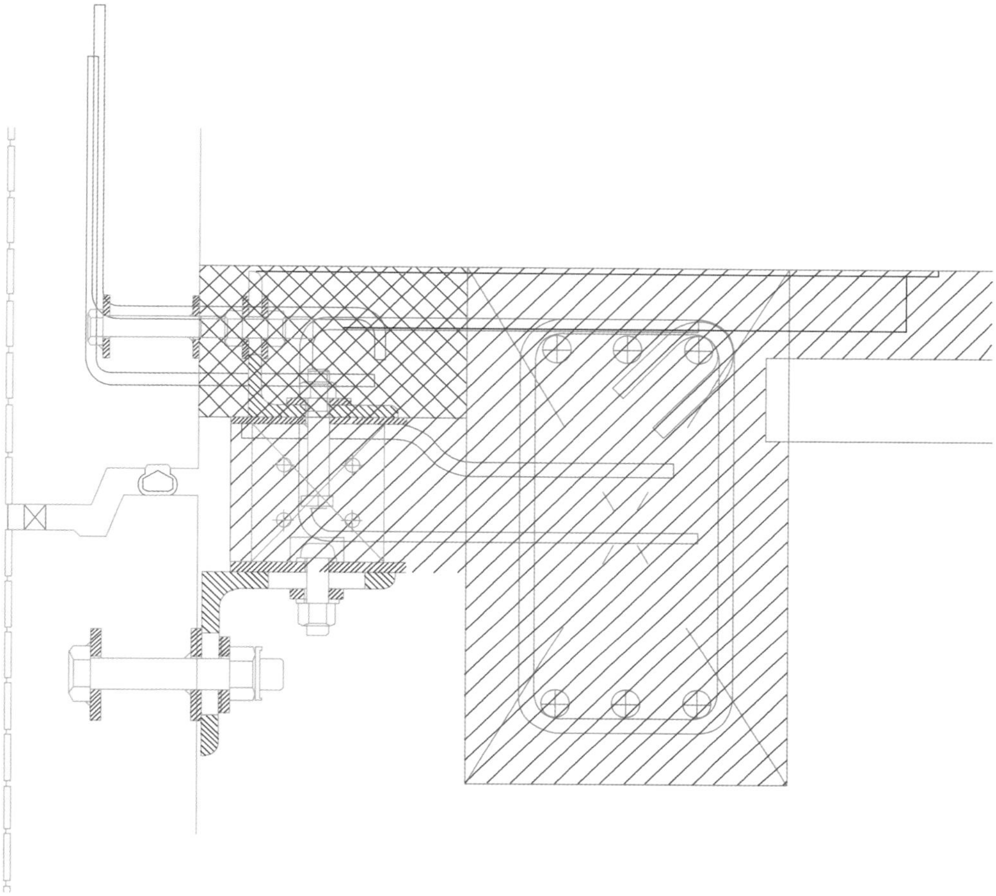

图 2.5　预制外墙连接节点详图

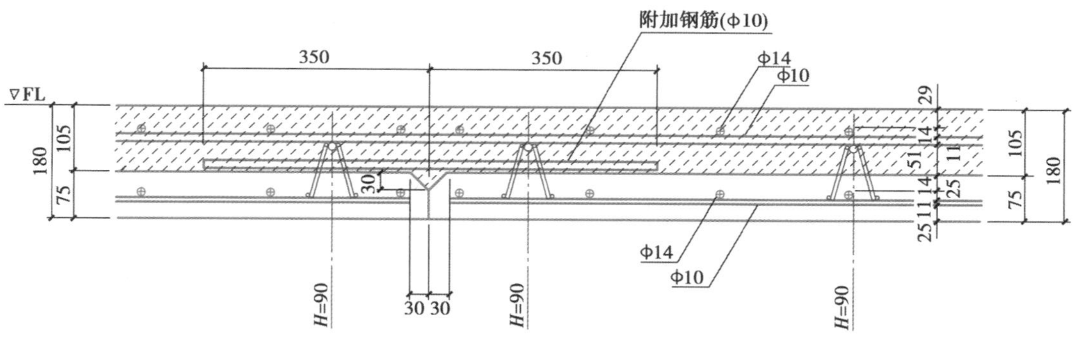

图 2.6　预制叠合楼板节点详图

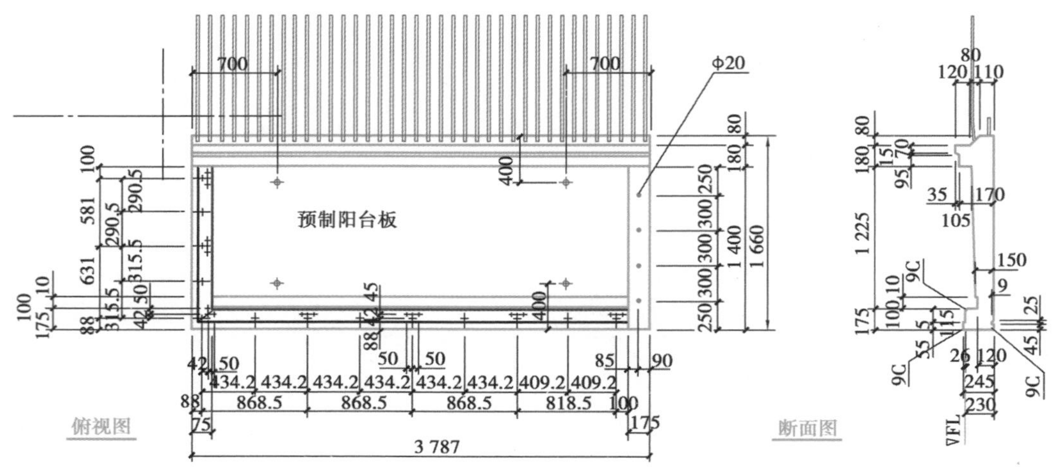

图 2.7　预制阳台板连接节点详图

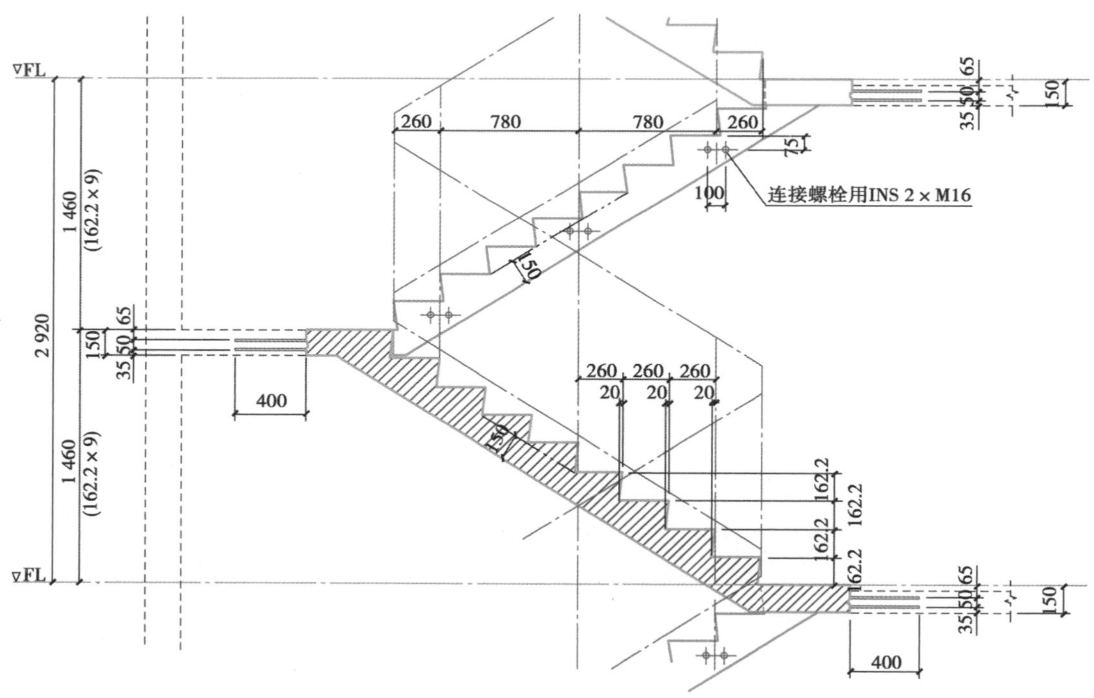

图 2.8　预制楼梯连接节点详图

结构形式采用框架-剪力墙结构，外墙采用预制墙板可以达到工业化、产业化生产。应用预制技术方便、工业化程度高，节点处理较好，可充分发挥预制构件的优点，预制外墙较薄可使有效面积增大。但是采用这种结构形式，框架梁柱均有部分外露，尤其是框架柱外露较多，对使用和房间美观有一定的影响。预制叠合楼板、焊接钢筋网片可以工厂化生产，进一步提高工业化生产效率。

2.1.3 预制外墙板生产

预制外墙板板厚有160 mm、180 mm等，由于外墙板面砖及窗框在预制过程中完成，在现场吊装后只需安装窗扇及玻璃即可(图2.9)，虽然便于现场施工，但也给构件生产提出了更高的要求，是对生产工艺和生产技术的一次新挑战。

图2.9 预制外墙板

1)预制外墙板生产技术难点及关键

预制外墙板面砖与混凝土一次成型，因此保证面砖的铺贴质量是产品质量控制的关键。

预制外墙板窗框预埋在构件中，因此采取适当的定位和保护措施是保证产品质量的重点。

由于面砖、窗框、预埋件及钢筋等在混凝土浇捣前已布置完成，因此对混凝土振捣提出了更高的要求，是生产过程控制的重点。

由于预制外墙板厚度比较小，侧向刚度比较差，对堆放及运输要求比较高，因此产品保护也是质量控制的重点。

要保证预制外墙板的几何尺寸精度和防止外形变化，钢模设计也是生产技术的关键。

2)预制外墙板生产工艺确定

预制外墙板的生产布置在厂内相应场地进行，根据生产进度需要直排布置6个生产模位。蒸汽管道利用原有的外线路，同时根据生产模位的位置进行布置。构件蒸养脱模后，直接吊至翻转区翻转竖立后堆放。钢筋加工成型在钢筋车间内进行，钢筋骨架在生产模位附近场地绑扎，混凝土由厂内搅拌站供应。

预制外墙板模板主要采用钢模，钢筋加工成型后整体绑扎，然后吊到模板内安装，混凝土浇筑后进行蒸汽养护。生产过程中的模板清洁、钢筋加工成型、面砖粘贴、窗框安装、预埋件固定、混凝土施工及蒸汽养护、拆模搬运等工序均采用工厂化流水施工，每个工种都由产业工人操作实施。

预制外墙板生产工艺流程如图2.10所示。

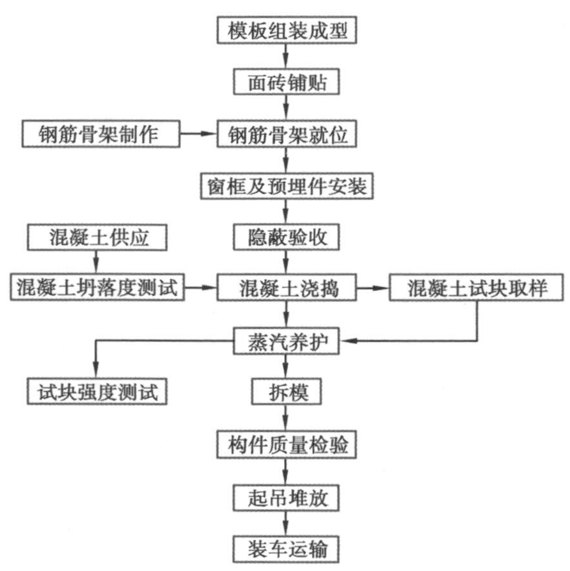

图 2.10　预制外墙板生产工艺流程图

3）模具设计与组装

根据建筑变化的需要及安装位置的不同，预制外墙板的尺寸形状变化较为复杂，同时对墙板的外观质量和外形尺寸的精度要求也很高。外形尺寸、弯曲程度、平整度均应满足规范要求，不少误差限制在 1 mm 内。这些都给模具设计和制作增加了难度，要求模板在保证一定刚度和强度的基础上既要有较强的整体稳定性，又要有较高的表面平整度，并且容易安装和调整，适应不同外形尺寸预制外墙板生产的需要。经过认真分析研究，结合预制外墙板的实际情况，最终确定如下模板配置方案：模板采用水平结构，整个结构由底模、外侧模和内侧模组成（图 2.11）。

此方案能够使外墙板正面和侧面全部与模板密贴成型，使墙板外露面做到平整光滑，对墙板外观质量起到一定的保证作用。外墙板生产完成后可依靠翻板机实现直立状态转变（图 2.12）。

图 2.11　预制外墙板模板

图 2.12　翻板机

(1)底模安装

在生产模位区,根据预制外墙板生产的操作空间进行钢模的布置排列。底模就位后,先对其进行水平测试,以防外墙板因底模不平而产生翘曲。底模校准后,底模四周采用膨胀螺栓固定于混凝土地坪上,以防止底模在生产过程中移位而影响产品质量。模板的组装采用可调螺杆进行精确定位,避免采用木块定位的缺陷,在很大程度上保证了模板尺寸的精度。

(2)组装要求

钢模组装前,模板必须清理干净,不留水泥浆和混凝土残余,模板隔模剂应涂刷均匀,不得有漏涂或流淌现象。模板的安装与固定,要求平直、紧密、不倾斜、尺寸准确。此外,由于端模固定的正确与否直接关系到墙板的长度尺寸,所以端模固定采用螺栓定位销的方法。同时,为保证模板精度,还应定期测量底模的平整度,保证出现偏差时能及时调整。

4)面砖制作与铺贴

(1)面砖制作

预制外墙板可使用 45 mm×45 mm 小块瓷砖,且瓷砖在工厂预制阶段与混凝土一次成型。如果将瓷砖像现场粘贴一样逐块贴在模板上,必然会出现瓷砖对缝不齐的现象,会严重影响建筑的整体美观效果。因此,在外墙板预制中使用的瓷砖是成片的面砖和成条的角砖。它们是在专用的面砖模具中放入面砖并嵌入分格条,压平后粘贴保护贴纸并用专用工具压粘牢固而制成的(图 2.13)。

图 2.13 面砖制作

平面面砖每片大小为 300 mm×600 mm,角砖每条长度为 600 mm。每片平面面砖采用内镶泡沫塑料网格嵌条、外贴塑料薄膜粘纸的方式将小块瓷砖连成片。角砖以同样的方式连成条。

(2)面砖铺贴

由于预制外墙板的面砖与混凝土一次成型,现场不再进行其他操作,因此面砖的粘贴质量能得到较好控制,有利于提升建筑的美观效果,所以面砖铺贴过程的质量控制十分关键。面砖粘贴前,必须先将模具清理干净,不得有混凝土和水泥浆残留等。为保证面砖间的缝平直,先在底模面板上按照每张面砖的大小画线，然后进行试贴，即将面砖铺满底模，检查面砖间缝横平竖直后再正式粘贴。铺贴面砖时，先将专用双面胶布从底部开始向上粘贴，再将面砖粘贴在底模上。面砖粘贴过程中要保证空隙均匀，线条平直，保证对缝（图 2.14）。钢模内的面砖粘贴一定要相对牢固，防止浇捣混凝土时发生移动。

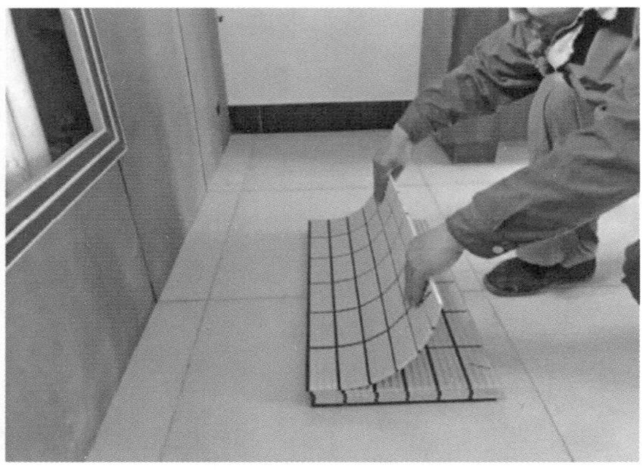

图 2.14　面砖铺贴

此外，为保证面砖不被损坏，钢筋入模时先使钢筋骨架悬空，即预先在面砖上垫放木块，钢筋骨架先放在木块上，再移去木块缓慢放下钢筋骨架。这样处理可以防止钢筋入模时压碎瓷砖，或使瓷砖发生移动。

5）窗框及预埋件安装

（1）窗框制作

由于预制外墙板的窗框直接预埋在构件中，因此在窗框节点的处理上有一些不同于现场安装之处，如需要考虑窗框与混凝土的锚固性等。因此，需要窗加工单位在根据图纸确定窗框尺寸的同时，还要考虑墙板生产的可行性。此外，在窗加工完成后，要采取贴保护膜等保护措施，对窗框的上下、左右、内外方向做好标志，还要提供金属拉片等辅助部件（图 2.15）。

图 2.15　窗框及预埋件安装

(2)窗框安装

窗框安装时,首先根据图纸尺寸要求固定在模板上,注意窗框的上下、左右、内外不能装错。窗框固定采用在窗框内侧放置与窗框等厚木块的方法进行,木块再通过螺栓与模板固定在一起,这样可以保证窗框在混凝土振捣成型过程中不发生变形。窗框和混凝土的连接主要依靠专用金属拉片固定,其设置间距为 40 cm 以内。墙板的整个预制过程都要做好对窗的保护工作。窗框用塑料布做好遮盖,防止污染,在生产、吊装完成之前,禁止撕掉窗框的保护贴纸。窗框与模板接触面采用双面胶密封保护。

(3)预埋件安装

由于预埋件的位置和质量直接关系现场施工,所以采用专门的吸铁钻在模板上进行精确打孔,以严格控制预埋件的位置及尺寸。此外,预埋螺孔定位好以后,要用配套螺栓将其拧好,防止在生产过程中进入垃圾,发生堵塞,待构件出厂时再将这些螺栓拆下。

6)钢筋成型入模

半成品钢筋切断、对焊、成型均在钢筋车间进行。钢筋车间按配筋单加工,应严格控制尺寸,个别偏差不应大于允许偏差的 1.5 倍。

钢筋弯曲成型应严格控制弯曲直径。HRB335、HRB400 级钢筋弯 135°时,$D\geqslant 4d$;钢筋弯折小于 90°时,$D\geqslant 5d$(其中 D 为弯芯直径,d 为钢筋直径)。

钢筋对焊应严格按《钢筋焊接及验收规程》(JGJ 18—2012)操作,对焊前应做好班前试验,并以同规格钢筋一周内累计接头 300 只为一批进行三拉三弯实物抽样检验。

半成品钢筋运到生产场地,应分规格挂牌、堆放。

由于预制外墙板属于板类构件,钢筋的主筋保护层厚度相对较小,因此钢筋骨架的尺寸必须准确。由于预制外墙板属于板类构件,钢筋的主筋保护层厚度相对较小,因此,钢筋骨架的尺寸必须准确。采用定型钢模具,钢筋绑扎质量、钢筋间距、混凝土保护层得到有效控制(图 2.16)。

图 2.16 外墙板定型钢模具

7)混凝土浇捣

混凝土浇捣前,应对模板和支架、已绑好的钢筋和预埋件进行检查,逐项检查合格后,方可浇捣混凝土。检查时,应重点注意钢筋有无油污现象、预埋件位置是否正确等。

采用插入式振动器振捣混凝土时,为了不损坏面砖,不得采用振动棒竖直插入振捣的方式,而是采用平放的方式，将面砖在生产过程中的损坏降到最低程度。混凝土应振捣到停止下沉，无显著气泡上升，表面平坦一致，呈现薄层水泥浆为止。

浇筑混凝土时，还应经常注意观察模板、支架、钢筋骨架、面砖、窗框、预埋件等情况。如发现异常，应立即停止浇筑，并采取措施解决后再继续进行。

浇筑混凝土应连续进行，如因故必须间歇时，应不超过下列允许间歇时间：当气温高于25 ℃时，允许间歇时间为 1 h；当气温低于 25 ℃时，允许间歇时间为 1.5 h。

混凝土浇捣完毕后，要进行抹面处理。以往常用的方法是先人工用木板抹面再用抹刀抹平，但是因墙板面积较大，采用这种方法难以保证表面平整度和尺寸精度。为确保外墙板的质量，采用铝合金直尺抹面，从而将尺寸误差精确地控制在 3 mm 以内，个别处再用抹刀找平（图 2.17）。

图 2.17　外墙板抹面

混凝土初凝时，应对构件与现浇混凝土连接的部位进行拉毛处理。拉毛深度应满足设计要求，条纹顺直，间距均匀整齐。

8）蒸汽养护

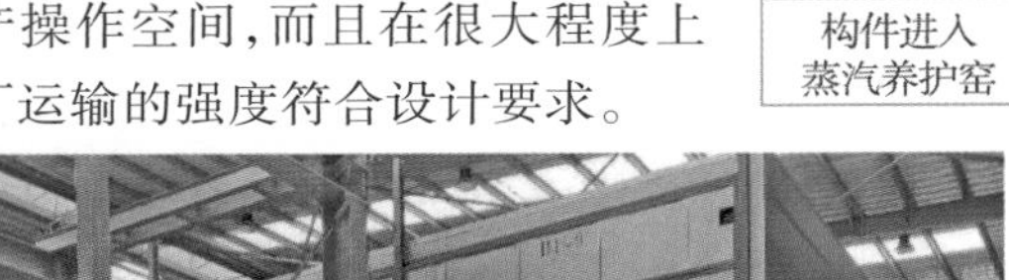

构件进入蒸汽养护窑

预制外墙板属于薄壁结构，易产生裂缝，宜采用低温蒸汽养护，如采用养护窑蒸汽养护（图 2.18）。这样不仅保证了充足的生产操作空间，而且在很大程度上提高了预制构件的养护质量，确保脱模起吊与出厂运输的强度符合设计要求。

图 2.18　蒸汽养护

蒸汽由厂内中心锅炉房通过专用管道供应至生产区，通过分汽缸将汽送至各生产模位，经各模位的蒸汽管均匀喷汽进行蒸养。

蒸养分为静停、升温、恒温和降温 4 个阶段。养护制度通过试验确定，应采用加热养护温度自动控制装备。按规定的时间周期检查养护系统测试的窑面温度、湿度，并做好检查记录，宜在常温下静停 2~6 h，升降温速度不宜超过 20 ℃/h，最高养护温度不宜超过 70 ℃，夹心保温外墙板最高养护温度不宜大于 60 ℃，预制构件脱模时的表面温度与环境温度的差值不宜超过 25 ℃。

进窑养护工艺要求如下：

①进窑前，应确认模台车编号、模具型号、入窑时间，选定入窑位置后做好记录。

②进窑前，检查模台车周围及窑内提升机周围有无障碍物。

③在蒸养的状态下，养护时间为 8~12 h，出窑后混凝土强度应不低于 15 MPa。

构件堆放和运输要求

2.1.4 预制外墙板的起吊、堆放及运输

(1)脱模与起吊

脱模前先试压混凝土强度，当混凝土强度大于设计要求且大于 15 MPa 时，方可拆除模板，移动构件。吊运构件时，钢丝绳与水平方向角度不宜小于 60°，且不应小于 45°(图 2.19)。

图 2.19 预制外墙板起吊

侧模和底模采用整体脱模的方法。内模为整体式，不能整体脱模，故采用分散拆除的方法。拆模时要仔细认真，不能使用蛮力，要注意保护好窗框。

由于外墙板为水平浇筑，需翻身竖立。先将外墙板移至翻转区，借助翻板机完成外墙板的翻转竖立。翻板机上放置柔性垫块，以防止面砖硬性接触，造成损坏。

(2)堆放与修补

外墙板主要采用竖直靠放或插放的方式，由槽钢制作的三角支架支撑(图 2.20)。外墙板搁支点应设在外墙板底部两端处，堆放场地须平整、坚实。搁支点可采用柔性材料，堆放好以后要采取临时固定措施。

图 2.20 预制外墙板堆放

外墙板堆放好以后，安排专人对面砖进行清理。清理时，先将面砖的保护贴纸撕掉，再逐条清理面砖间缝内的混凝土浆料。面砖缝内有孔洞时，无论大小全部进行修补，如有个别面砖发生位移、翘曲、裂缝，及时凿去，然后换上新面砖，使用面砖专用黏结剂进行补贴。面砖清理修补

完毕后，用清水对面砖表面进行冲洗，使面砖表面不留任何水泥浆等杂物，保证外墙板的整体外观效果。

（3）装车运输

外墙板出厂必须符合质量标准，外墙板上应标明型号、生产日期，并盖上合格标志的图章。所有出厂标志必须写于外墙板侧面，严禁标于板面或正立面。出厂过程中，如发生损伤必须及时修整，合格后方可出厂使用。

由于外墙挂板的高度过大，厚度较小，极易损坏，所以给装车运输造成了困难。因此，采用超低平板车运输，并在运输车上配备定制的专用运输架，以解决外墙板的运输问题。外墙板装车时，外饰面朝外并用紧绳装置进行固定，运输架底端的支撑垫在外墙板下口的内侧，运输架与外墙板的接触面用橡胶条垫好，这样可以防止运输中的颠簸对外墙板造成损坏。运输外墙板时，车启动应慢，车速应均匀，转弯变道时要减速，以防外墙板倾覆（图 2.21）。

图 2.21　预制外墙板装车运输

2.1.5　预制外墙板生产质量要求

外墙板检验包括外观质量和几何尺寸两方面，二者均要求逐块检查。

外观质量要求外墙板上表面光洁平整，无蜂窝、塌落、露筋、空鼓等缺陷。外形尺寸允许偏差及检验方法见表 2.1。

表 2.1　预制外墙板类构件外形尺寸允许偏差及检验方法

项次	检查项目		允许偏差/mm	检验方法
1	规格尺寸	高度	±4	用尺量两端及中间部，取其中偏差绝对值较大值
2		宽度	±4	用尺量两端及中间部，取其中偏差绝对值较大值
3		厚度	±3	用尺量板四角和四边中部位置共 8 处，取其中偏差绝对值较大值

续表

项次	检查项目			允许偏差/mm	检验方法
4	对角线差			5	在构件表面,用尺测量两对角线的长度,取其绝对值的差值
5	外形	表面平整度	内表面	4	用 2 m 靠尺安放在构件表面上,用楔形塞尺测量靠尺与表面之间的最大缝隙
			外表面	3	
6		侧向弯曲		$L/1\ 000$ 且≤20 mm	拉线,钢尺量最大弯曲处
7		扭翘		$L/1\ 000$	四对角拉两条线,测量两线交点之间的距离,其值的 2 倍为扭翘值
8	预埋部件	预埋钢板	中心线位置偏移	5	用尺测量纵横两个方向的中心线位置,取其中较大值
			平面高差	0,-5	用尺紧靠在预埋件上,用楔形塞尺测量预埋件平面与混凝土面的最大缝隙
9		预埋螺栓	中心线位置偏移	2	用尺测量纵横两个方向的中心线位置,取其中较大值
			外露长度	+10,-5	用尺量
10		预埋套筒、螺母	中心线位置偏移	2	用尺测量纵横两个方向的中心线位置,取其中较大值
			平面高差	0,-5	用尺紧靠在预埋件上,用楔形塞尺测量预埋件平面与混凝土面的最大缝隙
11	预留孔	中心线位置偏移		5	用尺测量纵横两个方向的中心线位置,取其中较大值
		孔尺寸		±5	用尺测量纵横两个方向尺寸,取其最大值
12	预留洞	中心线位置偏移		5	用尺测量纵横两个方向的中心线位置,取其中较大值
		洞口尺寸、深度		±5	用尺测量纵横两个方向尺寸,取其最大值
13	预留插筋	中心线位置偏移		3	用尺测量纵横两个方向的中心线位置,取其中较大值
		外露长度		±5	用尺量

续表

项次	检查项目		允许偏差/mm	检验方法
14	吊环、木砖	中心线位置偏移	10	用尺测量纵横两个方向的中心线位置,取其中较大值
		与构件表面混凝土高差	0, -10	用尺量
15	键槽	中心线位置偏移	5	用尺测量纵横两个方向的中心线位置,取其中较大值
		长度、宽度	±5	用尺量
		深度	±5	用尺量
16	灌浆套筒及连接钢筋	灌浆套筒中心线位置	2	用尺测量纵横两个方向的中心线位置,取其中较大值
		连接钢筋中心线位置	2	用尺测量纵横两个方向的中心线位置,取其中较大值
		连接钢筋外露长度	+10, 0	用尺量

2.1.6 预制外墙板推广优势

较传统工艺相比,外墙板采用工厂化预制的方式具有以下优势:

①外墙板面砖与墙板混凝土整体成型,避免出现以往的面砖脱落问题。与现贴方法相比,面砖缝更直,缝宽、缝深一致,从而达到了良好的立体美观效果。

②外墙板的外门窗框直接预埋于墙板中,从工艺上解决了外门窗的渗漏问题,提升了房屋的性能,也改善了居住质量。

③外墙板由于成型模具一次投入后可重复使用,从而减少了材料的浪费,节约了资源,也降低了成本。同时,现场湿作业减少,在改善施工条件的同时,也降低了环境污染的程度。

④大量采用外墙板及其他预制构件后,现场施工更为简便,施工周期大大缩短,施工效率显著提高。通过工厂化的生产方式,改变传统现场手工操作方式,促使住宅产业由粗放型向集约型转变,基本实现了标准化、工厂化、装配化和一体化,对建筑产业化进程起到了巨大的推动作用,也奠定了良好的基础。

外墙板预制解决了生产制作中各个环节的技术关键和难点,同时在整个研究过程中也不断改进和完善,发现问题及时反馈、积极处理,产品质量达到甚至超过预期效果,最终赢得了各方面的一致好评。目前,已形成比较成熟的外墙板生产线,具备了比较精密的模具和先进的生产工艺控制体系,生产技术正日趋完善。

基于以上分析，外墙板所带来的经济效益与社会效益都是不容忽视的。随着预制技术与工艺的不断完善，预制外墙板将成为建筑行业发展的一种必然趋势。

2.2　预制构件吊装与安装技术

2.2.1　塔吊设备的选用

装配式建筑施工中，塔吊承担建筑材料、施工机具运输的同时，还要负责所有预制构件的吊运安装。因此，和传统建筑施工相比，装配式建筑塔吊选型、布置和使用上有其自有特点：

①塔吊起重能力要求高，型号往往比传统施工的大。

②吊装预制构件占用时间长，塔吊使用更紧张。

③围护墙体同步施工，塔吊定位优先选阳台、窗洞。

1）塔吊选择

（1）主要考虑的三大技术参数

①工作幅度：塔机的回转中心到吊钩可达到最远处的距离，决定塔吊的覆盖范围。

塔吊使用分为地下室施工和主体施工两大阶段。地下室施工阶段主要吊装模板、架管、钢筋、料斗等，对起重能力要求不高，但对覆盖范围要求大；主体施工阶段中，吊装预制构件是塔吊的主要工作，预制构件动辄 5~6 t，因此主体施工阶段对塔吊起重能力要求高，但只需要覆盖主体。

因此，需要综合考虑两个阶段的需求（臂长可阶段性变化），选出经济性好的方案。

②起重高度。需考虑以下因素（图 2.22）：

a.建筑物的高度（安装高度比建筑物高出 2~3节标准节，一般高出 10 m 左右）；

b.群体建筑中相邻塔吊的安全垂直距离（按规范要求错开 2 节标准节高度）。

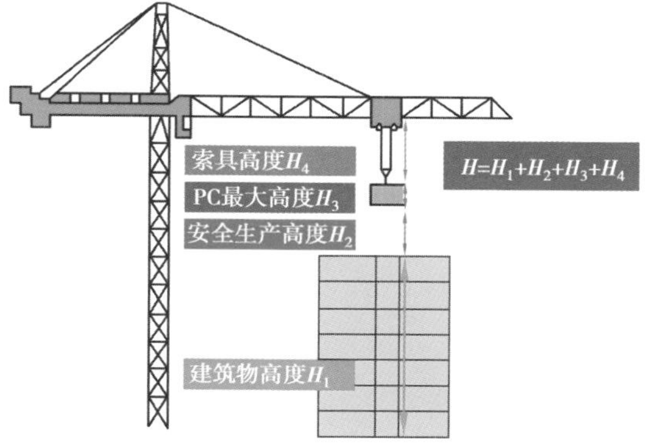

图 2.22　起重高度

③起重量：

a.起重量×工作幅度 = 起重力矩，一般控制额定起重力矩的 75%以下；

b.起重量 = 单个预制构件重量 + 吊具重量（挂钩、钢丝绳、吊装梁等）；

c.预制构件起吊及落位整个过程是否超荷，需进行塔吊起重能力验算，并绘制“塔吊起重能力验算图”。

（2）主要考虑的经济参数

主要考虑的经济参数包括进出场安拆费、月租金、作业人员工资等。

2）塔吊布置

装配式建筑考虑其结构形式，根据塔吊最大起重量位置进行塔吊布置，合理布置塔吊位置，充分发挥塔吊起吊能力，有利于预制构件的吊装装配施工（图 2.23）。塔吊位置确定原则如下：

图 2.23　塔吊布置

(1)覆盖要求

布置在建筑长边中点附近可以获得较小的臂长且覆盖整个建筑和堆场(图 2.24)。

两台塔吊对向布置可以在较小臂长、较大起重能力情况下覆盖整个建筑(图 2.25)。

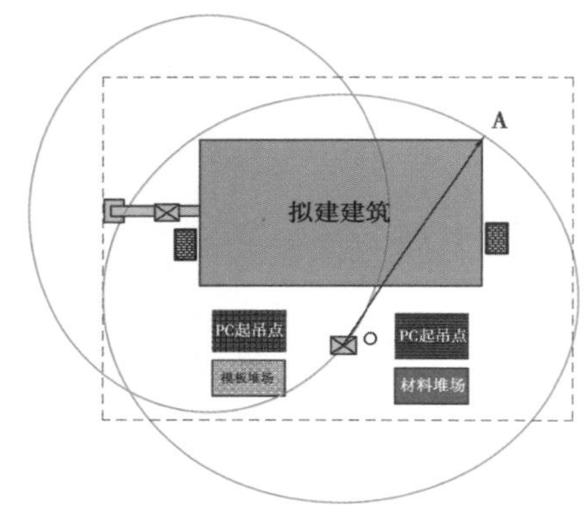

图 2.24　单台塔吊布置示意图

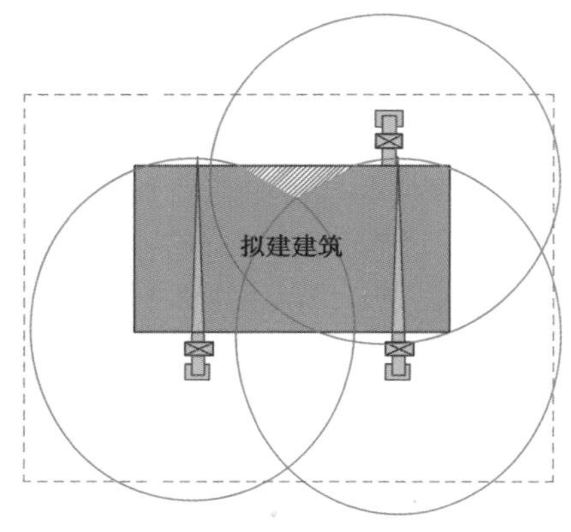

图 2.25　双台塔吊布置示意图

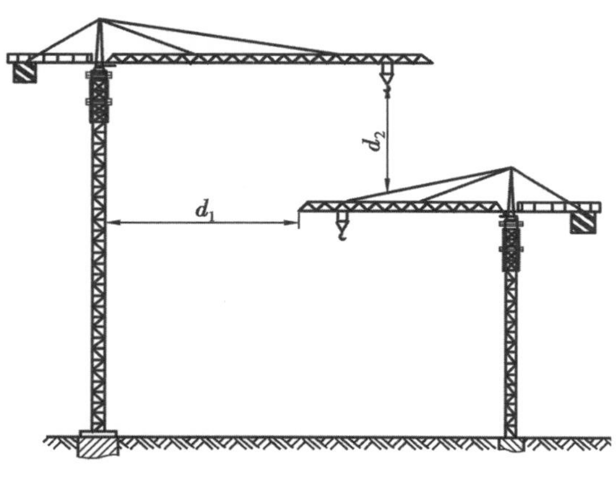

图 2.26　群塔作业示意图

(2)群塔施工安全距离

装配式建筑施工对塔吊依赖大,塔吊布置数量也比传统施工的多,群塔作业安全更需要提前设计(图 2.26)。

高低塔布置与建筑主体施工进度安排有关,群塔作业方案中应根据主体施工进度及塔吊技术要求,确定合理的塔吊升节、附墙时间节点。

多塔作业应制订专项施工方案并经过审批;任意两台塔式起重机之间的最小架设距离应符合规范要求。

两台塔式起重机之间的最小架设距离

应保证处于低位塔式起重机的起重臂端部与另一台塔式起重机的塔身之间不小于 2 m(d_1);处于高位塔式起重机的最低位置的部件(吊钩升至最高点或平衡重的最低部位),与低位塔式起重机中处于最高位置的部件之间的垂直距离不应小于 2 m(d_2)。

(3)塔吊和架空线边线的最小安全距离

塔吊和架空线边线的最小安全距离要求如表 2.2 所示。

表 2.2　塔吊和架空线边线的最小安全距离

安全距离	电压/kV				
	<1	1~15	20~40	60~110	220
沿垂直方向/m	1.5	3.0	4.0	5.0	6.0
沿水平方向/m	1.5	2.0	3.5	4.0	6.0

(4)基础设置要求

塔吊设置在基坑内,如图 2.27 所示。

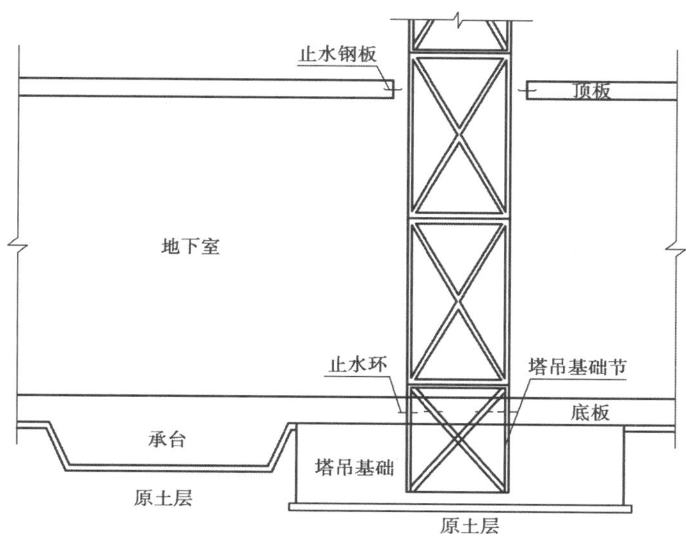

图 2.27　塔吊基础设置

塔吊布置在地下室结构范围外,如图 2.28 所示。

图 2.28 塔吊位于地下室外

(5)附着位置及尺寸(图 2.29)

装配式建筑塔吊附着有以下特点:

①外挂板、内墙板属于非承重构件不得用作塔吊附墙连接,塔吊必须与建筑结构主体附墙连接。

②分户墙、外围护墙与主体同步施工,因此塔吊附着杆件必须优先选择窗洞、阳台伸进。

③塔吊附着必须在塔吊专项施工方案中体现,明确附着细节。若需要外挂板及其他预制构件上预留洞口或设置埋件的,开工前下好构件工艺变更单,工厂提前做好预留预埋。

(6)塔吊拆除要求

塔吊布置应尽量使塔吊能拆至地面。特别注意结构外立面的凹凸造型,以及塔吊与施工电梯布置在同一侧的距离要求。塔吊距离建筑的最佳距离:保证塔身不阻碍外脚手架的搭设,在降塔时司机室、走台、起重臂、平衡臂等部位不与外挑的阳台、雨篷等碰撞(图 2.30)。

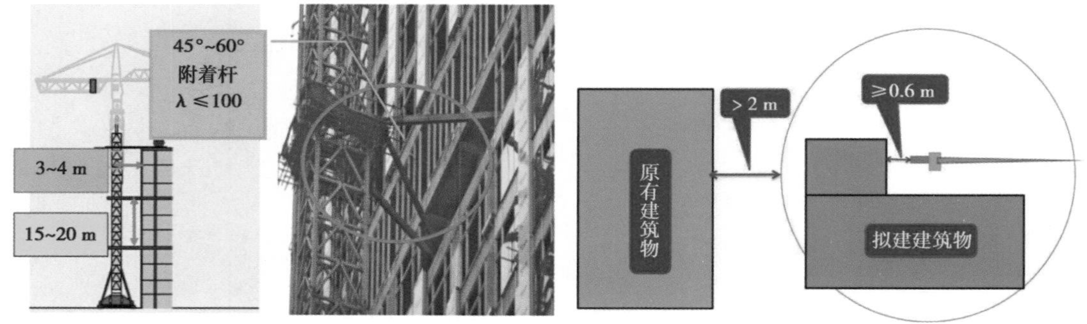

图 2.29 塔吊附着杆的位置

图 2.30 塔吊拆除位置示意图

2.2.2 吊装与吊具应用

(1)吊索选择

吊索宜采用 6×37 型钢丝绳制作成环式或 8 股头式(图 2.31),其长度和直径应根据吊物的几何尺寸、质量和所用的吊装工具、吊装方法确定。使用时,可采用单根、双根、四根或多根悬吊形式。吊索的绳环或两端的绳套可采用压接接头,压接接头的长度不应小于钢丝绳直径的 20

倍，且不应小于 300 mm。8 股头吊索两端的绳套可根据工作需要装上桃形环、卡环或吊钩等吊索附件。

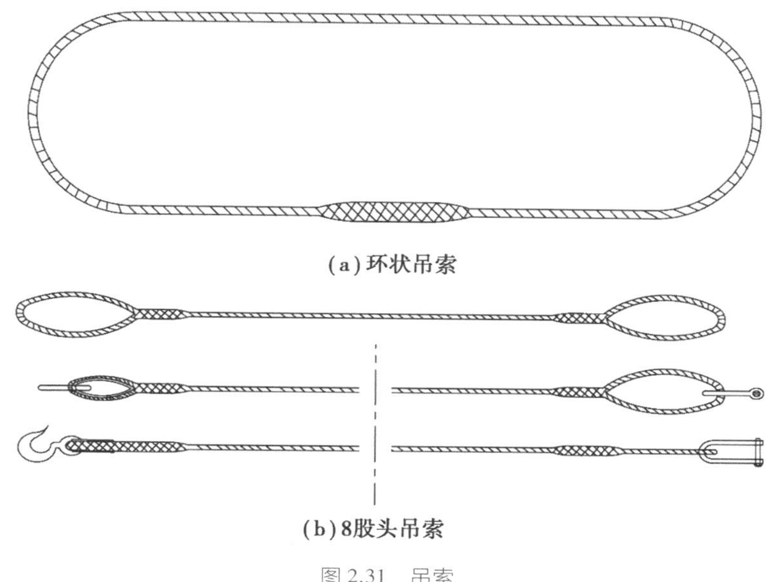

(a)环状吊索

(b)8股头吊索

图 2.31　吊索

当用吊索上的吊钩、卡环钩挂重物上的起重吊环时，吊索的安全系数不应小于 6；当用吊索直接捆绑重物，且吊索与重物棱角间已采取妥善的保护措施时，吊索的安全系数应取 6~8；当起吊重、大或精密的重物时，除应采取妥善保护措施外，吊索的安全系数应取 10。

(2)卸扣选择

卸扣大小应与吊索相配，卸扣规格一般应大于或等于吊索。

(3)手拉葫芦选择

手拉葫芦用来完成构件卸车时的翻转和构件吊装时的水平调整。手拉葫芦在吊装中受力一般大于所配吊索，吊装前要根据构件质量、设置位置、翻转吊装和水平调整过程中手拉葫芦最不利角度通过计算确定，一般选用 3 t 手拉葫芦即可。

2.2.3　吊装作业施工要点

1)预制墙板吊装施工特点

由于预制墙板是工厂制作，预制墙板的外饰贴面及门窗框已完成。在预制墙板运输时，应对外饰贴面及门窗框采取保护措施；预制墙板竖向运输时，要专门设计搁置钢架，在预制墙板搁置点设置橡胶衬垫。

在预制墙板安装过程中，必须根据构件质量和形状特点，设计专用夹具，采取一定保护措施，以防止预制墙板在运输、堆放和安装过程中变形和预制墙板的外饰贴面及门窗框损坏。

预制墙板吊装采用塔式起重机，不但要满足预制墙板吊装要求，在起重能力和经济相同条件下，尽可能选择塔身截面大的起重机，以减小塔机在预制墙板吊装中晃动。

由于采用塔机吊装预制墙板，在预制墙板吊装中要解决构件晃动和精确就位的难题，对机操人员和安装人员有较高的要求，必须了解预制墙板吊装技术，熟练掌握预制墙板吊装技能。

预制墙板为装配式构件，安装精度高，校正难度大，要设计专门定位和导向装置来完成预制墙板定位，保证构件安装顺利进行。

预制墙板吊装到位后，要有专用调节固定装置，临时固定后再脱钩。

2）预制墙板吊装施工流程

预制墙板吊装方案制订→预制墙板吊装前准备工作→预制墙板吊装→预制墙板临时固定和校正→预制墙板脱钩。

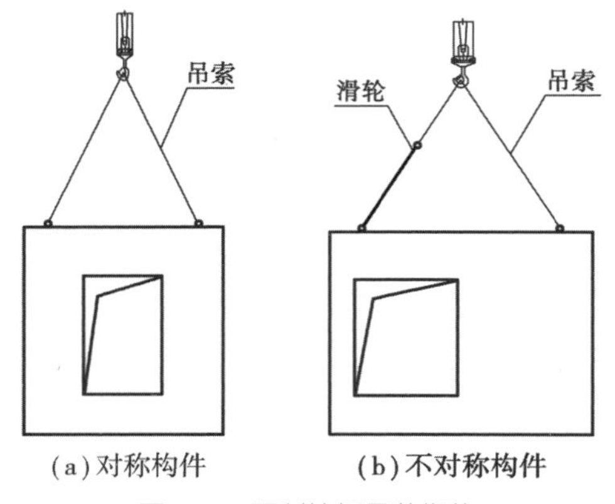

图 2.32　预制墙板吊装绑扎

（1）预制墙板吊装绑扎方法

在起吊过程中，为保证预制墙板垂直起吊，可采用吊运钢梁均衡起吊，防止预制墙板起吊时单点起吊引起预制墙板变形，并满足吊环设计时角度要求。如果采用角度起吊，对吊环、吊具额定吊载需乘以角度系数，且如发现预制墙板严重偏斜及重心偏位要及时处理，避免因受力不均导致安全事故。预制墙板吊装绑扎位置如图 2.32 所示。

（2）加强措施

预制构件在运输翻转吊装时，应采用加强措施：对侧向刚度差的预制构件，可通过对构件加临时撑杆方法进行加固解决，撑杆与构件通过预埋螺母连接。在构件运输、翻转、吊装时，支承点设置在加强撑上，保证构件在运输、翻转、吊装中不变形。构件纵、横向加强措施如图 2.33 所示。

对长度长、侧向强度差的预制墙板，可采用钢横梁翻转和吊装（图 2.34）。

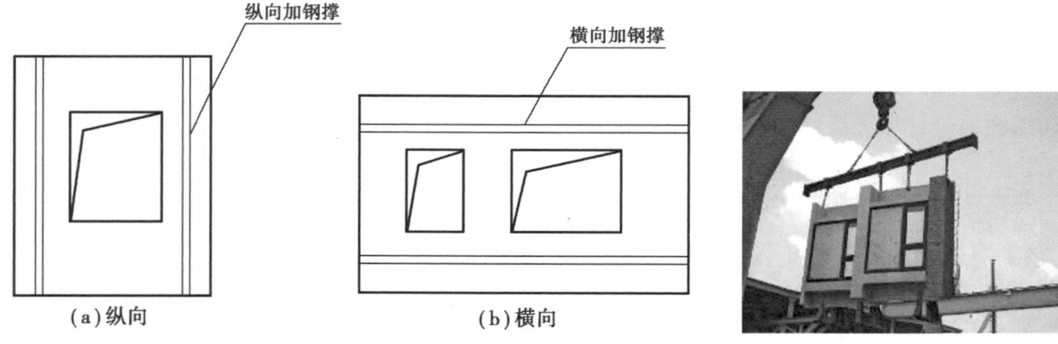

图 2.33　构件加强措施

图 2.34　钢横梁应用

（3）翻转操作

预制构件采用现场翻转。翻转是预制构件运输到工地堆放中必须完成的一项工作，构件翻转时一般用 4 根吊索，即两长两短加两只手动葫芦，起吊前将吊索调整到相同长度，带紧吊索。将预制墙板吊离地面，然后边起高预制墙板边松手动葫芦，直到预制墙板拎直，放松预制墙板下面带葫芦的吊索，将预制墙板吊到钢架上（图 2.35）。

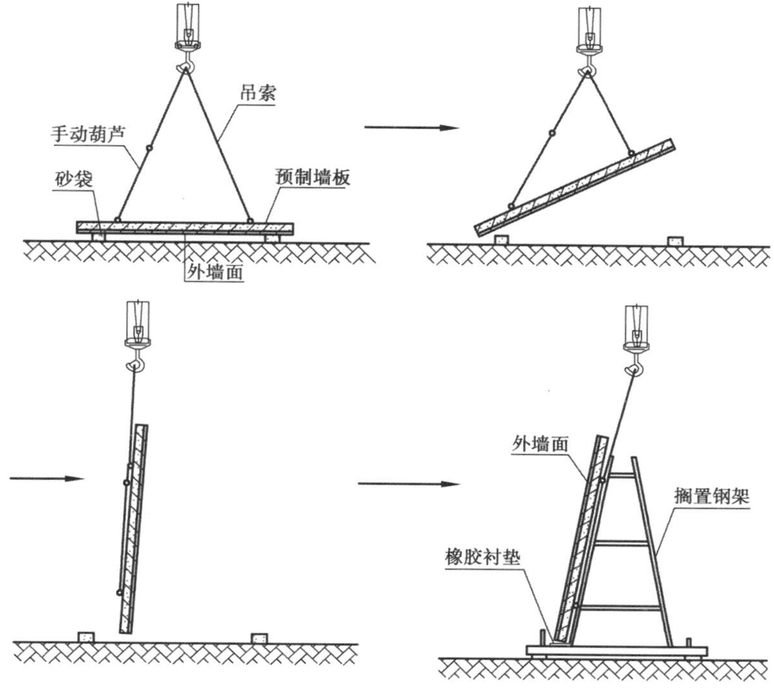

图 2.35 预制构件现场翻转

3)构件就位和临时固定

根据构件安装顺序起吊，起吊前，吊装人员应检查所吊构件型号规格是否正确，外观质量是否合格，确认后方能起吊。构件离地后应先将构件安装面调整水平，构件根部系好缆风绳。在构件安装位置标出定位轴线，装好临时支座。将构件吊到就位处，构件对准轴线，然后将构件与临时支座用螺栓连接，在构件上端安装临时可调节斜撑。在构件吊装过程中，由于构件迎风面大，构件下降时，可采用慢就位机构使之缓慢下降。要通过构件根部系好缆风绳控制构件转动，保证构件就位平稳。为克服塔机吊装墙板就位时因晃动导致墙板精确到位困难的问题，可通过在墙板和安装面安装设计临时导向装置，使吊装墙板一次精确到位。构件就位临时固定后，必须经过吊装指挥人员确认构件连接牢固后方能松钩。

4)吊装人员操作要求

(1)塔式起重机操作人员操作要求

①操作人员应按照指挥人员的信号进行作业，当信号不清或错误时，操作人员可拒绝执行。

②起重机作业前，应检查基础水平无沉陷，固定连接螺栓无松动，并应清除基础处的积水，并重点检查以下项目：

a.金属结构和工作机构的外观情况正常；

b.各安全装置和各指示仪表齐全完好；

c.各齿轮箱、液压油箱的油位符合规定；

d.主要部位连接螺栓无松动；

e.钢丝绳磨损情况及各滑轮穿绕符合规定；

f.供电电缆无破损。

③送电前,各控制器手柄应在零位。当接通电源时,应采用试电笔检查金属结构部分,确认无漏电后方可上机。

④作业前,应进行空载运转,试验各工作机构是否运转正常,有无噪声及异响,各机构的制动器及安全防护装置是否有效,确认正常后方可作业。

⑤起吊预制墙板时,预制墙板和吊具的总重量不得超过起重机相应幅度下规定的起重量。应根据起吊预制墙板和现场情况,选择适当的工作速度,操纵各控制器时应从停止点(零点)开始,依次逐级增加速度,严禁越挡操作。在变换运转方向时,应将控制器手柄扳到零位,待电动机停转后再转向另一方向,不得直接变换运转方向、突然变速或制动。

⑥在吊钩提升、起重小车运行到限位装置前,均应减速缓行到停止位置,并应与限位装置保持一定距离(吊钩不得小于 1 m)。严禁采用限位装置作为停止运行的控制开关。

⑦提升预制墙板,严禁自由下降。预制墙板就位时,可采用慢就位机构或利用制动器使之缓慢下降。提升预制墙板做水平移动时,应高出其跨越的障碍物 0.5 m 以上。对于无中央集电环及起重机构不安装在回转部分的起重机,作业时不得顺一个方向连续回转。作业中,当停电或电压下降时,应立即将控制器扳到零位,并切断电源。如吊钩上挂有预制墙板,应稍松稍紧反复使用制动器,使预制墙板缓慢地下降到安全地带。作业完毕后,起重臂应转到顺风方向,并松开回转制动器,小车应回到起重臂根部,吊钩起升到离起重臂 2~3 m 处。

(2)构件吊装人员操作要求

吊装前,应检查机械索具、夹具、吊环等是否符合要求,并应进行试吊。吊装时,必须有统一的指挥、统一的信号。使用撬棒等工具,用力要均匀,要慢,支点要稳固,防止撬滑发生事故。所吊预制构件在未校正、焊牢或固定之前,不准松绳脱钩。起吊预制墙板件时,不可中途长时间悬吊、停滞。起重吊装所用的钢丝绳,不准触及有电线路和电焊搭铁线,或与坚硬物体摩擦。

(3)起重指挥人员操作要求

起重指挥人员应由懂得起重机械性能和掌握预制构件吊装知识,经专业培训考试合格,持证上岗的人员担任。指挥时,应站在视野开阔的地点,指挥信号应规范,做到准确、洪亮和清楚。起重时,应禁止其他人在起重臂或吊起的预制墙板下停留或行走。

使用吊装横梁应使长度方向受力,应旋紧销子预防滑脱,严禁使用有缺陷的吊装横梁。

起重的吊、索具应使用交互捻制的钢丝绳(表 2.3、表 2.4)。钢丝绳如有扭结、变形、断丝、锈蚀等异常现象,应及时降低使用标准或报废。

表 2.3　钢丝绳安全系数参考值及滑轮与绳径比值

起重设备	传动装置及钢丝绳形式	静安系数范围	滑轮与绳径比
起重机	所有绳传动	4.5~11.2	15~30
挖掘机	所有绳传动	6~8	24~30
露天采矿机械	运动绳	4~8	—
	静止绳	2.5~4	—
升降机	卷筒传动	9~12	35
	驱动轮传动	14	40~45

续表

起重设备	传动装置及钢丝绳形式	静安系数范围	滑轮与绳径比
矿井运输设备	输送机绳	6	40~110
	掘井绳	8	40~110
双绳索道	承载索	3~3.5	65~80
	牵引绳	4.5~5	80~100
	张紧绳	4.5~5	22~60
缆索起重机	承载索	3.5	40~60
	工作绳	5~6	—
	固定绳	4.5	—

表 2.4　起重钢丝绳(塔吊)的安全参考系数

钢丝绳用途			安全系数参考
起升和变幅用	手动		4.0
	机动	轻级	5.0
		中级	5.5
		重级、特重级	6.0
抓斗用	双绳抓斗(双电动机分别驱动)		6.0
	双绳抓斗(单电动机集中驱动)		5.0
	抓斗滑轮		
拉紧用	经常用		3.5
	临时用		3.0
小车	曳引道(轨道水平)		4.0

当采用编结连接时,编结长度不应小于 15 倍绳径,且不应小于 300 mm;当采用绳夹连接时,绳夹规格应与钢丝绳相匹配,绳夹数量、间距应符合规范要求;索具安全系数应符合规范要求;吊索规格应互相匹配,机械性能应符合设计要求。禁止人员跨越钢丝绳或停留在钢丝绳可能弹射到的地方。

2.2.4　预制构件安装与连接技术

(1)预制构件与连接结构同步安装

装配式混凝土构件与连接结构施工同步安装是建筑主体结构施工中,工厂预制混凝土构件在现浇混凝土结构施工过程中同步安装施工,并最终用混凝土现浇成为整体的一种施工方法,即建筑结构构件在工厂中预制成最终成品并运送至施工现场后,在结构施工最初阶段,用塔吊将其吊运至结构施工层面并安装到位，安装的同时，混凝土结构中的现浇柱、墙同步施工，并最终在该层结构所有预制和现浇构件施工完成后浇筑混凝土形成整体。

(2)"先柱梁结构，后外墙构件"安装

装配式混凝土结构"先柱梁结构，后外墙构件"安装是指在建筑主体结构施工中，先将建筑柱、梁、板主体钢筋混凝土结构施工完毕，再进行预制装配式构件安装的一种施工方法，即在主体结构施工中，先将主体结构承重部分的柱、梁、板等结构施工完成，待现浇混凝土养护达到设计强度后，再将工厂中预制完成的构件安装到位，从而完成整个结构的施工。

2.2.5 预制外墙板施工操作要求

(1)预制外墙板操作步骤

①装配式构件进场、编号，按吊装流程清点数量(图 2.36)。

②逐块校核各预制构件的搁置点，按标高控制线垫放硬垫块(图 2.37)。

③按编号和吊装流程对照轴线、墙板控制线逐块就位，设置墙板与楼板限位装置(图 2.38)。

预制外墙吊装流程及控制要点

预制内墙吊装流程及控制要点

图 2.36 构件进场

图 2.37 安放垫块

图 2.38 设置墙板与楼板限位装置

④设置构件支撑及临时固定，调节墙板垂直度(图 2.39)。

⑤塔吊吊点脱钩，安装下一块墙板，并循环重复(图 2.40)。

图 2.39　设置斜支撑

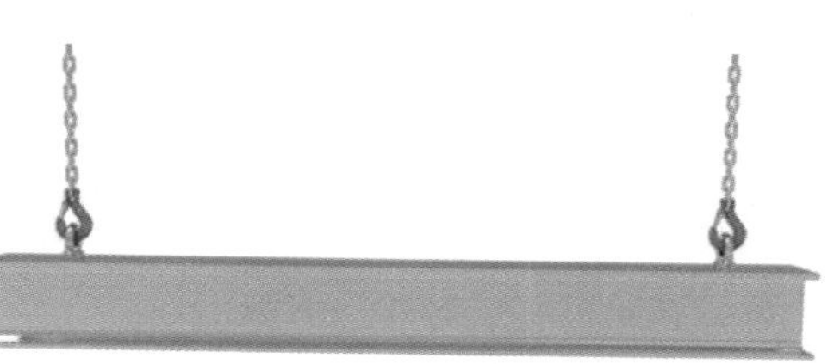
图 2.40　吊点脱钩

⑥楼层混凝土浇捣完成，待混凝土强度达到规范、设计要求后，拆除构件支撑及临时固定点。

(2)预制墙板操作要求

①预制墙板的临时支撑系统由 2 组水平连接和 2 组斜向可调节螺杆组成。根据现场施工情况，对重量过大或悬挑构件采用 2 组水平连接两头设置和 3 组可调节螺杆均布设置，确保施工安全。

②根据给定的标高、控制轴线引出层水平标高线、轴线，然后按水平标高线、轴线安装板下搁置件。板墙抄平采用硬垫块方式，即在板墙底按控制标高放置墙厚尺寸的硬垫块，然后校正、固定，预制墙板一次吊装，坐落其上。

③吊装就位后，采用靠尺检验外挂墙板的垂直度，偏差用调节杆进行调整(图 2.41)。

④预制墙板通过可调节螺杆与现浇结构连接固定。可调节螺杆外管为 $\phi52\times6$，中间杆直径为 $\phi28$，材质为 45 号中碳钢，抗拉强度按Ⅱ级钢计算。

⑤预制墙板安装、固定后，再按结构层施工工序进行下一道工序施工。

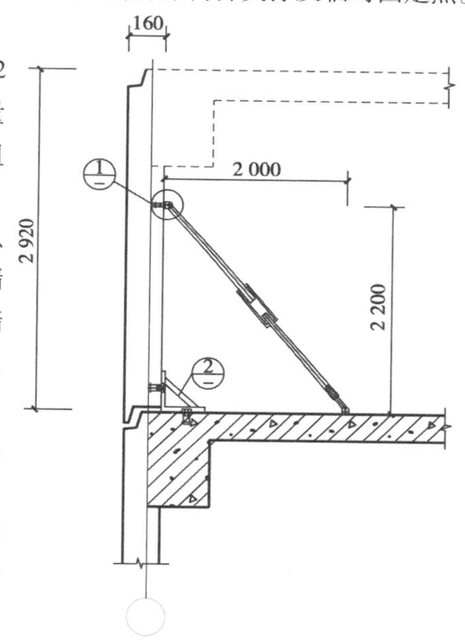

图 2.41　临时固定图

2.2.6　预制叠合板施工操作要求

(1)叠合板操作步骤

①叠合板进场、编号，按吊装流程清点数量。

②搭设临时固定与搁置排架。

③控制标高与叠合板板身线。

④按编号和吊装流程逐块安装就位。

⑤塔吊吊点脱钩，安装下一块叠合板，并循环重复(图 2.42)。

预制叠合板吊装流程及控制要点

⑥楼层浇捣混凝土完成，混凝土强度达到设计、规范要求后，拆除构件临时固定点与搁置的排架。

图 2.42　叠合板吊装

(2)叠合板操作要求

①叠合板施工前,按照设计施工图翻样绘制出叠合板排列图,工厂化生产按该图深化后投入批量生产。运送至施工现场后,由塔吊吊运到楼层上按排列图铺放。

②叠合板吊放前,先按“叠合板竖向支撑图”安装支撑,并于其顶面铺放 2 m×4 m 木板,放置水平。

③叠合板采用单向板设计形式施工时,两端钢筋插入墙或梁柱内,板端进入 20 mm。按设计要求,阳台叠合板伸入的钢筋部分须焊接。

④考虑到外墙板吊装时,楼层现浇混凝土未达到设计强度,因此须在叠合楼板吊装完成后,将预制外墙板临时固定支撑的预埋件与叠合楼板的马凳筋焊接,以满足斜拉杆的受力要求。

⑤叠合楼板安装、固定后,再按结构层施工工序进行下一道工序施工。

2.2.7　预制叠合阳台板、空调板施工操作要求

预制阳台吊装流程及控制要点

预制空调板吊装流程及控制要点

(1)叠合阳台板、空调板操作步骤

①叠合阳台板进场、编号,按吊装流程清点数量。

②搭设临时固定与支撑架体。

③控制标高与叠合阳台板板身线。

④按编号和吊装流程逐块安装就位。

⑤塔吊吊点脱钩,进行下一叠合阳台板安装,并循环重复(图 2.43)。

⑥楼层混凝土浇捣完成,混凝土强度达到规范、设计要求后,拆除构件临时固定点与支撑架体。

图 2.43　叠合阳台板安装

(2)叠合阳台板、空调板操作要求

①叠合阳台板施工前,按照设计施工图翻样绘制出叠合阳台板加工图,工厂化生产按该图

深化后，投入批量生产。运送至施工现场后，由塔吊吊运到楼层上铺放。

②叠合阳台板吊放前，先搭设叠合阳台板支撑，于顶面铺放 2 m×4 m 木板，放置水平。

③叠合阳台板钢筋伸入梁内 370 mm，按设计要求，伸入的钢筋根据设计焊接。

④叠合阳台板安装、固定后，再按结构层施工工序进行下一道工序施工。

2.2.8　预制楼梯施工操作要求

预制楼梯吊装流程及控制要点

(1)预制楼梯操作步骤

①预制楼梯进场、编号，按各单元和楼层清点数量。

②标高控制与楼梯位置放线。

③清理安装面，设置垫片，铺设砂浆。

④按编号和吊装流程，逐块安装就位，缓慢放置于安装面，并调整校核安装位置。

⑤连接与固定，成品保护。

⑥塔吊吊点脱钩，进行下一叠合板安装，并循环重复。

(2)预制楼梯操作要求

①预制楼梯施工前，按照设计施工图翻样绘制出加工图。工厂化生产按该图深化后，投入批量生产。运送至施工现场后，由塔吊吊运至楼层上铺放。

②吊装前，调节梯段位置，调整垫片，在梯梁支撑部位铺设水泥砂浆找平层。吊装后进行位置校正，将楼梯固定端焊接固定或灌浆连接，将滑移端固定及灌浆连接，孔洞封闭前对梯段板验收。

③预制楼梯安装、固定后，再按结构层施工工序进行下一道工序施工。

2.2.9　预制构件与现浇结构连接

竖向现浇结构施工

1)预制墙板与结构柱连接

(1)构造做法

①基层处理：安装预制墙板前，对结构基层进行凿毛处理。

②安装墙板：按照预制墙板安装工艺流程安装预制墙板。

③打入胶塞：在预制墙板和结构墙柱钢筋安装位置用冲击钻钻孔，孔长约 100 mm，孔内打入 ϕ8×90 胶塞。

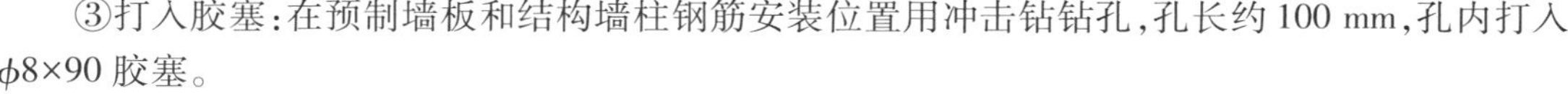

④打入锚筋：用铁锤在胶塞内打入 ϕ6×100 钢筋，钢筋端头入墙板深度应不小于 10 mm。

⑤钢筋头孔封堵：用 1∶3水泥砂浆封堵钢筋头打入孔，完成面平墙面。

⑥拼缝处理：

a.基层处理，施工前 30 min 开始清理凹槽基面、涂刷专用界面剂。

b.粘贴第一道嵌缝带(50 mm 宽)，在板缝凹槽满刮一层专用黏结剂，厚度为 2~3 mm，并粘贴第一道 50 mm 宽的嵌缝带。用抹子将嵌缝带压入到黏结剂中，并用黏结剂将凹槽抹平墙面。嵌缝带宜埋于距黏结剂完成面约 1/3 位置处且不得外露。

c.L 形连接粘贴第二道嵌缝带(100 mm 宽)，在拼缝位置刮满一层专用黏结剂，厚度为 2~3 mm，并粘贴第二道 100 mm 宽的嵌缝带。用抹子将嵌缝带压入到黏结剂中，并用黏结剂抹平。

⑦检查及修补：板缝处理完成两周后及移交精装修施工前，检查上述板缝。若有裂缝出现，要进行修补。

⑧阴角条：装修施工修角时在腻子层中加入阴角条，盖缝处理。

预制墙板与结构柱连接如图 2.44 所示。

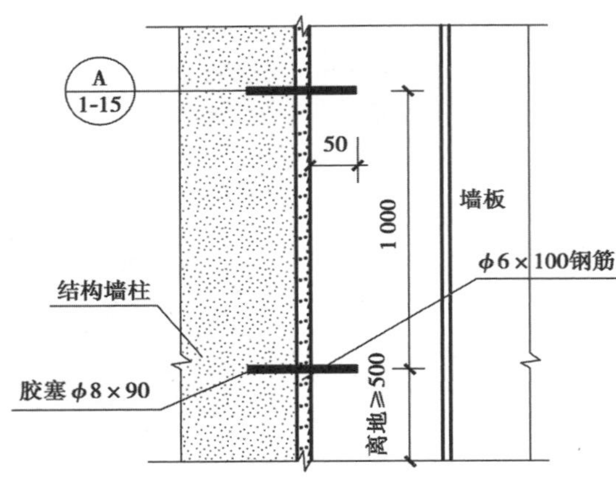

图 2.44　内墙板与结构墙柱连接节点

(2)连接构造及做法举例

图 2.44 适用于预制内墙板与结构墙柱连接处理。

施工时间:内墙板安装完成两周后,打入锚固钢筋;全部工序完成两周后,接缝凹槽内贴一道 50 mm 宽嵌缝带,之后在内墙板与结构墙柱接缝外侧再粘贴一道 100 mm 宽嵌缝带(L 形平接)。注意:一是内墙板与结构墙柱可进行 L 形、T 形、一形连接;二是结构墙柱与内墙板平接(L 形)处应预留企口,深 4 mm、宽 50 mm。

2)梁板连接

安放木制垫板,以减少上层楼板传来的集中荷载,支设立杆,支设中间小横杆,完成满堂脚手架搭设。现浇梁、楼板支模并验收,校验标高和位置。

按照施工图进行现浇梁、现浇板底部钢筋绑扎,水电管线预埋安装,待机电管线敷设完成清理干净后,根据叠合板上方钢筋间距控制线进行板面钢筋绑扎,使用定位钢板,控制连接钢筋位置,并进行质量验收。

浇筑前,清理杂物并洒水湿润,但不宜有明水;混凝土浇筑采取从中间向两边浇筑,连续施工,一次完成,同时使用平板振捣器振捣,采用 2 m 刮杠刮平,浇筑完成后立即进行养护,养护时间不得少于 7 天。

后浇混凝土达到设计强度后,方可拆除支撑和模板。模板拆除时,采取先支后拆、后支先拆,先拆非承重模板、后拆承重模板的顺序,并应从上而下进行拆除。拆下的模板分散堆放在指定地点,及时清运。

叠合楼板设计采用单向板,距搁置点 25 mm 处,留设锚固钢筋,与梁浇捣连接(图 2.45)。

水平现浇
结构施工

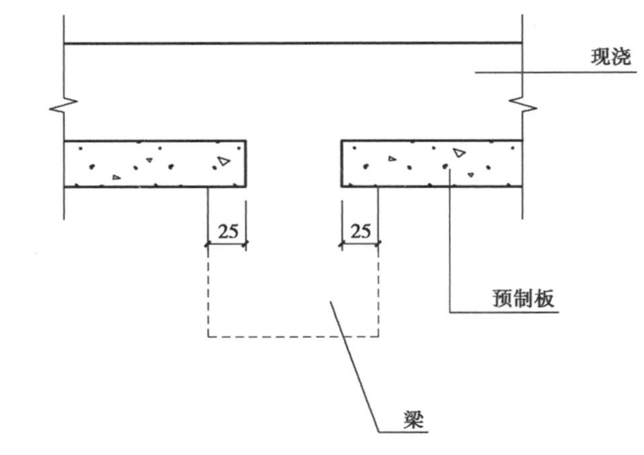

图 2.45　叠合楼板留设锚固钢筋

3)阳台叠合板与结构锚固连接

阳台叠合板在工厂化生产后,留设阳台连接锚固筋,与结构梁、柱整浇在一起(图 2.46)。

4)预制楼梯与梁、板连接

预制楼梯为成型产品,经工厂化生产,现浇梁板完成后与平台梁连接(图 2.47)。

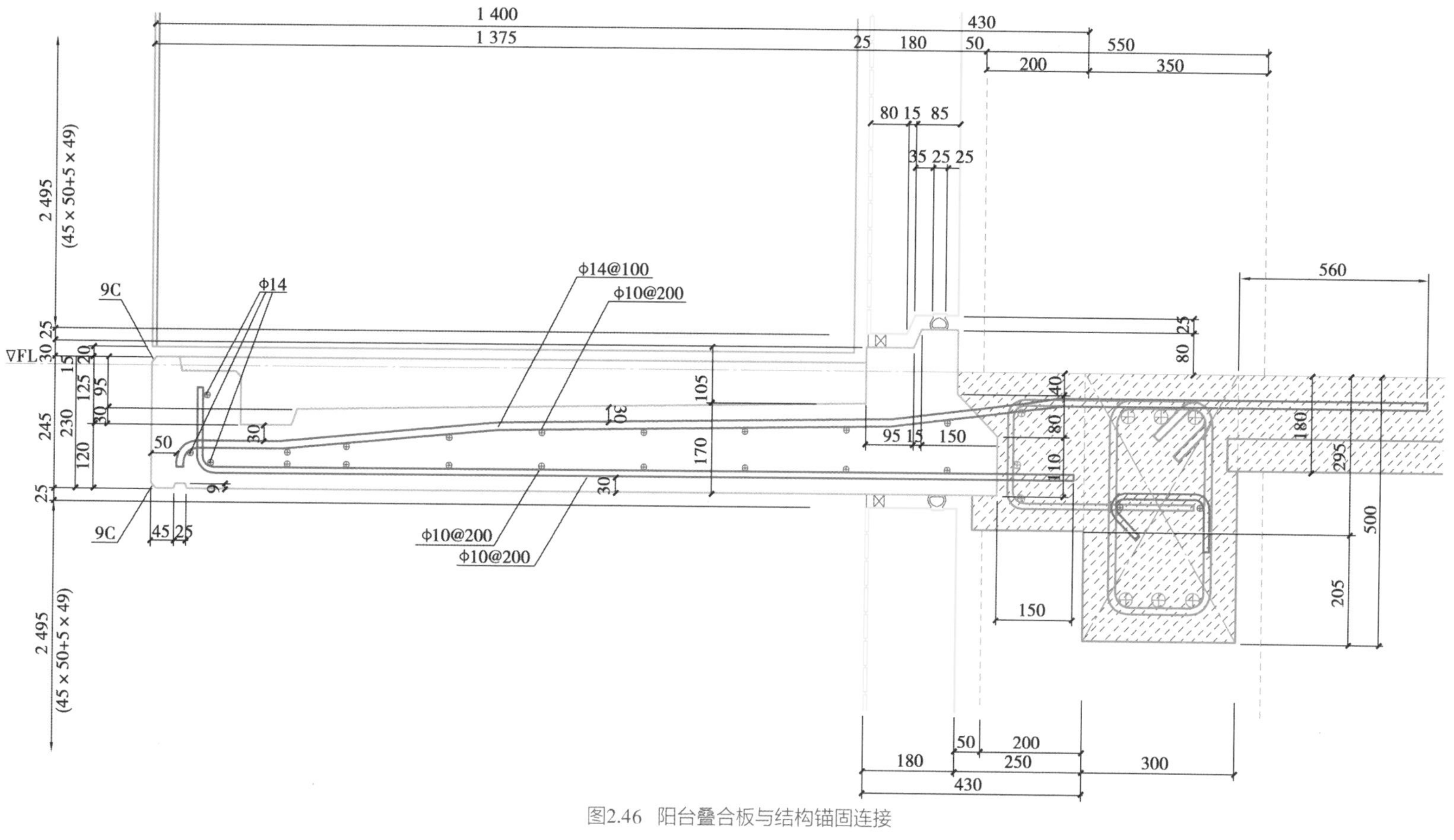

图2.46　阳台叠合板与结构锚固连接

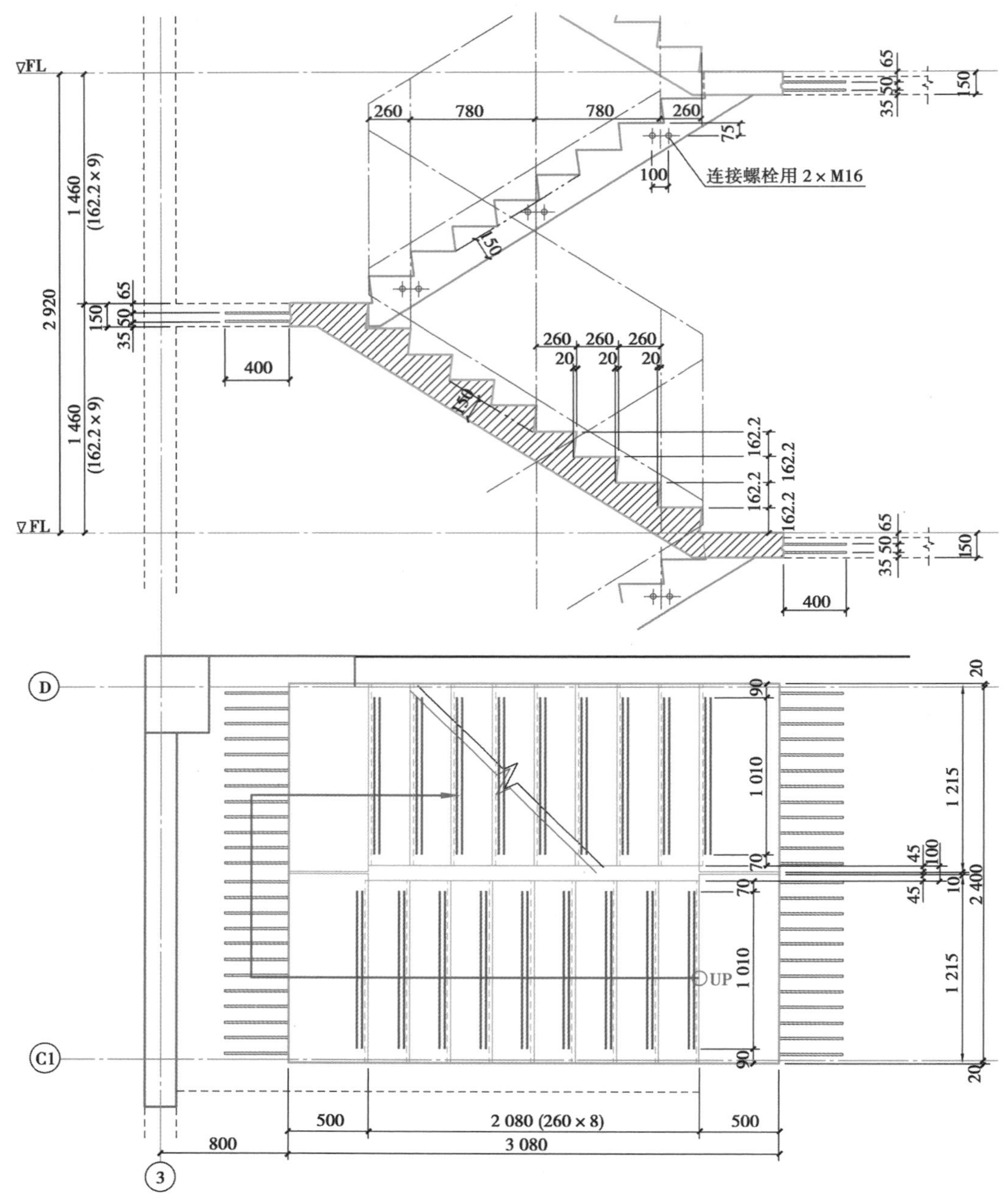

图 2.47　预制楼梯与梁、板连接

2.3　外围护结构设置与安装

2.3.1　外挂墙板设置与安装

外挂墙板是由混凝土板和门窗等围护构件组成的完整结构体系，主要承受自重以及直接作用于其上的风荷载、地震作用、温度作用等。同时,外挂墙板也是建筑物的外围护结构,其本身不承担主体结构承受的荷载和地震作用。作为建筑物的外围护结构,绝大多数外挂墙板均附着于主体结构,其本身必须具有足够的承载能力,避免在风荷载等作用下破碎或脱落。尤其在沿海地区,应该在设计中重视台风袭击影响。除个别台风引起的灾害之外,在风荷载作用下,外挂墙板与主体结构之间的连接件发生拔出、拉断等严重破坏的情况相对较少见,主要问题是保证墙板系统自身的变形能力和适应外界变形的能力,避免因主体结构产生过大的变形而破坏。

在地震作用下,墙板构件会受到强烈的动力作用,更容易发生破坏。防止或减轻地震危害的主要途径是在保证墙板本身有足够的承载能力的前提下,加强抗震构造措施。在多遇地震作用下,墙板一般不应产生破坏,或虽有微小损坏但不需修理仍可正常使用;在设防烈度地震作用下,墙板可能有损坏,如个别面板破损等,但不应有严重破坏,经一般修理后仍然可以使用;在预估的罕遇地震作用下,墙板自身可能产生比较严重的破坏,但墙板整体不应脱落、倒塌。

综上所述,外挂墙板的设计和抗震构造措施,应保证在正常使用状态下具有良好的工作性能;在多遇地震作用下应能正常使用;在设防烈度地震作用下经修理后应仍可使用;在预估的罕遇地震作用下不应整体脱落。

(1)外挂墙板连接节点设计基本原则

建筑外挂墙板支承在主体结构上,主体结构在荷载、地震作用、温度作用下会产生变形,如水平位移和竖向位移等。这些变形可能会对外墙挂板产生不良影响,应尽量避免。除了结构计算外,构造设计措施是保证外挂墙板变形能力的重要手段,如必要的胶缝宽度、构件之间的弹性或活动连接等。

外挂墙板平面内变形是由于建筑物受风荷载或地震作用时层间发生相对位移产生的。由于计算主体结构的变形时,所采用的风荷载、地震作用计算方法不同,故外挂墙板平面内变形要求应区分是否为抗震设计。地震作用时,可近似取主体结构在设防地震作用下弹性层间位移限值的3倍为控制指标,即外挂墙板与主体结构的连接节点在墙板平面内应具有不小于主体结构在设防烈度地震作用下弹性层间位移角3倍的变形能力,大致相当于罕遇地震作用下的层间位移。

(2)外挂墙板对主体结构的影响

外挂墙板对主体结构的影响有以下4个方面:

①支承于主体结构的外挂墙板的自重对主体结构存在不利影响;

②当外挂墙板相对其支承构件有偏心时,应计入外挂墙板重力荷载偏心产生的不利影响;

③采用点支承(图2.48)与主体结构相连的外挂墙板,连接节点具有适应主体结构变形的能力时,可不计入其刚度影响;

④采用线支承(图2.49)与主体结构相连的外挂墙板,应根据刚度等代原则计入其刚度影响,但不得考虑外挂墙板的有利影响。

(3)外挂墙板抗震设计原则

地震中,外挂墙板振动频率高,容易受到放大的地震作用。为使设防烈度下外挂墙板不产生破损,降低其脱落后的伤人事故,在多遇地震作用计算时考虑动力放大系数。按照现行国家抗震设计规范有关非结构构件的地震作用计算,外挂墙板结构的地震作用动力放大系数约为5.0。多遇地震作用下,外挂墙板构件应基本处于弹性工作状态,其地震作用可采用简化的等效静力方法计算。

图 2.48　点挂式外挂墙板

图 2.49　线挂式外挂墙板

相对传统的幕墙系统，预制混凝土外挂墙板的自重较大。外挂墙板与主体结构的连接往往超静定次数低，也缺乏良好的耗能机制，其破坏模式通常属于脆性破坏。连接破坏一旦发生，会造成外挂墙板整体坠落，产生十分严重的后果。因此，需要对连接节点承载力进行必要的提高。对于地震作用来说，在多遇地震作用计算的基础上将作用效应放大 2.0，接近达到“中震弹性”的要求。

(4)外挂墙板的形式和尺寸

考虑到外挂墙板生产和现场安装的需要，外挂墙板系统必须分割成各自独立承受荷载的板片，同时应合理确定板缝宽度，确保各种工况下各板片间不会产生挤压和碰撞。主体结构变形引起的板片位移是确定板缝宽度的控制性因素。为保证外挂墙板的工作性能，根据已有的经验，在层间位移角 1/300 的情况下，板缝宽度变化不应造成填缝材料的损坏；在层间位移角1/100的情况下，墙板本体的性能保持正常，仅填缝材料需进行修补，应确保板片间不发生碰撞。

在设计时，外挂墙板的形式和尺寸应根据建筑立面造型、主体结构层间位移限值、楼层高度、节点连接形式、温度变化、接缝构造、运输限制条件和现场起吊能力等因素确定；板间接缝宽度应根据计算确定且不宜小于 10 mm；当计算缝宽大于 30 mm 时，宜调整外挂墙板的形式或连接方式。

(5)外挂墙板与主体结构连接要求

①外挂墙板与主体结构点支承连接要求：连接点数量和位置应根据外挂墙板形状、尺寸确定，连接点不应少于 4 个，承重连接点不应多于 2 个；在外力作用下，外挂墙板相对主体结构在墙板平面内应能水平滑动或转动；连接件的滑动孔尺寸应根据穿孔螺栓直径、变形能力需求和施工允许偏差等因素确定。

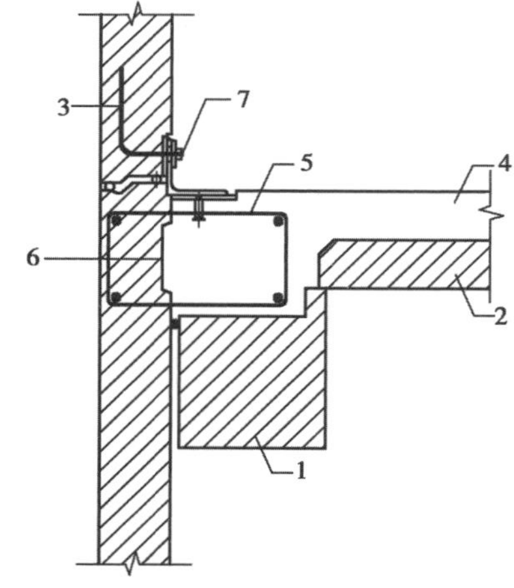

图 2.50　外挂墙板线支承连接示意图

1—预制梁；2—预制板；3—预制外挂墙板；4—后浇混凝土；5—连接钢筋；6—剪力键槽；7—面外限位连接件

②外挂墙板与主体结构线支承连接要求（图 2.50）：外挂墙板顶部与梁连接，且固定连接区段应避开梁端 1.5 倍梁高长度范围；外挂墙板与梁的结合面应采用粗糙面并设置键槽；接缝处应设置连接钢筋，

连接钢筋数量应经过计算确定且钢筋直径不宜小于 10 mm，间距不宜大于 200 mm；连接钢筋在外挂墙板和楼面梁后浇混凝土中的锚固应符合设计有关规定；外挂墙板的底端应设置不少于 2 个仅对墙板有平面外约束的连接节点；外挂墙板的侧边不应与主体结构连接。

外挂墙板不应跨越主体结构的变形缝。主体结构变形缝两侧的外挂墙板的构造缝应能适应主体结构的变形要求，宜采用柔性连接设计或滑动型连接设计，并采取易于修复的构造措施。

（6）外挂墙板与主体结构的柔性连接

在很多地区外挂墙板与主体结构的连接节点采用柔性连接的点支承方式。点支承的外挂墙板可区分为平移式外挂墙板和旋转式外挂墙板两种形式（图 2.51）。它们与主体结构的连接节点，又可以分为承重节点和非承重节点两类。

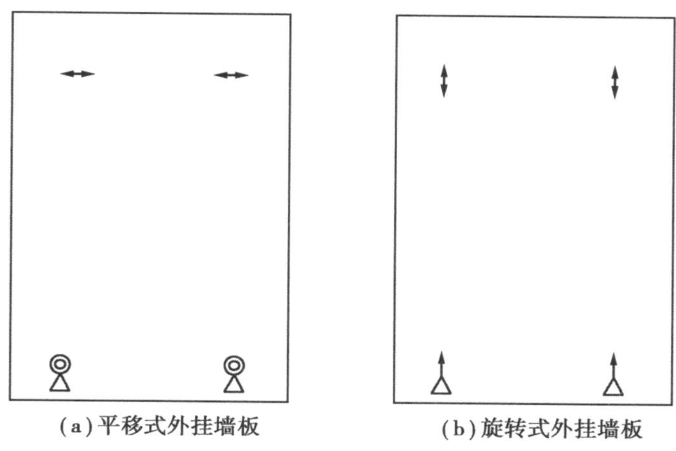

图 2.51　点支承式外挂墙板及其连接节点形式示意图

↔—可水平滑动；↕—承重铰支节点；◎—可竖向滑动；↑—承重可向上滑动

一般情况下，外挂墙板与主体结构的连接宜设置 4 个支承点：当下部两个为承重节点时，上部两个宜为非承重节点；相反，当上部两个为承重节点时，下部两个宜为非承重节点。应注意，平移式外挂墙板与旋转式外挂墙板的承重节点和非承重节点的受力状态和构造要求不同，因此设计要求也不同。根据工程实践经验，点支承的连接节点一般采用在连接件和预埋件之间设置带有长圆孔的滑移垫片，形成平面内可滑移的支座。当外挂墙板相对于主体结构可能产生转动时，长圆孔宜按垂直方向设置；当外挂墙板相对于主体结构可能产生平动时，长圆孔宜按水平方向设置。

2.3.2　门窗设置与安装

装配式建筑门窗作为建筑外围护构件，应集成传统的建筑门窗所应承担的主要功能。外围护系统应根据装配式建筑所在地区的气候条件、使用功能等综合确定抗风性能、抗震性能、耐撞击性能、防火性能、水密性能、气密性能、隔声性能、热工性能和耐久性能要求。对于装配式建筑门窗，应综合考虑其抗风压性能、气密性能、水密性能、保温性能、遮阳性能、隔声性能、采光性能、耐久性能、防火性能等，根据各地的指标要求进行性能和功能设计。

与传统门窗一样，装配式建筑门窗应集成这些功能，同时门窗也作为一个部品集成在墙体上，甚至整合最新的物联网技术的智能化门窗系统，受益于门窗产品的工厂化制造，可以较好地应用在装配式建筑中。

装配式建筑的门窗在设计、制造、安装、验收等方面与传统门窗产品基本一致，其在设计与施工安装上，主要有洞口模数协调化、设计标准化、安装装配化、管控信息化、产品定制化等方面。总结目前装配式建筑门窗存在的一些问题，可预见适应于行业发展的未来门窗部品演化趋势。

1）洞口模数协调化

门窗洞口宽度等宜采用水平扩大模数数列 $2n$M、$3n$M（n 为自然数）。门窗洞口高度等宜采用竖向扩大模数数列 nM。门窗部品的尺寸设计应符合《建筑门窗洞口尺寸系列》（GB/T 5824—2021）和《建筑门窗洞口尺寸协调要求》（GB/T 30591—2014）的规定。

门窗的洞口尺寸应符合模数规定。根据《建筑模数协调标准》（GB/T 50002—2013）的规定，基本模数的数值为 100 mm（1 M 等于 100 mm），整个建筑物和建筑物的一部分以及建筑部件的模数化尺寸，应是基本模数的倍数。导出模数分为扩大模数和分模数，扩大模数基数应为 2M、3M、6M、9M、12M……分模数基数应为 M/10、M/5、M/2。根据此规定，门窗洞口宽度应为 200 mm、300 mm 的整数倍，洞口高度应为 100 mm 的整数倍。

根据少规格、多组合的原则，门窗的洞口模数建议进一步扩大为 3M 的整数倍，即 3M、6M、9M、12M、15M、18M。

2）设计标准化

装配式建筑应采用模块及模块组合的设计方法，遵循少规格、多组合的原则，实现建筑及部品部件的系列化和多样化。外窗等部品部件宜进行标准化设计，外门窗应采用在工厂生产的标准化系列产品，并采用带有披水板等的外门窗配套系列部品。部品部件尺寸及安装位置的公差协调应根据生产装配要求、主体结构层间变形、密封材料变形能力、材料干缩、温差变形、施工误差等确定。

①尺寸的标准化。门窗产品尺寸应对相应洞口尺寸进行减尺，以保证正常安装。门窗传统的安装方式分为湿法安装和干法安装，湿法安装指无附框安装方式，而干法安装多指采用附框安装的方式。装配式建筑门窗的安装也可分为无附框安装方式和附框安装方式，其中附框安装方式又可分为预埋附框和后置附框。无附框安装和预埋附框安装时，洞口尺寸均为标准洞口尺寸，合理减尺即可；后置附框安装时，还应合理减去附框的尺寸。

②分格的标准化。门窗分格一个最重要的考虑就是开启扇，因此建议首先确定开启扇的尺寸。对于平开窗，建议分格尺寸宽度为 600 mm，高度可选为 800 mm、1000 mm、1200 mm。则其他分格可依据开启扇的尺寸确定。

③安装构造的标准化。对装配式建筑而言，建议优先考虑预埋附框的安装方式。

3）安装施工装配化

装配式建筑的部品部件应采用标准化接口，外门窗应可靠连接。门窗洞口与外门窗框接缝处的气密性能、水密性能和保温性能不应低于外门窗的有关性能。预制外墙中外门窗宜采用企口或预埋件等方法固定，外门窗可采用预装法或后装法设计，并满足下列要求：

①采用预装法时，外门窗框应在工厂与预制外墙整体成型；

②采用后装法时，预制外墙的门窗洞口应设置预埋件。

“预装法”规定外门窗框应在工厂与预制外墙整体成型，是指直接将窗框预埋在外墙里。这种做法会导致外窗更换困难，工程中不建议采用。装配式建筑门窗安装建议采用标准中提出的“后装法”，即外墙洞口设置预埋件的方式。该方法便于门窗更换。

装配式建筑门窗的安装将朝着整体化安装发展。目前，我国装配式建筑门窗的安装与传统的附框安装方式基本一致，即在预埋附框洞口采用先安装门窗框，再装配玻璃和开启扇的方式，施工质量参差不齐导致门窗的性能难以有效保证。为保证装配式建筑门窗的安装质量，装配式建筑应向整体安装发展，这必然要求区别于传统门窗安装方式的新型安装方式出现。由于装配式预制外墙板的高温蒸养工艺会对门窗质量有很大影响，优先推荐后塞口的悬浮安装构造，其优点是安装简单可靠、便于整体更换、避免温度变形的影响。可采用专用的安装适配器、专用附框等。

4）管控信息化

装配式建筑设计宜采用建筑信息模型（BIM）技术，建立信息化协同平台，采用标准化的功能模块、部品部件等信息库，统一编码、统一规则，全专业共享数据信息，实现建设全过程的管理和控制。

作为装配式建筑重要的部品部件，建筑门窗也应建立统一编码、统一规则的信息库。该信息库应能给出洞口尺寸、外窗尺寸和分格、外窗的性能信息等，可将企业标准化的门窗产品统一编码，供广大相关人员选用，同时可提供门窗的相关分格图示、性能参数。相关分格图示将应用于建立建筑信息模型（BIM），同时要求该平台应给出不同窗型、不同尺寸门窗的物理性能数据，便于结合标准和设计要求选用。

门窗洞口的优选尺寸如图 2.5 所示。

表 2.5　门窗洞口的优选尺寸

单位：mm

类别	最小洞宽	最小洞高	最大洞宽	最大洞高
门洞口	700	1 500	2 400	2 300（2 200）
窗洞口	600	600	2 400	2 300（2 200）

5）门窗产品定制化

根据安装方式来确定门窗的标准尺寸。装配式建筑宜采用预埋附框的方式，明确以附框内口构造尺寸作为双方统一的协调位置，用附框规范洞口精度。洞口完成尺寸误差控制在±1 mm以内。

传统的建筑门窗制作是在工厂完成全部门窗框等组件，按照施工进度要求框、扇、玻璃顺序出厂运至工地安装，导致门窗最后的关键装配程序被迫在工地完成，工厂无法对成品进行检验，很难保证产品质量。对于装配式建筑，推荐门窗厂采用装配式工厂的模式。门窗厂将检验合格的全部装配完成的门窗运至装配式工程，一次性安装完成，确保门窗产品的质量。

6）装配式建筑门窗安装的进一步完善

门窗作为建筑当中重要的部件之一，当前仍存在标准体系不完善、标准化产品普及率低、门窗制作及安装工艺的工程适用性不强、产业链不成熟等问题。

(1)标准体系不完善

标准体系不完善包括两个方面:一方面是装配式建筑标准体系不完善;二是适应装配式建筑的门窗标准体系不完善。

目前,装配式建筑的国家规范和行业标准较为宏观,缺少相应的设计、制造、施工、验收等专用标准的支撑,尤其是部品部件方面。门窗类标准大部分根据门窗产品的原材料进行分类,缺乏工程适用性的阐述。全行业将在后续发展中逐步制定关于适应于装配式建筑门窗的详细规定。

(2)标准化产品普及率低

目前,我国门窗标准化仅限于材料和配件层面的标准化,应用于工程领域的门窗产品的标准化还远远不够,主要原因是传统模式下我国建筑门窗尺寸、分格的标准化没有完成。传统的建筑模式下,由于窗型尺寸和分格设计的随意性较大且洞口施工偏差较大,使得门窗企业必须现场逐个复核洞口尺寸而无法按图纸给定尺寸生产加工,且由于尺寸太多导致无法规模化生产。仅有个别大型房地产开发企业在内部实现了一定程度的门窗标准化,但对于整个国家层面还不够。

(3)门窗制作及安装工艺的工程适用性不强

装配式建筑要求传统的门窗制造和安装方式进行较大的变革。目前,很多装配式建筑门窗采用传统的安装方式,即工厂仅预埋附框、框和玻璃先后在现场安装的方式。严格来讲,这种传统制造安装方式与装配式建筑理念背道而驰;研发新型附框、安装适配构造进行门窗整体安装将是装配式建筑门窗未来发展的重点。

(4)新型产业链的调整

装配式建筑门窗要求产品标准化、系列化、加工制作工业化、施工装配化、功能集成化和产品信息化,必然会导致建筑门窗行业的变革。研发实力强、思路调整快的企业在率先完成适应装配式建筑的调整之后其产值必然明显增长,而大多数企业则面临倒闭或沦为代工厂的境地。一段时间优胜劣汰之后,必然会改变整个行业的现状。

7)装配式建筑门窗发展展望

未来,随着设计的标准化和管理的信息化,构件越标准,生产效率越高,相应的构件成本就会下降,配合工厂的数字化管理,整个装配式建筑的门窗等部品部件性价比会越来越高,并符合安全适用、绿色节能、环保美观等多方面的要求,如图 2.52 所示。装配式建筑门窗设计、安装依据如图 2.53 所示。

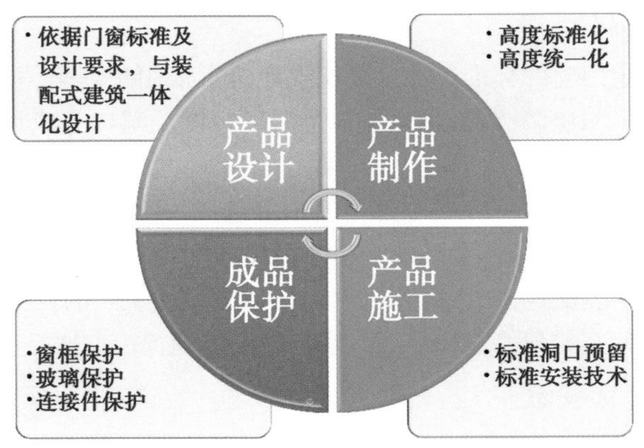

图 2.52　装配式建筑门窗部品的“设计、生产、施工、保护”重点

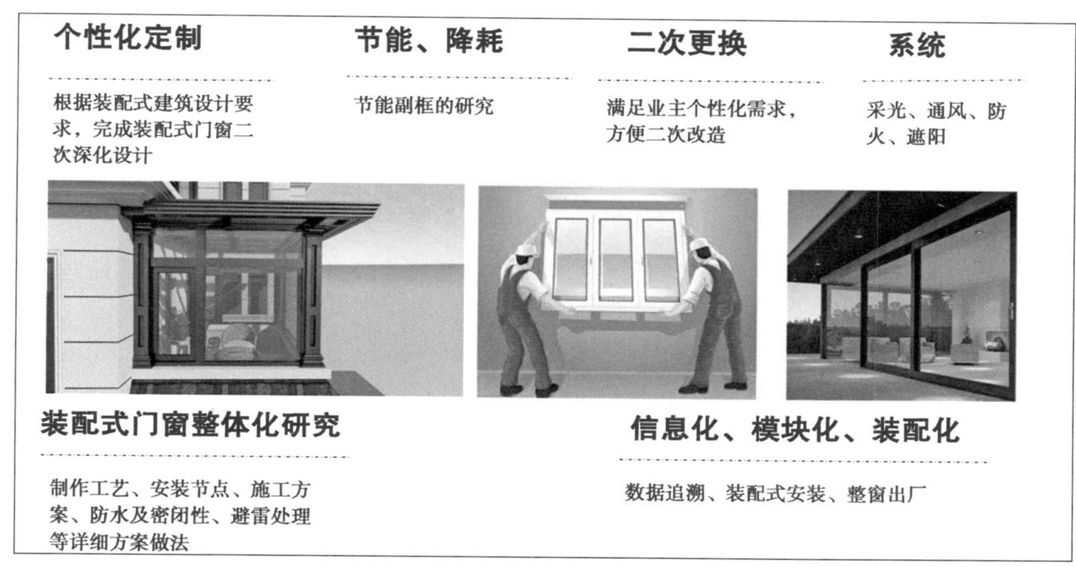

图 2.53　装配式建筑门窗设计、安装依据

传统的建造方式砌砖墙或进行现场混凝土浇筑,缺点是留出门窗洞口、尺寸偏差较大。门窗制作企业必须要到现场进行实测每个洞口的尺寸,以确认安装门窗空间,其施工的周期严重受制于土建工程的进度和精度。

装配式建筑基于工厂化生产的预制墙板,开口部精度非常高。根据设计图纸缩尺加工、无须重复测量门窗洞口尺寸。通过合理安排施工计划,可提高生产效率、运输效率,所有门窗加工、玻璃全部在工厂完成组装,现场干法施工。装配式建筑门窗工厂生产工序如图 2.54 所示,装配式门窗现场安装流程图 2.55 所示。

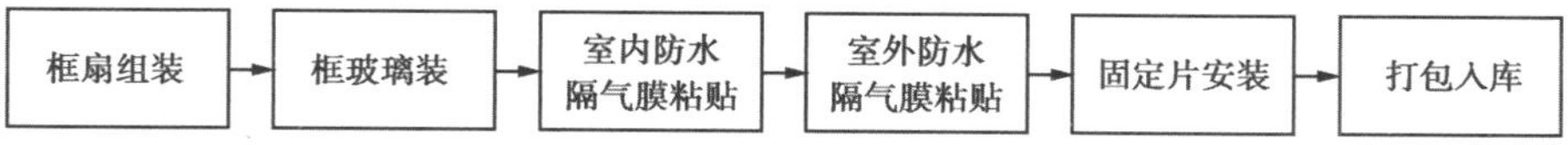

框扇组装 → 框玻璃装 → 室内防水隔气膜粘贴 → 室外防水隔气膜粘贴 → 固定片安装 → 打包入库

图 2.54　装配式建筑门窗工厂生产工序

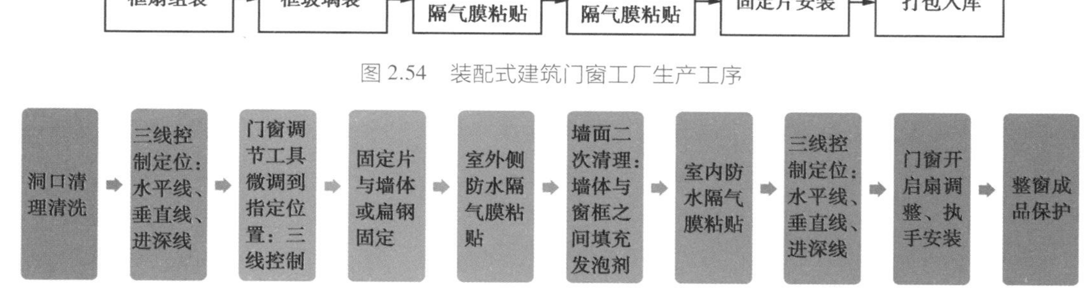

图 2.55　装配式门窗现场安装流程

2.4　管线设备安装

2.4.1　管线设备设置基本原则

装配式内装修应结合项目建设条件和项目需求合理确定管线与结构分离的方式,设备管线的安装敷设应与室内空间设计相协调。

(1)装配式内装修设备和管线设计原则

①设备和管线系统宜通过综合设计及管线集成技术提高设备与管线系统的集成度。

②设备和管线不应敷设在混凝土结构或混凝土垫层内,也不应通过墙体表面开凿或剔凿等方式设置。

③竖向主干管线、公共功能的阀门、计量设备、电气设备以及用于总体调节和检修的部件,应集中设置在公共区域的管井或表间内。

④设备和管线的预留洞口尺寸及位置、插座接口点位应在设计图中明确标注,部品应定位准确。

⑤敷设于楼地面的架空层、吊顶空间、装配式隔墙内的空调及通风、给水、供暖、强弱电等设备与管线应便于检修,检修口宜采用标准化尺寸。

居住建筑设备和管线系统的公共部分与套内部分应界限清晰。分户管路与公共管路的结合部位及公用配管的阀门部位,其检修口宜采用标准化尺寸。

安装于墙体、吊顶、地板表面的灯具、开关插座、控制器、显示屏等部品部件的位置与尺寸应与内装修相协调,并应采取可靠的固定措施,满足隔声、防火等方面的要求。

敷设于隔墙系统、吊顶系统、架空地板系统等的内部管线应采取可靠措施安装牢固。

(2)厨卫设备管线设计

集成式厨房和集成式卫生间的设备与管线设计应符合下列规定:

①给水排水、通风和电气等管道管线应采用标准化接口,且应在接口位置设置检修口。

②集成式厨房和集成式卫生间内的管道材质和连接方式宜与公共区的管道匹配。当采用不同材质的管道连接时,应有可靠的连接措施。

(3)给排水管线设计

给水排水管线设计应符合下列规定:

①当采用给水分水器时,分水器应与用水器具一对一连接;在架空层或吊顶内敷设时,中间不得有连接配件;分水器设置应便于检修,并宜有排水措施。

②敷设于隔墙系统、吊顶系统、架空地板系统内的给水管线应采取措施避免有机溶剂的腐蚀或污染。

③消防阀门、水流指示器、末端试水阀等附配件宜设在管井、设备用房内等便于检修的部位;当设在走廊等部位的吊顶内时,应预留检修口;不应设在办公室、居住房间等承担主要使用功能的用房内。

(4)暖通管道设置

供暖、空调和通风管道设置应符合下列规定:

①敷设于居住建筑隔墙系统、吊顶系统、架空地板系统内的供暖管道不宜有接口和阀门、部件。

②供暖、空调和通风系统管道安装应设置可靠的支撑系统并充分考虑管道伸缩补偿,确保安装安全;同时,应按照相关标准要求,设置保温隔热措施。

③空调通风管道宜采用工厂预制、现场冷连接工艺。

(5)电气管线设计

电气管线设计应符合下列规定:

①电气线缆应采用符合安全和防火要求的敷设方式配线。

②电气线缆应穿金属管或在金属线槽内敷设,线缆在管道或线槽内不宜有接头,如有接头,应放置在接线盒内。

③电气线缆设计在隔墙内布线时,隔墙应优先选用带穿线管的工厂化生产的墙板。

2.4.2　管线敷设与安装(图2.56)

①管线敷设必须横平竖直,尽可能减少弯曲次数。弱电线管应选用TC管(镀锌管)敷设,以防电磁干扰。

②PVC灯头盒与管卡的距离≤200 mm,管卡与管卡的距离≤500 mm。现场弯管时,根据管径选择助弯弹簧弯曲,转弯半径不应小于管径的6倍。转弯处的管卡间距≤200 mm,管卡用6 mm尼龙膨胀螺栓固定,禁用木榫替代。

③PVC接线盒与线管用杯梳胶水连接。从接线盒引出的导线应用金属软管保护至灯位,防止导线裸露在吊顶内,并按国家标准要求进行导线型号的选择。严禁双回路电线共用一根线管。

④PVC接线盒盖板与金属软管需用尼龙接头连接。金属软管长度不得超过1 000 mm。

⑤PVC管道如遇交叉处需要做过桥弯管,两边用管卡固定。

⑥导线穿管完毕后,应用欧姆表进行通电绝缘测试。

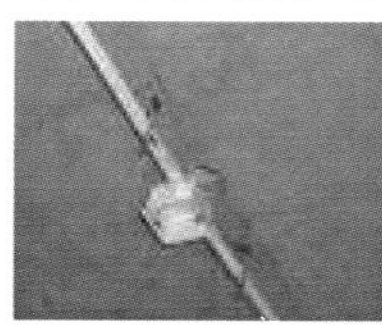
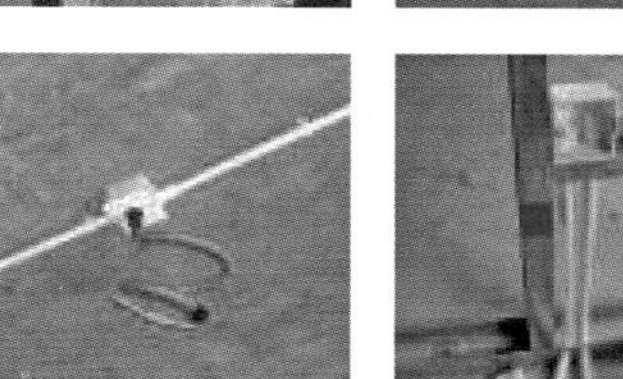

图2.56　管线敷设与安装

2.4.3　卫生间防排水施工

(1)防水施工要点

先做好聚合物水泥(JS)防水,在确保不渗漏的条件下,根据图纸确定马桶、地漏、台盆等立管的中心位置,然后按照立管进行排水管的固定。注意控制排水管道的坡度,避免泛水。然后在线管中间填补轻质材料,如珍珠岩之类。做完管道后应及时封闭管道口,避免杂物掉入管道内。

卫生间聚合物水泥(JS)防水施工工艺:基面→打底层→下涂层→中涂层→上涂层,具体如下:

①先在液料中加水,用搅拌器边搅边徐徐加入粉料,之后充分搅拌均匀直至料中不含团粒(搅拌时间5 min左右,最好不要人工搅拌)。

②打底层涂料的质量比为液料:粉料:水=10:7:14。

③下层、中层和上层涂料的质量比为液:粉:水=10:7:(0~3)。

④上层涂料中可加无机颜料以形成彩色涂层，彩色涂层涂料的质量比为液料∶粉料∶颜料∶水＝10∶7∶(0.5～1)∶(0～3)。

⑤斜面、顶面、立面施工时应不加水或少加水，平面在烈日下应多加水。如需加无纺布，可用35～60 g/m^2 聚酯材质的无纺布。

(2)配水点标高

厨房水槽、台盆配水点标高为550 mm，冷热出水口间距为200 mm；有橱柜的部位出水点应凸出墙面粉刷层40 mm，其余出水点应与完成面平齐或低5 mm以内。浴缸龙头配水点标高为650～680 mm，坐标位置在浴缸中心线，冷热出水口间距为150 mm；坐便器、三角阀配水点标高为150 mm；淋浴龙头标高为900 mm，冷热出水口间距为150 mm；淋喷头出水点高度在2 000～2 200 mm。洗衣机龙头标高为1 100 mm；热水器配水点标高应低于热水器底部200 mm，冷热出水口间距为180 mm；拖把池龙头标高为700～750 mm。

(3)试压测试

管道安装完毕后，按照国家标准进行试压测试(图2.57)。

图2.57　管道试压测试

2.4.4　机电安装操作要求

1)施工操作控制要求

(1)人员控制要求

专业管理人员必须具备相应的资质，并持证上岗。特殊工种人员必须持有效证件上岗。一般操作人员应经操作培训考核后上岗。

(2)施工机械控制要求

①施工机械在进场前必须进行全面的检修，检修合格挂设备完好卡后方可进场。

②施工机械实行定人定机，专人操作、保养，并在设备上挂机械管理卡。

③施工机械操作者必须持证上岗，在使用过程中必须严格按操作规程操作。

④现场配置专职机修工，对所有施工机械进行统一维修保养，从而确保施工机械完好。

2)一般操作控制要求

①一般过程是指操作工艺较简单的过程，如设备、管道、电气、暖通、动力施工安装全过程。

②施工员按正确的施工技术对操作人员进行技术交底，操作人员按交底要求进行操作。操作过程中的质量控制由班组长负责，并坚持“检查上道工序、保证本道工序、服务下道工序”检查

程序，使操作全过程处于受控状态。

③三检、三评：

a.自检：由班组长按质量手册的“检验及试验程序”进行班组施工质量自检，上班进行交底，下班后对每一位操作工人每天施工全过程及产品进行认真仔细的检查，并做好自检资料管理。

b.互检：工序交接须坚持互检，互检由施工员会同质量员、班组长进行，合格后方可进行下一道工序的施工，并做好记录。

c.专检：公司质检部门与项目部技术负责人、质量员组织质检，相关施工员及班组长参加，进行质量检验。

d.一评：分项工程完成后，由施工员进行分项工程质量预检及填写分项工程质量检验评定表，由质量员组织评定，并核定等级。

e.二评：单位工程由公司主任工程师组织质检部门、技术部门、项目经理部、技术负责人进行预检，进行分部工程质量评定，并及时填写分部工程质量评定表，并报送总包方。

f.三评：单位工程完工后的检验工作，邀请总包方、建设单位和监理公司及当地质检站相关人员进行单位工程质量评定。

3）关键部位操作要求

①关键部位操作是指对工程起决定作用的过程，如通风空调机、电气调试、弱电和自控系统等安装调试。

②在关键部位操作时，要求除向作业人员提供施工图纸、规范和标准等技术文件外，还需要专业的工艺文件或技术交底，明确施工方法、程序、检测手段以及需用的设备和器具，以保证关键过程质量满足规定及投标书要求。

③专业工艺文件或技术交底由项目经理负责编制或收集，由施工员向作业人员进行书面交底，在施工过程中需指导监督文件执行。施工过程中，由项目经理指定设备员负责施工机械设备的管理，并组织维护与保养，以确保施工需要。关键部位操作要求应具备的条件、试验、监控和验证与一般过程控制相同。

4）特殊操作要求

特殊操作要求控制的环节有：

①给水、消防等管道的压力试验，污、废、雨水等管道的灌水试验，水冲洗，电气线路的绝缘测试，避雷接地、综合接地的电阻测试等应会同建设单位、监理公司及相关单位共同检查验收。

②特殊操作要求，即结果不能通过检验和试验完全验证的过程。

③对特殊操作要求进行连续监控，必要的参数加以记录和保存。

④采用预制构件新工艺、新技术、新材料和新设备施工时，按特殊操作要求进行连续监控。

2.5 装配式内装修

遵循管线与结构分离的原则，运用集成化设计方法，统筹隔墙和墙面系统、吊顶系统、楼地面系统、厨房系统、卫生间系统、收纳系统、内门窗系统、设备和管线系统等，将工厂化生产的部品部件以干式工法为主进行施工安装的装修建造模式称为装配式内装修。

按照适用、经济、绿色、美观的要求，全面提升装配式内装修的性能品质和工程质量，引领装配式内装修技术进步，推动装配式建筑高质量发展，促进建筑产业转型升级，便于建筑的维护更新。

装配式内装修应以提高工程质量及安全水平、提升劳动生产效率、减少人工、节约资源能源、减少施工污染和建筑垃圾为根本理念，并应满足标准化设计、工厂化生产、装配化施工、信息化管理和智能化应用的要求。

通常，装配式装修应本着管线与结构分离、现场采用干作业施工、设置集成式厨房、集成式卫生间、整体卫生间、同层排水的设置原则，统筹不同专业、不同系统的技术要求，协调系统与系统之间、系统内部、部品部件之间的连接，协调设计、生产、供应、安装、运维不同阶段的需求，前置解决设计问题。施工中，在满足主体结构分段验收和其他必要条件时，通过科学合理的组织，采用实现主体结构施工层以下楼层的内装修施工与主体结构同步施工的穿插施工方式，并实现部品部件拆卸、更换及安装时不对相邻的部品部件产生破坏性影响的可逆安装方式。

2.5.1　一般要求

(1)设计原则

装配式内装修应进行总体技术策划，统筹项目定位、建设条件、技术选择与成本控制等要求，内装修系统应与结构系统、外围护系统、设备和管线系统进行一体化集成设计。

装配式内装修应遵循设备管线与结构分离的原则，满足室内设备和管线检修维护的要求；应协调建筑设计，为室内空间可变性提供条件；应采用必要的设计和技术措施，保证建筑的安全性和健康性。

(2)部品选型

装配式内装修部品选型宜在建筑设计阶段进行，部品选型时应明确关键技术参数，并应优选质量稳定、品质高、耐用性强、抗菌防霉的部品。部品应采用通用化设计和标准化接口，并提供系统化解决方案。

(3)施工方式

装配式内装修施工图纸应采用空间净尺寸标注，表达深度应满足装配化施工的要求；应与土建工程、设备和管线安装工程明确施工界面，并宜采用同步穿插施工的组织方式，提升施工效率；应采绿色施工模式，减少现场切割作业和建筑垃圾。

(4)信息技术

装配式内装修工程宜采用建筑信息模型(BIM)技术，实现全过程的信息化管理和专业协同，保证工程信息传递的准确性与质量可追溯性。

(5)绿色、安全与环保

装配式内装修应采用节能绿色环保材料，所用材料的品种、规格和质量应符合设计要求和国家现行有关标准的规定。材料的燃烧性能符合现行国家标准，同时应选用低甲醛、低挥发性有机物(VOC)的环保材料，其有害物质限量应符合有关标准的规定。装配式内装修应在设计阶段对内装修材料部品中的各种室内有害物质进行综合评估，先对样板间进行室内环境污染物浓度检测，检测结果合格后再进行批量工程的施工，工程完工 7d 后、工程交付使用前进行室内环境质量验收。

材料与部品进场时应有产品合格证书、使用说明书及性能检测报告等质量证明文件。对于用量较大的辅料产品，应提供相应检测报告。

装配式内装修应采取有效措施改善和提升室内热环境、光环境、声环境和空气环境的质量，降低外界不良环境对建筑的影响。

(6)协同与集成

装配式内装修应协同建筑、结构、给水排水、供暖、通风和空调、燃气、电气、智能化等各专业的要求，进行协同设计，并应统筹设计、生产、安装和运维各阶段的需求。

装配式内装修设计应选用集成度高的内装部品，并采用工厂化生产的部品部件，按照模块化和系列化的设计方法，满足多样化需求。在设计中应考虑建筑全生命周期内使用功能可变性的需求，宜考虑满足多种场景下的使用需求。

对于内装部品部件和设备管线的主要性能指标，应满足结构受力、抗震、安全防护、防火、防水、防静电、防滑、隔声、节能、环境保护、卫生防疫、适老化、无障碍等方面的需要。设计应充分考虑部品部件、设备管线维护与更新的要求，采用易维护、易拆换的技术和部品，对易损坏和经常更换的部位按照可逆安装的方式进行设计。

2.5.2　标准化设计和模数协调

装配式内装修设计应遵循模数化的原则，对建筑的主要使用空间和部品部件进行标准化设计，并应提高标准化程度，且满足以下要求：

①装配式内装修宜与功能空间采用同一模数网格；

②装配式内装修的隔墙、固定橱柜、设备、管井等部品部件，宜采用分模数 M/2 模数网格；

③构造节点和部品部件接口等宜采用分模数 M/2、M/5、M/10 模数网格。

装配式内装修部品部件的定位可通过设置模数网格来控制，且宜采用界面定位法。协调部品部件的设计、生产和安装过程的尺寸，并对建筑设计模数与部品部件生产制造之间的尺寸进行统筹协调，设计可设置容错尺寸，合理调节生产、施工等环节的偏差。

2.5.3　集成设计与部品选型

集成设计宜优先确定功能复杂、空间狭小、管线集中的建筑空间的部品选型和布置；结合使用需求以及生产安装要求，对部品部件的外观效果、规格尺寸、连接方式及使用年限等进行选型和优化设计。

设计应充分考虑装修基层、部品部件生产安装过程中的偏差，宜采用可调节的构造或部件来消除各种偏差带来的影响。

(1)隔墙与墙面系统

装配式隔墙应选用非砌筑免抹灰的轻质墙体，可选用龙骨隔墙、条板隔墙或其他干式工法施工的隔墙。

隔墙与墙面系统的构造应连接稳固、便于安装，并应与开关、插座、设备管线等的设计相协调；不同设备管线安装于隔墙或墙面系统时，应采取必要的加固、隔声、减振或防火封堵措施。

龙骨隔墙的构造组成和厚度应根据防火、隔声、空腔内设备管线安装等方面的要求确定；隔墙内的防火、保温、隔声填充材料宜选用岩棉、玻璃棉等不燃材料；有防水、防潮要求的房间隔墙应采取相关措施，墙面板宜采用耐水饰面一体化集成板，门与板交界处、板缝之间应做防水处理；隔墙上需固定或吊挂重物时，应采用可靠的加固措施；龙骨的布置应满足墙体强度的要求，必要时龙骨强度应进行验算，并采取相应的加强措施；门窗洞口、墙体转角连接处等部位的龙骨应进行加强处理。

条板隔墙应根据使用功能和使用部位需求，确定墙体的材料和厚度；与设备管线的安装敷设相结合，避免墙体表面的剔凿；当条板隔墙需吊挂重物和设备时，应根据板材性能采取必要的加固措施。

装配式墙面宜采用集成饰面层的墙面，饰面层宜在工厂内完成；应与基层墙体有可靠连接；墙面悬挂较重物体时，应采用专用连接件与基层墙体连接固定。

(2)吊顶系统

装配式吊顶系统可采用明龙骨、暗龙骨或无龙骨吊顶、软膜天花或其他干式工法施工的吊顶，且应根据房间的功能和装饰要求选择装饰面层材料和构造做法，宜选用带饰面的成品材料。

吊顶系统宜与新风、排风、给水、喷淋、烟感、灯具等设备和管线进行集成设计，与设备管线应各自设置吊件，并应满足荷载计算要求。质量较大的灯具应安装在楼板或承重结构构件上，不得直接安装在吊顶上，并应满足荷载计算要求。

吊顶系统内敷设设备管线时，应在管线密集和接口集中的位置设置检修口。与墙或梁交接处，应设伸缩缝隙或收口线脚。吊顶系统主龙骨不应被设备管线、风口、灯具、检修口等切断。

(3)楼地面系统

装配式楼地面系统可采用架空楼地面、非架空干铺楼地面或其他干式工法施工的楼地面，应满足房间使用的承载、防水、防滑、隔声等各项基本功能需求，放置重物的部位应采取加强措施。

装配式楼地面系统宜与地面供暖、电气、给水排水、新风等系统的管线进行集成设计，应与主体结构有可靠连接，且施工安装时不应破坏主体结构。

装配式楼地面系统与地面辐射供暖、供冷系统结合设置时，宜选用模块式集成部品。架空楼地面内敷设管线时，架空层高度应满足管线排布的需求，并应设置检修口或采用便于拆装的构造。

架空楼地面与墙体交界处应设置伸缩缝，并宜采取美化遮盖措施；宜在架空空间内分舱设置防水、防虫构造，并应采取防潮、防霉、易清扫、易维护的措施。

非架空干铺楼地面的基层应平整，当采用地面辐射供暖、供冷系统复合脆性面材地面时，应保证绝热层的强度。地面面层和填充构造层强度应满足设计要求，当填充层采用压缩变形的材料时，易产生局部受压凹陷，应采取加强措施。

(4)集成式厨房

集成式厨房的设计应包含厨房楼地面、吊顶、墙面、橱柜和厨房设备及管线的设计，并应与内装修工程的其他系统进行协同设计。建筑设计应协调结构、内装、设备等专业合理确定厨房的布局方案、设备管线敷设方式和路径、主体结构孔洞预留尺寸及管道井位置等。

集成式厨房设计应遵循人体工程学的要求合理布局，采用标准化、模块化的方法进行精细化设计；应充分考虑设备管线更新、维护的需求，并应在相应的部位设置检修口或检修门。墙面和吊顶应选用耐热和易清洁的材料，地面应选择防滑耐磨、低吸水率和易清洁的材料；吊顶、墙面、地面材料应为燃烧性能 A 级的材料。厨房的吊柜、厨房电器等应与主体结构有可靠连接。当悬挂在轻质隔墙上时，应采取加强措施。

集成式厨房管线应进行综合协同设计，竖向管线应集中设置；冷热水表、燃气表、净水设备等宜集中布置，且应便于查表和检修。

（5）集成式卫生间

集成式卫生间的设计应包括卫生间楼地面、吊顶、墙面和洁具设备及管线的设计，宜选择集成度高的整体卫生间产品，并应与内装修工程的其他系统进行协同设计。建筑设计应协调结构、内装、设备等专业共同确定集成式卫生间的布局方案、结构方案、设备管线敷设方式和路径、主体结构孔洞尺寸预留以及管道井位置等。当采用整体卫生间时，整体卫生间的选型宜在建筑方案设计阶段进行。

集成式卫生间宜采用同层排水方式；当采取结构局部降板方式实现同层排水时，应结合排水方案及检修要求等因素确定降板区域；降板高度应根据防水底盘厚度、卫生器具布置方案、管道尺寸及敷设路径等因素确定。

设备管线应进行综合设计，给水、热水、电气管线宜敷设在吊顶内；设计时应充分考虑更新、维护的需求，并应在相应的部位设置检修口或检修门。

集成式卫生间应做好设备管线接口、卫生间边界与相邻部品部件之间的收口；防水底盘与墙面板（壁板）连接处的构造应具有防渗漏的功能；卫生间墙面板（壁板）和外墙窗洞口的衔接处应进行收口处理并做好防水；卫生间的门框门套应与防水底盘、墙面板（壁板）、墙体做好收口和防水。

（6）收纳系统

收纳系统应结合建筑功能空间进行布置，并应按功能要求对收纳物品种类和数量进行设计，宜与建筑隔墙、吊顶等进行一体化设计。收纳系统部品应进行标准化、模块化设计，宜采用工厂生产的标准化部品。

收纳系统内设置有电器、电线等时，收纳系统的板材燃烧性能不应低于 B1 级。有水房间的收纳部品应选用合适的材料并采取相应措施，满足防水、防潮、防腐、防蛀的要求。

（7）内门窗系统

室内门窗宜选用成套供应的门窗部品，设计文件应明确所采用门窗的材料、品种、规格等指标以及颜色、开启方向、安装位置、固定方式等要求。对有耐火要求的门窗，应符合现行国家标准《建筑设计防火规范》（GB 50016—2014）的规定。

2.5.4　装饰装修内容与做法

外墙板（含面砖）、叠合楼板、阳台板、楼梯板均为工厂预制完毕后在现场安装完成。工厂生产一面带隔热层、压制好的墙板，在工地现场用专利技术“粘贴拼装”。采用工厂化方式后，施工失误率可降低到 0.01%，外墙板渗漏率为 0.01%，精度偏差可控制在低于毫米级。

（1）墙体隔断

墙体隔断采用轻钢龙骨，外封石膏板，需待装配式建筑楼层构件吊装完成后方可进行。轻钢龙骨隔断安装施工后，做装饰中间层验收，验收通过合格后，再安排石膏板面板安装。

（2）保温层

采用外墙内保温、外墙自保温和外墙外保温等形式。采用内保温施工，一般可选用挤塑聚苯板（XPS）、模塑聚苯板（EPS）和喷涂材料。

XPS 和喷涂内保温材料，按照保温、隔热设计技术参数，厚度应大于 30 mm；EPS 内保温材料一般选用 50 mm 厚。施工前，内保温材料须取样、送样，检验合格后，再用于装配式项目施工。

(3)龙骨、面板

用于装配式项目的龙骨,在储运和安装时不得扔摔、碰撞。龙骨应平放,防止变形。面板在储运和安装时应轻拿轻放,不得损坏板材的表面和边角,运输时应采取措施,防止变形。

龙骨和面板均应按品种、规格分类搁置存放在室内,堆放场地应平整、干燥、通风良好,防止重压、受潮、变形。

根据吊顶的设计标高在四周墙上弹线,弹线应清楚,标高应准确。

(4)厨卫隔墙

装配式项目厨卫隔墙一般采用非砖砌体材料形式,目前通常采用玻璃纤维增强水泥板(GRC)和干挂预制材料等形式。

采用非砖砌体材料的施工做法,一般在预制构件装配完成后,在楼层厨卫位置放样出墙体基准线及标高控制线,在厨卫隔墙基底楼层面上做高度大于 200 mm 的混凝土导墙。对于非砖砌体材料,按照预制构件设计图纸选定的材料进行施工,避免楼层湿作业的施工体系,体现了楼层内隔墙装配式、定型化的预制构件设计施工方式。

(5)吊顶

装配式建筑的龙骨、吊顶起拱按设计要求施工,如设计无要求,则按短向跨度的 1/200±10 mm 施工。

对于吊顶基层和其余分项工程,应在隐蔽验收完成后,即开始施工板面层。

板材的品种、规格、式样以及基层构造、固定方法等,均应符合设计要求。

板材的表面应平整(凹凸、浮雕面除外),边缘整齐,无翘曲。施工前应按规格、花色选配分类。

2.5.5 装配式装修施工工艺

(1)墙体隔断

室内部分为砌块砖,为以后龙骨隔墙的固定提供方便(图 2.58)。

预制楼板拼缝用专用防水胶封堵(图 2.59)。

图 2.58 室内砌块砖填充墙

图 2.59 预制楼板拼缝

室内按图纸进行隔断处理,一般采用 75 型轻钢龙骨进行室内墙体构建(图 2.60)。

外墙及室内承重墙采用预制板拼装,拼缝部位由土建单位进行防水处理,进行细部检查、偏差整改后,场地移交装饰单位。

图 2.60　室内隔断墙体

(2)卫生间导墙做法(图 2.61)

导墙高度一般为 200 mm。严格按照图纸位置放线、定位、浇捣,宽度和龙骨隔墙宽度一致,避免以后石膏板收头出现垂直面高低差。

图 2.61　卫生间导墙做法

轻钢龙骨隔墙与加气块隔墙连接紧靠厨卫的外侧面,采用石膏板通长封闭,这样可避免龙骨隔墙与加气块隔墙、石膏板与导墙之间直接拼接处出现后期难以解决的裂缝。

操作方法为:预浇导墙应在轻钢隔墙的基础上缩进厨卫 10 mm,因为隔墙石膏板不能打钉固定,必须用专用石膏黏结剂,注意控制黏结剂的厚度。这样,轻钢龙骨隔墙在安装第二层石膏板时和隔墙上的石膏板正好拼接在一个平面内。石膏板之间的拼缝通过防裂绷带解决。导墙与石膏板的拼缝通过踢脚线解决。

(3)保温层施工工艺(图 2.62)

室内线管排布完成后再做外墙内保温。一般保温有带单层石膏板和无石膏板两种,室内选用带石膏板的保温板,在安装过程中用黏结石膏将其固定,在隔墙转角处应向内延伸 450 mm 左右。

保温层固化干燥后,用铁抹子在保温层上抹抗裂砂浆,厚度为 3~4 mm,不得漏抹。在刚抹好的砂浆上用铁抹子压入裁好的网格布,要求网格布竖向铺贴并全部压入抗裂砂浆内。网格布不得有干贴现象,粘贴饱满度应达到 100%;接槎处搭接应不小于 50 mm,两层搭接网布之间要布满抗裂砂浆,严禁干槎搭接。在门窗口角处洞口边角应沿 45°斜向加贴一道网格布,网格布尺寸宜为 400 mm×150 mm。

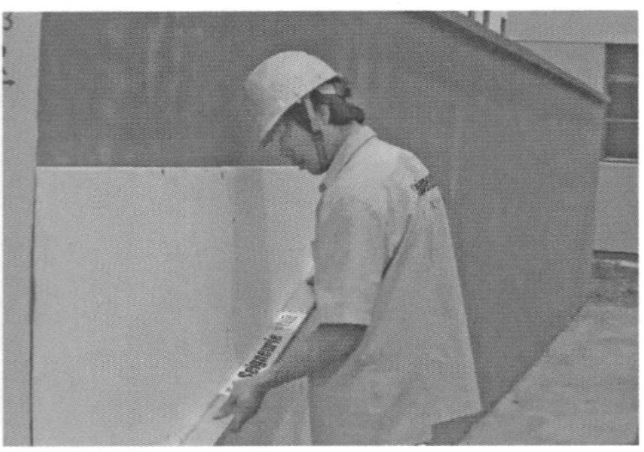

图 2.62 保温层施工

在抹完抗裂砂浆 24 h 后即可刮抗裂柔性腻子(设计不贴瓷砖的厨房、卫生间等有防水要求的部位应刮柔性耐水腻子),刮二至三遍。

厨卫保温墙保温板选用无石膏板保温板,安装完成后直接在其表面贴一层铁丝网并用水泥砂浆磨平,以确保墙砖拼贴的稳固性。

(4)龙骨施工(图 2.63 至图 2.67)

先安装沿顶龙骨,再用一根竖向龙骨和水平尺对沿地龙骨进行定位。用膨胀螺丝将沿顶、沿地龙骨固定在结构层上,螺丝间距为 600 mm,且龙骨两端膨胀螺丝距端头距离为 50 mm。在固定 U 形沿边龙骨前,应在龙骨与结构层之间施以连续且均匀的密封胶。分段的沿边龙骨不需互相固定,但是端头应紧靠在一起。

图 2.63 安装沿地龙骨

图 2.64 端头龙骨固定

(a)两竖向龙骨架

(b)竖向龙骨弯折成门框

(c)地龙骨拼接处

(d)无门楣门框做法

(e)带门楣门框做法

图 2.65 侧向龙骨、地龙骨及门框安装做法

安装 C 形竖向龙骨以形成隔墙框架，高度应比沿顶、沿地龙骨腹板间的净距小 5 mm。如需加长竖向龙骨，采用互相搭接方式接长，搭接部分长度不小于 60 mm，搭接处将龙骨对口用平头螺丝固定。

调整 C 形竖向龙骨的位置。一般室内竖向龙骨间距为 300~400 mm，厨卫间为 250 mm（考虑厨卫墙砖拉力会引起龙骨变形等因素），且竖向龙骨每隔 500 mm 加一枚龙骨衬卡。

将 U 形沿边龙骨翼缘剪开并向上弯折以加固门框。

将 U 形龙骨剪开并向下弯折以形成门楣，将弯折好的 U 形龙骨固定在竖向龙骨上。

在门的位置并列两根 C 形竖向龙骨，C 形开口方向相对，侧面可用铝条加自攻螺丝固定。如果门的实际尺寸为 900 mm，C 形竖向龙骨应比实际宽 5~6 mm，为以后安装门扇提供方便。

安装穿心龙骨，竖向间距为 1 m，用自攻螺丝固定（竖向龙骨出厂前已预留穿心龙骨位置）。

隔墙内的插座开关管线敷设。尽量借用龙骨现有孔洞，如需穿墙可在顶部或底部开孔穿管线。

(a) 双层龙骨安装

(b) 单层龙骨安装

(c) 龙骨间穿线尽量走地或走顶

图 2.66　单双层龙骨安装与走线布置

安装一面石膏板或硅酸钙板（TK 板）（室内墙面用普通单层石膏板，卧室与卧室隔墙用普通双层石膏板，厨卫墙面用防水石膏板或 TK 板）。

填充吸音棉。在需要隔音的房间、玄关等小隔段部位填充吸音棉。施工前应戴口罩和手套，防止吸音棉内的玻璃纤维吸入体内或附在皮肤表面引起瘙痒。

安装加强板便于以后对壁挂空调或壁画类物件承重。用 12 cm 板裁切成龙骨空档，大小、高度以略超过空调或壁画尺寸两端各 200 mm 为宜，背面打白胶，在已安装的石膏板向内用自攻螺丝固定加强板。

(a) 隔音棉

(b) 在安装完一面石膏板后填充隔音棉

(c) 安装加强板（注意壁画与空调等的位置）

图 2.67　龙骨面板安装

（5）厨卫隔墙做法（图 2.68）

厨卫龙骨隔墙：贴硅酸钙板（TK 板）或防水石膏板（建议用 TK 板，强度比石膏板高，便于贴砖),并在上面铺一层钢丝网,用厚 2 mm 界面剂加水泥砂浆抹平,然后弹线定位贴墙砖。

厨卫伊通板墙面:先用水泥砂浆找平基层,随后直接弹线定位,并进行墙砖铺贴。

图 2.68　厨卫隔墙做法

(6)吊顶做法(图 2.69)

先按图纸尺寸在顶棚弹线定位,间距为 400 mm×700 mm。

然后在弹线交叉处钻孔,打吊筋。吊顶有两种选择:一种是用专用龙骨吊顶配件,安装方便快捷;另一种是市场上常见的龙骨吊顶配件,工序稍烦琐。

待顶棚管线安装完成后进行龙骨吊顶、石膏板安装。

(a)弹龙骨线

(b)安装龙骨吊卡

(c)在墙上弹好吊顶高度线,用铆钉固定竖向龙骨

图 2.69　吊顶做法

2.6　产品保护与质量验收

2.6.1　产品保护要求

预制构件为制造成品,在现场做好各施工阶段的产品保护是工程通过施工验收的基础。

构件饰面砖保护一般应选用无褪色或污染的材料,以防揭纸(膜)后饰面砖表面被污染。

为避免楼层内后续施工时,行走中与运输楼梯通道的预制楼梯相撞,踏步口要有牢固可行的保护措施。阳台板、空调板安装就位后,直至验收交付,使用装饰成品部位应做覆盖保护。

预制构件在安装施工中及装配后,应做好产品保护。

预制外墙板饰面砖可采用表面贴膜或用专业材料保护(图 2.70)。

预制楼梯安装后,踏步口宜用铺设木条或覆盖形式保护(图 2.71)。

预制阳台板或预制空调板为成品产品时,表面和侧面宜选用木板等硬质材料铺盖。

图 2.70　预制外墙板饰面砖保护

图 2.71　预制楼梯踏步口保护

2.6.2　产品保护措施

预制外墙板运输要求与安全措施

构件运输的安全保护措施

1）构件运输过程保护措施

（1）外墙板保护措施

外墙板采用靠放，用槽钢制作满足刚度要求的支架，并对称靠放，外饰面朝外，倾斜角度保持在 10°以内。墙板搁支点应设在墙板底部两端处，堆放场地需平整、坚实。搁支点采用柔性材料。堆放好后采取固定措施。

墙板装车时采用竖直运送的方式，运输车上配备专用运输架，并固定牢固。同一运输架上的两块板采用背靠背的形式竖直立放，上部用花篮螺栓相互连接，两边用斜拉钢丝绳固定。

外墙板运输采用低跑平板车，车启动应缓慢，车速均匀，转弯变道时要减速，以防止墙板倾覆。

（2）叠合板保护措施

叠合板采用平放运输，垫木放置在叠合板钢筋桁架侧边，板两端及跨中位置垫木间距计算确定，垫木应上下对齐，叠合板底部垫木宜采用通长木方。例如，工程中，每块叠合板用 4 块木块作为搁支点，木块尺寸要相同。长度超过 4 m 的叠合板应设置 6 块木块作为搁支点（板中应比一般板块多设置 2 个搁支点，防止预制叠合板中间部位产生较大的挠度）。叠合板的叠放应尽量保持水平，叠放数量不宜多于 6 块，并用保险带扣牢。运输时，车速不应过快，转弯或变道时须减速。

（3）阳台板、楼梯保护措施

阳台板、楼梯采用平放运输，用槽钢作搁支点并用保险带扣牢。阳台板和楼梯必须单块运输，不得叠放。

2）现场堆放保护措施

外墙板运至施工现场后，按编号依次吊放至堆放架上，堆放架必须放在塔吊有效范围的施工空地上。外墙板放置时，将面砖面朝外，以免面砖与堆放架相碰而脱落、损坏。

叠合板叠放时，用若干尺寸大小相同的木块衬垫，木块高度必须大于叠合板上桁架筋的高度，以免上下两块叠合板相碰。

所有预制构件堆场与其他设备、材料堆场须有一定的距离，堆放场地须平整、坚实，有排水措施。

在预制构件卸运时，吊具的螺丝一定要拧紧，钢丝绳与预制构件接触面要用柔性材料垫牢，防止板面破损。

3）构件吊装前后保护措施

预制外墙板成品出厂前，由构件厂在饰面面砖上铺贴一层透明保护薄膜，防止现场施工粉尘及楼层浇捣混凝土时外漏的浆液污染外墙面砖，并在装饰阶段用幕墙吊篮的方法由上向下进行剥除。预制阳台板翻口上的预埋螺栓孔和预制楼梯侧面的接驳器要涂黄油并用海绵棒填塞，防止混凝土浇捣时将其堵塞以及暴露在空气中可能产生锈蚀。

铝合金窗框在外墙板制作时预先贴好高级塑料保护胶带，并在外墙板吊装前由现场施工人员用木板保护，以防其他工序施工时损坏。

叠合板、阳台板吊装前，在支撑排架上放置两根槽钢，叠合板和阳台板搁置在槽钢上，不仅可以避免钢管破坏叠合板和阳台板底面，还可以方便地控制叠合板和阳台板的标高和平整度。

吊装就位后，阳台板翻口、楼梯踏步须用木板覆盖保护。

4）装饰阶段保护措施

在装配式建筑项目装饰阶段，楼地面、内装修等施工时，无论是施工搭接还是操作过程中，均应注意做好产品保护工作，以使工程达到优质低耗。

高级地砖及地板上应铺木屑或草垫。卫生设施施工完毕后，应用三夹板铺设进行保护。卫生设施等用房施工完毕后应进行封锁，并应实行登记、领牌、专人监护制度。

木门窗档用塑料薄膜将不靠墙处包实，以免污染墙面影响做油漆。在门档离地 1.5 m 处用夹板进行保护，并派专人负责开启门锁，施工人员不得随便进入。

外墙面砖铺贴完后，即在 2.5 m 以下，采用彩条布进行全封闭保护。勾缝时可暂时拆除，待勾缝完成后，即再次密封，直至工程竣工验收。

除设有符合规定的装置外，不得在施工现场熔融沥青或者焚烧油毡、油漆以及其他会产生有毒有害烟尘和恶臭气体的物质。进入现场的设备、材料必须避免放在低洼处，要将设备垫高，设备露天存放应加盖毡布，以防雨淋日晒。

2.6.3 质量验收程序与标准

装配式混凝土结构质量验收按单位（子单位）工程、分部（子分部）工程、分项工程和验收批的划分进行。按《建筑工程施工质量验收统一标准》（GB 50300—2013）验收，土建工程分为 4 个分部：地基与基础、主体结构、建筑装饰装修、建筑屋面。机电安装分为 5 个分部：建筑给排水及供暖、建筑电气、智能建筑、通风与空调、电梯。建筑节能为一个分部。

装配式混凝土结构按预制构件质量验收、预制构件吊装质量验收、部分现浇混凝土质量验收、装配式混凝土结构竣工验收与备案 4 个部分划分。

1）预制构件验收方法

预制构件验收分为预制构件制作生产单位验收与施工单位（含监理单位）现场验收。

（1）构件厂验收

构件厂验收包含 5 个方面：模具、外墙饰面砖、制作材料（水泥、钢筋、砂、石、外加剂等）；成品后，应逐块验收预制构件的外观质量、几何尺寸。

（2）现场验收

应验收预制构件的观感质量、几何尺寸和预制构件的产品合格证等有关资料。对预制构件图纸编号与实际构件的一致性检查。对预制构件在明显部位标明的生产日期、构件型号、构件生产单位及其验收标志进行检查。按设计图纸的标准对预制构件预埋件、插筋、预留洞的规格、位置和数量进行检查。

2）预制构件验收标准

验收标准如表 2.6 至表 2.13 所示。

表 2.6　预制构件模具尺寸允许偏差和检验方法

项次	检验项目、内容		允许偏差/mm	检验方法
1	长度	≤6 m	1，-2	用尺量平行构件高度方向，取其中偏差绝对值较大处
		>6 m 且≤12 m	2，-4	
		>12 m	3，-5	
2	宽度、高（厚）度	墙板	1，-2	用尺测量两端或中部，取其中偏差绝对值较大处
3		其他构件	2，-4	
4	底模表面平整度		2	用 2 m 靠尺和塞尺量
5	对角线差		3	用尺量对角线
6	侧向弯曲		L/1 500 且≤5	拉线，用钢尺测量侧向弯曲最大处
7	翘曲		L/1 500	对角拉线测量交点间距离值的两倍
8	组装缝隙		1	用塞片或塞尺测量，取最大值
9	端模与侧模高低差		1	用钢尺量

注：L 为模具与混凝土接触面中最长边的尺寸。

表 2.7　预制构件面砖入模检测表

板编号________

序号	检测项目	允许偏差/mm	实测值/mm	检验方法
1	面砖质量（大小、厚度等）	（抽查）		入模粘贴前，按 10%到厂箱数抽取样板，每箱任意抽出两张 295 mm×295 mm 瓷片做尺寸、缝隙检查

续表

序号	检测项目	允许偏差/mm	实测值/mm	检验方法
2	面砖颜色	（抽查）		入模粘贴前，检查瓷片颜色是否与送货单及预制厂样板一致，目测
3	面砖对缝（缝横平竖直、宽窄，嵌条密实度、错缝是否超标等）	（全数检查）		目测，与钢尺测量相结合
4	窗上楣的鹰嘴	0、-1°		用三角尺，全数检查

表 2.8　门窗框安装允许偏差和检验方法

项目		允许偏差/mm	检验方法
锚固脚片	中心线位置	5	钢尺检查
	外露长度	+5，0	钢尺检查
门窗框位置		2	钢尺检查
门窗框高、宽		±2	钢尺检查
门窗框对角线		±2	钢尺检查
门窗框的平整度		2	靠尺检查

表 2.9　模具上预埋件、预留孔洞安装允许偏差

项次	检验项目		允许偏差/mm	检验方法
1	预埋钢板、建筑幕墙用槽式预埋组件	中心线位置	3	用尺测量纵横两个方向的中心线位置，取其中较大值
		平面高差	±2	钢直尺和塞尺检查
2	预埋管、电线盒、电线管水平和垂直方向的中心线位置偏移、预留孔、浆锚搭接预留孔（或波纹管）		2	用尺测量纵横两个方向的中心线位置，取其中较大值
3	插筋	中心线位置	3	用尺测量纵横两个方向的中心线位置，取其中较大值
		外露长度	+10，0	用尺测量
4	吊环	中心线位置	3	用尺测量纵横两个方向的中心线位置，取其中较大值
		外露长度	0，-5	用尺测量

续表

项次	检验项目		允许偏差/mm	检验方法
5	预埋螺栓	中心线位置	2	用尺测量纵横两个方向的中心线位置，取其中较大值
		外露长度	+5，0	用尺测量
6	预埋螺母	中心线位置	2	用尺测量纵横两个方向的中心线位置，取其中较大值
		平面高差	±1	钢直尺和塞尺检查
7	预留洞	中心线位置	3	用尺测量纵横两个方向的中心线位置，取其中较大值
		尺寸	+3，0	用尺测量纵横两个方向尺寸，取其中较大值
8	灌浆套筒及连接钢筋	灌浆套筒中心线位置	1	用尺测量纵横两个方向的中心线位置，取其中较大值
		连接钢筋中心线位置	1	用尺测量纵横两个方向的中心线位置，取其中较大值
		连接钢筋外露长度	+5，0	用尺测量

表 2.10　钢筋成品的允许偏差和检验方法

项目			允许偏差/mm	检验方法
钢筋网片	长、宽		±5	钢尺检查
	网眼尺寸		±10	钢尺量连续三挡，取最大值
	对角线		5	钢尺检查
	端头不齐		5	钢尺检查
钢筋骨架	长		0，-5	钢尺检查
	宽		±5	钢尺检查
	高(厚)		±5	钢尺检查
	主筋间距		±10	钢尺量两端、中间各一点，取最大值
	主筋排距		±5	钢尺量两端、中间各一点，取最大值
	箍筋间距		±10	钢尺量连续三挡，取最大值
	弯起点位置		15	钢尺检查
	端头不齐		5	钢尺检查
	保护层	柱、梁	±5	钢尺检查
		板、墙	±3	钢尺检查

表 2.11　钢筋骨架尺寸允许偏差

项次	检验项目	允许偏差/mm
1	长度	总长度的±0.3%，且不超过±10
2	高度	+1，-3
3	宽度	±5
4	扭翘	≤5

表 2.12　预埋件加工允许偏差

<table>
<tr><th>项次</th><th colspan="2">检验项目</th><th>允许偏差/mm</th><th>检验方法</th></tr>
<tr><td>1</td><td colspan="2">预埋件锚板的边长</td><td>0，-5</td><td>用钢尺测量</td></tr>
<tr><td>2</td><td colspan="2">预埋件锚板的平整度</td><td>1</td><td>用直尺和塞尺测量</td></tr>
<tr><td rowspan="2">3</td><td rowspan="2">锚筋</td><td>长度</td><td>10，- 5</td><td>用钢尺测量</td></tr>
<tr><td>间距偏差</td><td>±10</td><td>用钢尺测量</td></tr>
</table>

表 2.13　预制墙板面砖现场修补检测

本表流水编号________

序号	检测项目	允许偏差	实测值/mm	备注
1	面砖修补部位（预制墙板编号、第几块）	（记录在备注栏）		
2	面砖修补数量	（记录在备注栏）		
3	混凝土割入深度	（全数检查）		目测
4	黏结剂饱和度	（全数检查）		目测
5	黏结牢固度	（全数检查）		目测
6	面砖对缝	（全数检查）		目测
7	面砖平整度	（全数检查）		目测

3）预制构件吊装验收内容和标准

（1）吊装验收内容

预制构件堆放和吊装时，支撑位置和方法符合设计和施工图纸。吊装前，在构件和相应的连接、固定结构上标注尺寸标高等控制尺寸，检查预埋件及连接钢筋的位置等。

起吊时，绳索与构件通过吊装梁吊装。安装就位后，检查构件稳定的临时固定措施，复核控制线，校正固定位置。

(2)吊装验收标准

吊装验收标准如表 2.14、表 2.15 所示。

表 2.14　预制墙板吊装浇混凝土前期每层检测表

________号楼第________层

序号	检测项目	允许偏差/mm	实测值/mm	检验方法
1	板的完好性(放置方式正确,有无缺损、裂缝等)	按标准		目测
2	楼层控制墨线位置	±2		钢尺检查
3	面砖对缝	±1		目测
4	每块外墙板尤其是四大角板的垂直度	±2		吊线、2 m 靠尺检查抽查 20%(四大角全数检查)
5	紧固度(螺栓帽、三角靠铁、斜撑杆、焊接点等)			抽查 20%
6	阳台、凸窗(支撑牢固、拉结、立体位置准确)	±2		目测、钢尺全数检查
7	楼梯(支撑牢固、上下对齐、标高)	±2		目测、钢尺全数检查
8	止水条(位置正确、牢固、无破坏)	±2		目测
9	产品保护(窗、瓷砖)	措施到位		目测
10	板与板的缝宽	±2		楼层内抽查至少 6 条竖缝(楼层结构面+1.5 m 处)

表 2.15　预制墙板吊装浇混凝土后每层检测表

________号楼第________层

序号	检测项目	允许偏差/mm	实测值/mm	检验方法
1	阳台、凸窗位置准确性	±2		钢尺检查
2	产品保护(窗、瓷砖)	措施到位		目测
3	四大角板的垂直度	±5		J2 经纬仪(具体数据填于 A4 纸的平面图上)
4	楼梯(位置、产品保护)			目测
5	板与板的缝宽	±2		楼层内抽查至少 2 条竖缝(楼层结构面+1.5 m 处)
6	混凝土的收头、养护	措施到位		目测

注:本表用于浇筑混凝土后 36 h 内检查。

4）预制构件外形尺寸允许偏差及检验方法

各类预制构件外形尺寸允许偏差及检验方法如表 2.16、表 2.17 所示。

表 2.16　预制楼板类构件外形尺寸允许偏差及检验方法

项次	检查项目			允许偏差/mm	检验方法
1	规格尺寸	长度	<12 m	±5	用尺量两端及中间部，取其中偏差绝对值较大值
			≥12 m 且<18 m	±10	
			≥18 m	±20	
2	规格尺寸	宽度		±5	用尺量两端及中间部，取其中偏差绝对值较大值
3	规格尺寸	厚度		±5	用尺量板四角和四边中部位置共 8 处，取其中偏差绝对值较大值
4	对角线差			6	在构件表面，用尺测量两对角线的长度，取其绝对值的差值
5	外形	表面平整度	内表面	4	用 2 m 靠尺安放在构件表面上，用楔形塞尺测量靠尺与表面之间的最大缝隙
			外表面	3	
6	外形	楼板侧向弯曲		$L/750$ 且≤20 mm	拉线，钢尺量最大弯曲处
7	外形	扭翘		$L/750$	四对角拉两条线，测量两线交点之间的距离，其值的 2 倍为扭翘值
8	预埋部件	预埋钢板	中心线位置偏差	5	用尺测量纵横两个方向的中心线位置，取其中较大值
			平面高差	0，−5	用尺紧靠在预埋件上，用楔形塞尺测量预埋件平面与混凝土面的最大缝隙
9	预埋部件	预埋螺栓	中心线位置偏移	2	用尺测量纵横两个方向的中心线位置，取其中较大值
			外露长度	+10，−5	用尺量
10	预埋部件	预埋线盒、电盒	在构件平面的水平方向中心位置偏差	10	用尺量
			与构件表面混凝土高差	0，−5	用尺量

续表

项次	检查项目		允许偏差/mm	检验方法
11	预留孔	中心线位置偏移	5	用尺测量纵横两个方向的中心线位置,取其中较大值
		孔尺寸	±5	用尺测量纵横两个方向尺寸,取其最大值
12	预留洞	中心线位置偏移	5	用尺测量纵横两个方向的中心线位置,取其中较大值
		洞口尺寸、深度	±5	用尺测量纵横两个方向尺寸,取其最大值
13	预留插筋	中心线位置偏移	3	用尺测量纵横两个方向的中心线位置,取其中较大值
		外露长度	±5	用尺量
14	吊环、木砖	中心线位置偏移	10	用尺测量纵横两个方向的中心线位置,取其中较大值
		留出高度	0,-10	用尺量
15	桁架钢筋高度		+5,0	用尺量

表 2.17　预制梁柱类构件外形尺寸允许偏差及检验方法

项次	检查项目			允许偏差/mm	检验方法
1	规格尺寸	长度	<12 m	±5	用尺量两端及中间部,取其中偏差绝对值较大值
			≥12 m 且<18 m	±10	
			≥18 m	±20	
2		宽度		±5	用尺量两端及中间部,取其中偏差绝对值较大值
3		高度		±5	用尺量板四角和四边中部位置共 8 处,取其中偏差绝对值较大值
4	表面平整度			4	用 2 m 靠尺安放在构件表面上,用楔形塞尺测量靠尺与表面之间的最大缝隙
5	侧向弯曲		梁柱	$L/750$ 且≤20 mm	拉线,钢尺量最大弯曲处
			桁架	$L/1\ 000$ 且≤20 mm	

续表

项次	检查项目			允许偏差/mm	检验方法
6	预埋部件	预埋钢板	中心线位置偏移	5	用尺测量纵横两个方向的中心线位置,取其中较大值
			平面高差	0，-5	用尺紧靠在预埋件上,用楔形塞尺测量预埋件平面与混凝土面的最大缝隙
7		预埋螺栓	中心线位置偏移	2	用尺测量纵横两个方向的中心线位置,取其中较大值
			外露长度	+10，－5	用尺量
8	预留孔	中心线位置偏移		5	用尺测量纵横两个方向的中心线位置,取其中较大值
		孔尺寸		± 5	用尺测量纵横两个方向尺寸,取其最大值
9	预留洞	中心线位览偏移		5	用尺测量纵横两个方向的中心线位置，取其中较大值
		洞口尺寸、深度		±5	用尺测量纵横两个方向尺寸，取其最大值
10	预留插筋	中心线位置偏移		3	用尺测量纵横两个方向的中心线位置，取其中较大值
		外露长度		±5	用尺量
11	吊环	中心线位置偏移		10	用尺测量纵横两个方向的中心线位置，取其中较大值
		留出高度		0，-10	用尺量
12	键槽	中心线位置偏移		5	用尺测量纵横两个方向的中心线位置，取其中较大值
		长度、宽度		±5	用尺量
		深度		±5	用尺量

续表

项次	检查项目		允许偏差/mm	检验方法
13	灌浆套筒及连接钢筋	灌浆套筒中心线位置	2	用尺测量纵横两个方向的中心线位置，取其中较大值
		连接钢筋中心线位置	2	用尺测量纵横两个方向的中心线位置，取其中较大值
		连接钢筋外露长度	+10，0	用尺测量

5）预制构件装饰外观、安装尺寸的允许偏差及检验方法

预制构件装饰外观、安装尺寸的允许偏差及检验方法如表 2.18、表 2.19 所示。

表 2.18　预制构件装饰外观尺寸允许偏差及检验方法

项次	装饰种类	检查项目	允许偏差/mm	检验方法
1	通用	表面平整度	2	2 m 靠尺或塞尺检查
2	面砖、石材	阳角方正	2	用托线板检查
3		上口平直	2	拉通线用钢尺检查
4		接缝平直	3	用钢尺或塞尺检查
5		接缝深度	±5	用钢尺或塞尺检查
6		接缝宽度	±2	用钢尺检查

表 2.19　预制构件安装尺寸的允许偏差及检验方法

项目			允许偏差/mm	检验方法
构件中心线对轴线位置	基础		15	经纬仪及尺量
	竖向构件（柱、墙、桁架）		8	
	水平构件（梁、板）		5	
构件标高	梁、柱、墙、板底面或顶面		±5	水准仪或拉线、尺量
构件垂直度	柱、墙	≤6 m	5	经纬仪或吊线、尺量
		>6 m	10	
构件倾斜度	梁、桁架		5	经纬仪或吊线、尺量

续表

项目			允许偏差/mm	检验方法
相邻构件平整度	板端面		5	2 m 靠尺和塞尺测量
	梁、板底面	外露	3	
		不外露	5	
	柱墙侧面	外露	5	
		不外露	8	
构件搁置长度	梁、板		±10	尺量
支座、支垫中心位置	板、梁、柱、墙、桁架		10	尺量
墙板接缝	宽度		±5	尺量

2.7 安全施工与环境保护

2.7.1 安全技术要求

预制装配式混凝土结构施工过程中，应按照《建筑施工安全检查标准》(JGJ 59—2011)、《建设工程施工现场环境与卫生标准》(JGJ 146—2013)等安全、职业健康和环境保护有关规定执行。施工现场临时用电安全应符合《建设工程施工现场供用电安全规范》(GB 50194—2014)和用电专项方案的规定。

预制装配式混凝土结构施工和管理人员，进入现场必须遵守安全生产六大纪律。

部分现场施工的装配式结构在绑扎柱、墙钢筋时，应采用专用高凳作业。当高于围挡时，必须佩戴穿芯自锁保险带。吊运预制构件时，下方禁止站人，必须待吊物降落离地 1 m 以内方准靠近，就位固定后方可摘钩。

高空作业吊装时，严禁攀爬柱、墙钢筋等，也不得在构件墙顶行走。预制外墙板吊装就位后，脱钩人员应使用专用梯子在楼内操作。

预制外墙板吊装时，操作人员应站在楼层内，佩戴穿芯自锁保险带并与楼面内预埋件(点)扣牢。当构件吊至操作层时，操作人员应在楼内用专用钩子将构件系扣的缆风绳钩至楼层内，然后将外墙板拉到就位位置。

预制构件吊装应单件(块)逐块安装，起吊钢丝绳长短一致，两端严禁一高一低。

遇到雨、雪、雾天气或者风力大于 5 级时，不得进行吊装作业。

2.7.2 安全防护措施

安全防护采用围挡式安全隔离时，楼层围挡高度应大于 1.8 m，阳台围挡高于 1.1 m。围挡应与结构层有可靠连接，满足安全防护措施。围挡设置应采取吊装一块外墙板，拆除一块(榀)

围挡的方法，按吊装顺序逐块（榀）进行。预制外墙板就位后，及时安装上一层围挡。

安全防护采用操作架时，操作架应与结构有可靠的连接体系，操作架受力应满足计算要求。操作架要逐次安装与提升，禁止交叉作业，每一单元不得随意中断提升，严禁操作架在不安全状态下过夜。操作架安装、吊升时，如有障碍，应及时查清，并在排除障碍后方可继续。

操作人员在楼层内进行操作，在吊升过程中，非操作人员严禁在操作架上走动与施工。当一榀操作架吊升后，另一榀操作架端部出现临时洞口，此处不得站人或施工。

预制构件、操作架、围挡在吊升阶段，在吊装区域下方用红白三角旗设置安全区域，配置相应警示标志，安排专人监护，不得随意进入该区域。

2.7.3 安全施工管理

项目安全管理应严格按照有关法律、法规和标准的安全生产条件，组织装配式结构施工。

装配式结构项目管理部应建立安全管理体系，配备专职安全人员。建立健全项目安全生产责任制，组织制订项目现场安全生产规章制度和操作规程，组织制订装配式结构生产安全事故应急预案。

项目部应对作业人员进行安全生产教育和交底，保证作业人员具备必要的安全生产知识，熟悉有关的安全生产规章制度和安全操作规程，掌握本岗位的安全操作技能。做好装配式结构安全针对性交底，完善安全教育机制，做到有交底、有落实、有监控。

预制构件吊装、施工过程中，项目部相关人员应加强动态的过程安全管理，及时发现和纠正安全违章和安全隐患。督促、检查装配式结构施工现场安全生产，保证安全生产投入的有效实施，及时消除生产安全事故隐患。

用于装配化结构施工的机械设备、施工机具及配件，必须具有生产（制造）许可证、产品合格证。在现场使用前进行查验和检测，合格后方可投入使用。机械设备、施工机具及配件必须由专人管理，定期进行检查、维修和保养，建立相应的资料档案。

安装工必须是体检合格人员，经专业培训，持证上岗。

吊装及装配现场设置专职安全监控员，专职安全监控员应经专项培训，熟悉装配化施工工况。起重工除持起重证外，还应经专业培训，熟悉工况，考试合格后上岗。

2.7.4 文明施工与环境保护

构件在运输过程中，应保持车辆整洁，防止污染道路，减少道路扬尘。构件运输中撒落于道路的渣粒、散落物、轮胎带泥等，经车辆碾压后形成粒径较小的颗粒物进入空气，形成扬尘，要加以防止。

在施工现场应加强对废水、污水的管理，现场应设置污水池和排水沟。废水、废弃涂料、胶料应统一处理，严禁未经处理就直接排入下水管道。施工现场废水、污水不经处理排放，会导致水质和沉积物的物理、化学性质或生物群落发生变化，影响正常生产、生活以及生态系统平衡。

构件施工中产生的黏结剂、稀释剂等易燃、易爆化学制品的废弃物应及时收集送至指定储存器内，严禁未经处理随意丢弃和堆放。施工现场要设置废弃物临时置放点，并指定专人管理。专人管理负责废弃物的分类、放置及管理工作，废弃物清运必须由合法的单位进行，运输符合规定要求。对于有毒有害废弃物，必须利用密闭容器装存。

外墙板内保温系统的材料，即采用粘贴板块或喷涂工艺的内保温，其组成材料应彼此相容，并应对人体和环境无害。内保温材料选择，应不涉及放射性物质污染源。材料选择前，检查放射性指标；进场后，取样送样检测，合格后方能使用。

在结构施工期间，应严格控制噪声，遵守《建筑施工场界环境噪声排放标准》(GB 12523—2011)的规定。噪声污染具有暂时性、局限性和分散性，《中华人民共和国环境噪声污染防治法》指出：在城市市区范围内向周围生活环境排放建筑施工噪声的，应当符合国家规定的建筑施工场界环境噪声排放标准。

在夜间施工时，应避免光污染对周边居民的影响。建筑施工常见的光污染主要是可见光。夜间现场照明灯光、汽车前照灯光、电焊产生的强光等都是可见光污染。可见光的亮度过高或过低，对比过强或过弱时，都有损人体健康。

2.8 工程实例

2.8.1 工程实例——20#楼预制构件制作与安装施工技术

新里程 A03 地块 B1 标段 20#楼是一幢住宅产业化装配式混凝土建筑，整个工程建造过程基本与发达国家在生产线上装配房屋的情况相同，一改过去人们对“工程施工必须搭设脚手架，拉起绿网”的印象。该工程作为新型绿色环保节能建筑，具有工业化程度高，节约资源，机械化程度明显提高，降低操作人员劳动强度和减少高空湿作业，并避免或减少对周边环境的影响等特点。这一绿色环保节能型建筑为工程建筑拓展新领域，开发新产品和新工艺提供了一个平台和契机，这也是我国商品住宅建造方式上的一次突破性尝试，将有望在国内逐步推广，成为节能降耗的优势品牌工艺，为探索绿色建筑产业化施工新途径和现场施工新模式提供范例。

1)工程概况

该项目位于上海市浦东新区高青路 2878 号，是浦东新里程 A03 地块 B1 标段 20#商品住宅楼，建筑面积为 7 531.94 m^2，14 层，层高 2.92 m，建筑高度为 42.525 m，东西长47.87 m，南北宽 11.935 m，两个单元，一梯三户(图 2.72)。按照“套型建筑面积 90 m^2 以下住宅面积占开发建筑总面积 70%以上”标准设计，为 90/70 户型。

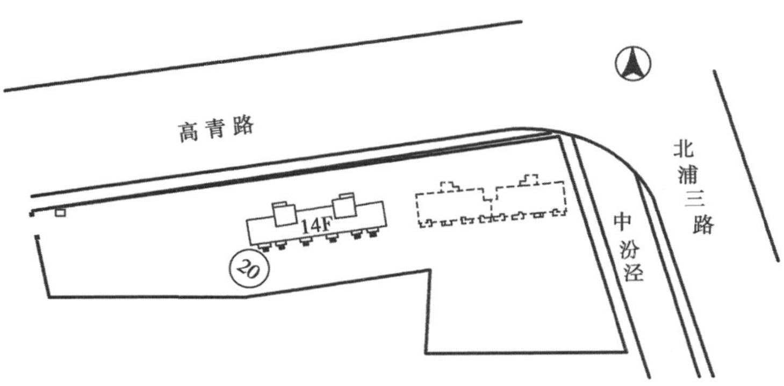

图 2.72　工程概况平面图

2)技术特点与施工难点

(1)结构设计特点

该住宅楼外墙采用预制外墙板,楼板及阳台板采用预制叠合板,室内楼梯采用预制楼梯,柱、梁采用现浇结构形式,为框架结构。外墙铝合金窗框、饰面砖在构件制作时一并完成。

预制外墙板防水方法采用节点自防水,内侧、中间和外侧设置 3 道防水体系,分别是止水条防水、空腔构造防水和密封材料防水。

(2)工厂化制作特点

该工程预制构件全部采用工厂化加工制作,构件制作精度高,成品观感质量好,优于现场现浇混凝土结构。预制构件成型模具一次投入后,可在多幢建筑中反复使用,提高利用率,达到资源节约和成本降低的效果。

特殊加工的外墙饰面砖与构件混凝土浇捣成整体,避免了不安全的脱落问题和湿作业施工粉尘的产生。断热型铝合金外门窗框直接预埋于外墙构件中,外门窗渗漏从工艺制作上得到解决。

(3)现场施工难点

①该工程在楼层工序搭接上,先吊装预制外墙板,再施工现浇柱、梁,预制外墙板装配的临时固定连接及装配误差控制有特殊技术要求。

②装配式结构采用非常规安全技术措施,颠覆传统搭设脚手架的操作方法,吊装、施工时的安全围挡和安全防护措施与常规安全技术无可比性。

③该工程最大一块预制构件单件质量达 6 t 多,尺寸为 6.69 m×2.97 m,厚度仅 160 mm,局部厚 110 mm,施工垂直吊运机械选用与构件的尺寸组合成为主要技术难点。

④施工工序控制与施工技术流程既相互影响,又相互联系。合理分配和调整工序搭接,既要保证预制构件装配技术,又要顾及整体施工工况。

⑤该工程预制构件量大件多,构件运输、固定、堆放是保证正常装配施工的重要环节。

3)关键施工方案

(1)构件制作与养护

该工程构件制作采用工厂化流水生产,各种预制构件全部采用加工定型模具生产。墙、板模板主要采用水平生产方式,由底模、外侧模和内侧模组成(图 2.73);墙、板正面和侧面全部与模板密贴成型,使墙、板外露面能够做到平整光滑,观感质量好;墙、板翻转主要利用专用夹具,转 90°正位。

断热型铝合金窗框直接预埋在预制外墙板中。窗框安装时,在模具体系上安装一个和窗框尺寸同大的限位框;窗框直接固定在限位框上,以防窗框固定时被划伤和撞击,框上下方均采用可拆卸框式模板,分别与限位框和整体模板固定连接。

预制外墙板饰面砖通过特殊工艺加工制作而成,主要工艺为:选择、确定面砖模具格→在模具格中放入面砖→嵌入定制分格条→用滚筒压平→粘贴保护纸→用专用刷刷粘牢固→专用工具压粘分格条→板块面砖成型产品。

预制墙板面砖铺贴,先清理模具,按控制尺寸和标高标记固定就位。按墙面面砖控制尺寸和标高在模具上设置标记,放置并固定成型产品面砖。预制构件混凝土浇筑时,重点保护模具支架及钢筋骨架、饰面砖、窗框和预埋件。

预制构件养护采用低温蒸养,即表面遮盖油布做蒸养罩、内道蒸汽的方法进行(图 2.74)。

油布与混凝土表面隔开 300 mm,形成蒸汽循环的空间。

图 2.73　预制构件制作

图 2.74　预制构件蒸汽养护

蒸养分为静停、升温、恒温和降温 4 个阶段。为确保蒸养质量,预制构件蒸养过程采用自动控制。蒸养构件的温度和周围环境温度差不大于 20 ℃时,揭开蒸养油布,预制构件达到设计强度要求后翻转起吊和堆放。

(2)预制构件运输与堆放

预制构件采用低跑平板车运输,预制叠合板、预制阳台和预制楼梯采用平放运输,预制外墙板采用竖直立方式运输(图 2.75)。预制外墙板养护完毕即安置于运输架上,每一个运输架上放置两块预制外墙板。为确保装饰面不被损坏,放置时插筋向内、装饰面向外,放置时的倾斜角度不大于 10°。为防止运输过程中预制外墙板损坏,运输架上设置定型枕木,预制构件与靠放架、靠放架与运输车辆进行可靠的固定连接。

预制内墙板运输要求与安全措施

图 2.75　预制构件运输

现场堆放时,预制构件连同插放架一起堆放在塔吊有效范围的施工场地内。水平放置的构件在底面架设枕木或定型混凝土块,插放架上的预制外墙板设置可靠的防倾覆措施。

(3)吊装机械布置方案

该工程预制构件单件最大质量达 6 t 多,吊点最远端构件离塔吊中心 40 m。在吊装机械选择与布置上,塔吊采用固定式机型,型号为 H3/36B,臂长 40 m 处的最大起重量超过 6 t,满足预制构件吊运与装配施工起重要求。

(4)预制构件装配工况

按照施工控制、装配工序和搭接,该项目设计为 5 个工况:

①工况一:楼层弹线,标高引测,柱筋绑扎,拆除外墙安全围挡[图 2.76(a)]。

②工况二:预制外墙板运至现场,并依次装配、校核[图 2.76(b)]。

③工况三:柱支模,预制叠合板、预制阳台搭设支撑架并吊装[图 2.76(c)]。

④工况四：楼层梁、板钢筋绑扎，预制楼梯装配[图 2.76(d)]。

⑤工况五：现浇部分的混凝土浇捣[图 2.76(e)]。

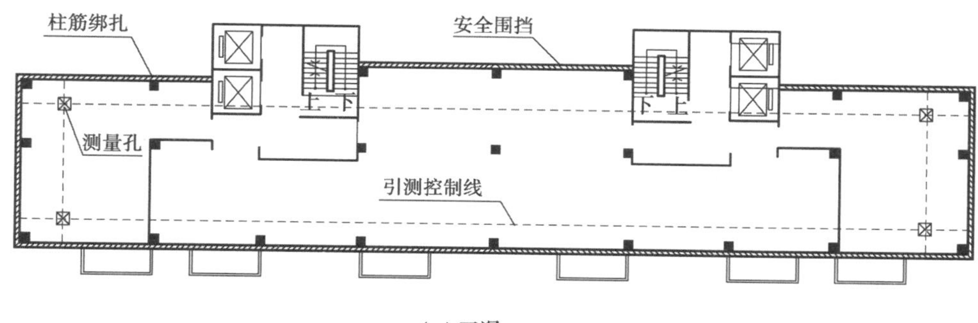

(a)工况一

(b)工况二

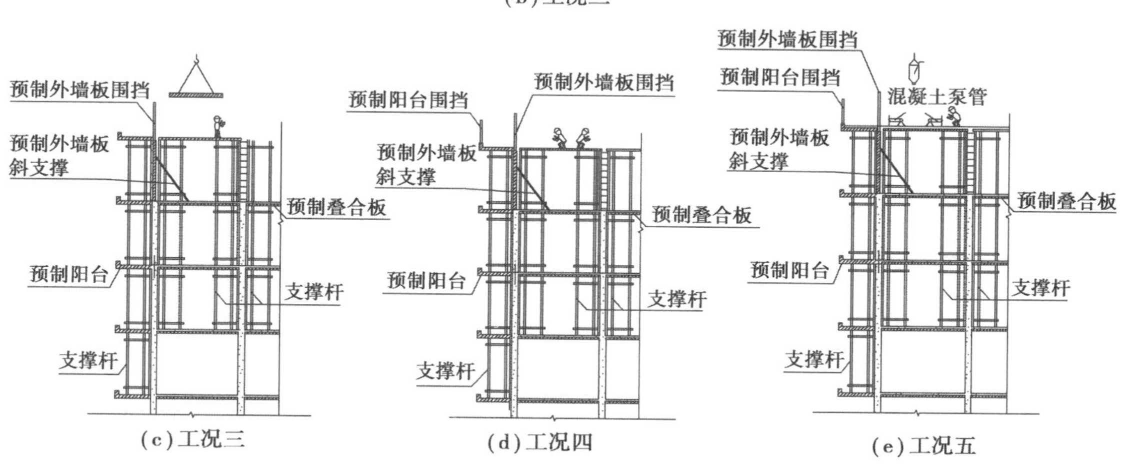

(c)工况三　(d)工况四　(e)工况五

图 2.76　预制构件装配工况

(5)预制外墙板临时支撑与固定

一个楼层施工后，下一个楼层预制外墙板先行装配。临时支撑系统由水平连接和斜向可调节螺杆组成，可调节螺杆外管为$\phi52\times6$，中间杆直径为$\phi28$。

预制外墙板与楼层面限位固定采用两组[20槽钢材料拼接而成，采用可拆卸螺栓固定(图2.77)。

图2.77　预制外墙板临时支撑与固定

(6)预制外墙板与结构柱连接

预制外墙板与结构柱连接方式采用板与板之间拼缝设置在结构柱外侧，通过在预制外墙板上预留锚固筋与现浇柱混凝土浇灌连接。为解决墙板预留筋与柱筋重叠碰撞问题，简化吊装和施工，本施工方法采用预留接驳器，后设置锚固筋工序搭接。

(7)防水节点构造

预制外墙板采用节点自防水，通过内、外、中3道防水体系防水。内侧的橡胶空心止水条在工厂化制作生产时粘贴；中间设置空腔构造防水，外侧为密封防水胶(图2.78)。

4)安全防护措施

综合吊装、安装和楼层施工的搭接及安全需要，该工程选用安全围挡方案(图2.79)。预制外墙板围挡制作高度1.8 m，阳台围挡高1.1 m，围挡采用方形钢管制作，并用镀锌钢丝网封闭。围挡放置采用吊装一块预制外墙板，拆除一榀围挡的方法，按吊装顺序逐榀进行。预制外墙板就位后，及时安装上一层围挡。外墙不再需要搭设传统的操作脚手架。

图2.78　预制外墙板防水节点

图2.79　安全围挡

在安全防护措施上，楼层预制外墙板吊装前，在操作层下方通过外墙窗洞口设置平铺网，作为高空防坠落第二道安全设护。

在预制外墙板吊装过程中，在吊装区下方设置安全区域，安排专人监护，该区域为安全吊装范围。

5)实施效果与结论

①以工厂化预制构件为主要构件，经装配、连接、部分现浇而成混凝土结构，作为一幢装配式混凝土结构住宅，符合产业化发展潮流，为绿色环保节能型建筑推进提供范例。

②采用特殊加工的外墙饰面砖与构件浇捣成整体，避免不安全脱落和湿作业施工粉尘产

生。外门窗框直接预埋于外墙构件中，防渗漏从工艺制作上得到解决。

③预制外墙板采用空腔构造防水、止水条和密封材料三道节点防水体系，确保了使用功能，提高了功能质量。

④预制构件外墙饰面工厂化生产，装配吊装颠覆传统搭设脚手架方法，改变了传统的施工模式，在住宅建造方式上成功地进行了一次突破性尝试。

2.8.2　工程实例二——21#楼"先框架结构，后构件安装"施工技术

上海浦东新区新里程 A03 地块 B1 标段 21#楼采用先框架吊装与现浇，后外围构件安装，这是装配式混凝土结构形式之一。作为新兴的绿色环保节能型建筑，装配式建筑符合产业化发展潮流。装配式建筑的提出主要是基于传统生产方式开始制约行业的发展、先进国家的产业化推进迅速、政府加大产业化力度。住宅产业化是用现代科学技术对传统住宅产业进行全面、系统的改造，通过优化资源配置，降低资源消耗，提高住宅工程质量、功能质量和环境质量，提高住宅建筑劳动生产率水平，以实现住宅建筑可持续发展。

上海浦东新区新里程产业化商品住宅楼于 2007 年 2 月 2 日正式启动，2007 年 7 月产业化住宅项目 21#楼主体安装完成，为产业化推进提供了借鉴，具有参考价值。

1）工程概况与构件特点

（1）工程概况

该项目 21#商品住宅楼位于高青路与中汾泾交口处，南毗新开河，西临盛苑路，建筑面积为 6 483 m^2，建筑高度为 33.72 m，共 11 层，层高 2.92 m，平面形式呈矩形，两个单元，一梯三户。户型面积响应国家"90/70"政策规定，按照住宅单套建筑面积 90 m^2 以下标准设计。

（2）构件特点

该商品住宅楼预制装配式混凝土构件采用预制外墙板、预制叠合楼板、预制楼梯、预制阳台以及预制外空调板。预制外墙板为围护构件，厚度为 180 mm，承担自重、地震作用和风载。外饰面选用 45 mm×45 mm 面砖，外门窗采用断热型系列铝合金门窗。饰面砖和门窗框在外墙装配前，由工厂化生产完成。楼板及阳台板采用预制叠合板，设计采用单向板形式；楼梯及空调外挑板采用预制混凝土装配式成品构件。吊装就位后直接使用，结构形式为框架结构。

2）工艺流程及安装要点

（1）工艺流程

工艺流程如图 2.80 所示。

（2）安装要点

①该结构为装配式混凝土结构体系，由于国内设计规范限制，工程梁、柱等采用现浇方式。预制外墙板吊装时，上部楼层区域同时进行柱、梁、板安装与施工，同一位置立体交叉作业，成为装配吊装的一个难题。

②该预制外墙板装配须待整个结构完全形成，并相连接固定后方为稳定的空间结构（即构件与构件、构件与现浇部分的节点连接）。

③预制外墙板构件与构件之间采用拼装连接形式，外立面纵向与横向防渗漏构造处理至关重要。

④预制外墙板饰面砖与门窗框在工厂化制作时完成，在楼层内后装配构件的外侧饰面砖之

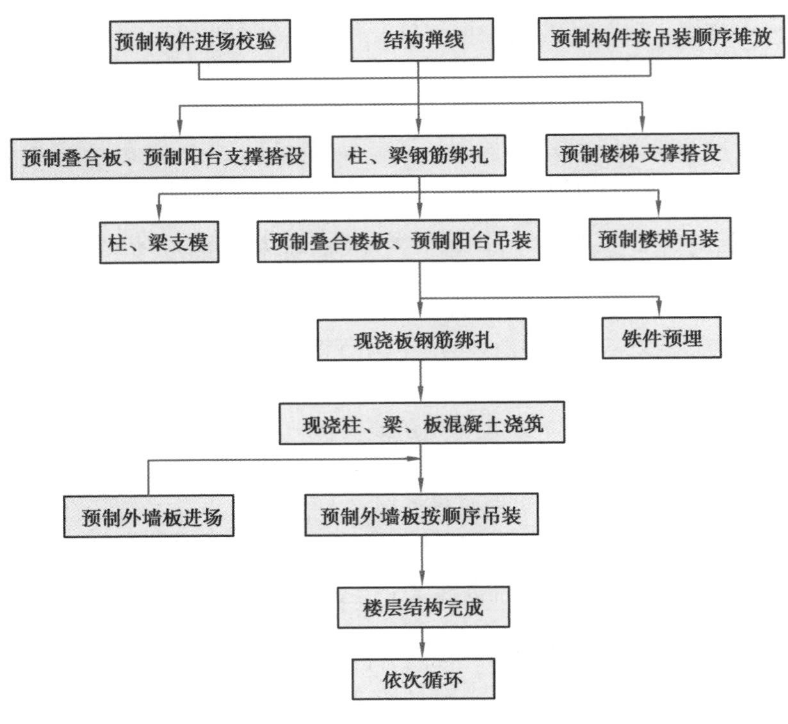

图 2.80　工艺流程

间对缝和门窗对位,测量难度大。

⑤采用“先框架吊装与现浇,后外围构件安装”施工体系,楼层临边高空装配作业存在非常规安全技术要求。

3)现场装配化施工技术

(1)总体技术路线

采用构件分类、工序搭接顺序、装配与现浇交叉作业的总体技术路线,控制与调节施工操作与节奏。具体化解为:在工厂化加工的构件制作完成后,按构件吊装先后顺序,分类与交替进场,合理使用有限堆场,进行楼层预制构件组合;按先结构的竖向柱、墙,后外挑预制阳台、预制空调板和预制楼梯以及预制叠合板,再待结构形成整体、强度满足设计要求后,最后进行外围预制外墙板逐块安装。

(2)施工部署

①施工总平面布置:以装配式住宅楼为中心,设置“一路三区”,即一条预制构件进场路线,西、南两块构件临时周转堆场区;东块设部分现浇混凝土的钢筋、模板场地区;中间为吊装区,沿装配式住宅楼 3.5 m 区域用围挡隔离(图 2.81)。

②吊装机械选用:按照预制外墙板构件单件最大质量为 6 t,起重吊装机械选用 ST 70/30 固定式塔吊,塔吊臂长 40 m,一次安装高度为 36 m。

(3)施工技术

预制外墙板与现浇柱梁交替施工。按照“先框架吊装与现浇,后外围构件安装”的工序搭接。由于先行框架吊装与现浇施工时,建筑外围需布置和搭设脚手架或上人操作架,脚手架与

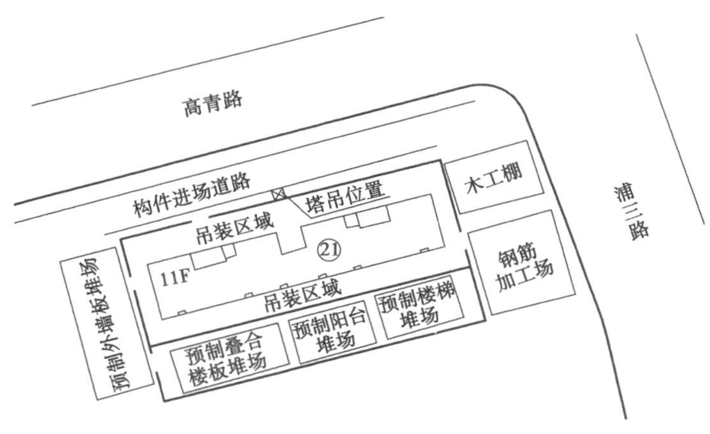

图 2.81　施工平面布置图

操作架必然会与塔吊起吊钢丝绳和吊点相碰，预制外墙板无法与先行成型的框架体系装配连接。

为解决这一施工难题，在技术方案上，按照该装配式住宅楼的结构和节点状况，该工程定性设计一套可移动操作架，以解决预制外墙板吊装与框架施工的矛盾，取得既合理又可行的效果。在操作步骤上，安装与现浇框架施工时，在下一层安装可移动操作架，解决外围施工操作和安全防护。操作架按每一块预制外墙板长度和安装位置布置。当该层部分柱梁现浇混凝土完成，在养护与楼层弹线时，先吊离操作架，在外墙高空中形成空当，隔层安装下一楼层预制外墙板，然后将可移动操作架提升一个楼面，供上一楼层安装与现浇框架施工，依次循环，逐块进行，既简便又不影响工期。

(4)预制构件装配与连接技术

预制外墙板的连接系统由上下两组螺栓组成，采用预埋螺栓和预先浇筑的梁铰接固定连接。

预制外墙板下端与预制叠合楼板节点采用留设叠合后浇梁形式，通过预制外墙板下端另行留设的预留钢筋和预制叠合楼板及后浇梁部分整浇(图 2.82)。

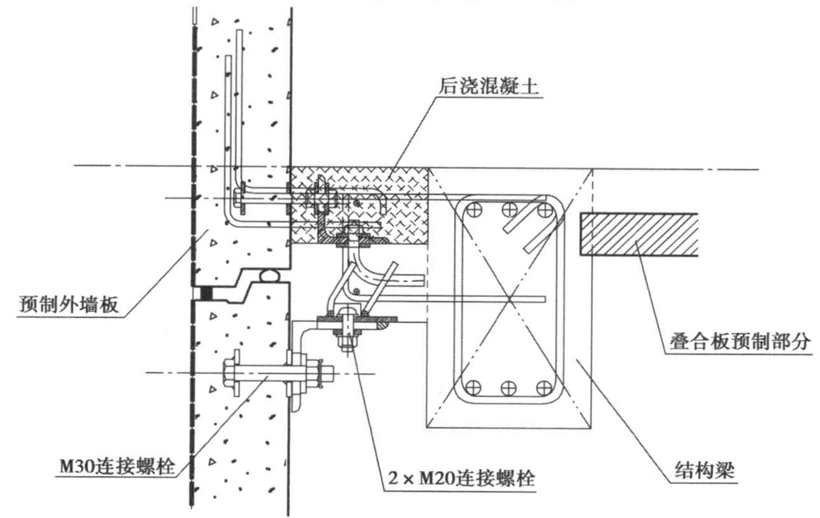

图 2.82　预制外墙板、预制叠合板与梁连接节点

预制外墙板标高调节采用在构件内侧预埋调节螺杆，通过调节螺栓与楼层梁面进行标高微调并就位（图 2.83）。

预制外墙板固定通过调节螺栓与现浇结构连接来实现，连接选用 M30 和 M20 调节螺栓（图 2.84）。螺栓由专用手提机具旋转拧紧。预制外墙板内外校核利用上面的调节螺栓，在构件上的 4 个点进行校正。

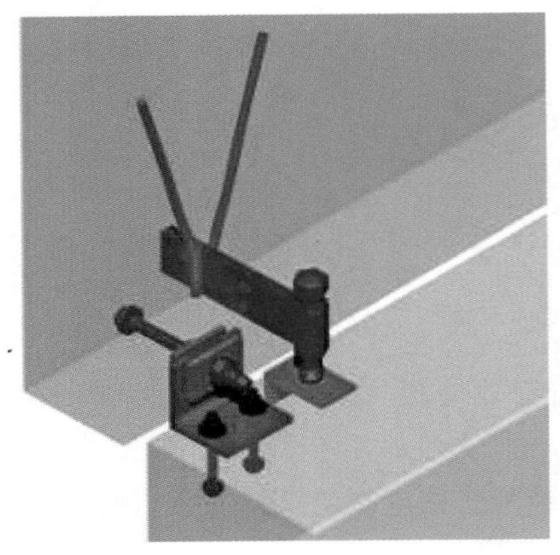

图 2.83　预制外墙板标高调节螺杆

图 2.84　预制外墙板调节螺栓固定

预制楼梯、预制阳台和预制空调板在制作时，按设计留设的预留钢筋长度，分别与叠合楼板（梁）、楼梯平台整体浇筑。

（5）构件测量与校核

由于预制外墙板饰面砖与门窗框在工厂化生产时完成，现场吊装与测量在楼层内进行，控制外饰面砖对缝和门窗框对位，只能放在内侧。

为使吊装测量与校核方便、准确，达到精度要求，在构件制作时，将饰面砖与门窗框水平与垂直成“十”字控制线，引测到内侧位置。装配时，与楼层墙面控制线相对应，从而保证外墙饰面砖对缝与门窗框对位。

预制外墙板安装偏差调整与校核，按以下原则进行：

①对中线及板面垂直度的偏差，以中线为主进行调整；

②不方正时，以竖缝为主进行调整；

③两块墙板拼缝不平整时，以楼地面平整线为准进行调整；

④对山墙大角与相邻板的偏差调整，以保证大角垂直为准。

（6）防水处理与构造（图 2.85）

预制外墙板采用拼接连接形式，板与板之间外立面的防水处理与构造是保证装配式构件使用功能的重要环节。在节点设计上，拼缝主要采取密封材料、空腔构造和密封胶条三道防水措施。中间采用空腔构造防

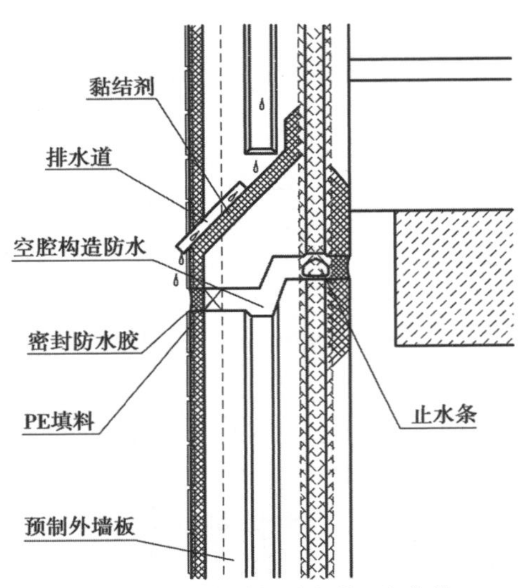

图 2.85　预制外墙板防水处理与构造

水，通过墙板边缘嵌口相互咬合形成构造空腔，空腔通过导流管与大气相通。

预制外墙板之间、预制外墙与楼板之间的外墙表面用高分子结构密封材料封闭，起到挡水作用。

工厂化加工时，预制外墙板内侧粘贴防水止水条，在构造与材料上，保证最后一道防水设置有效。

4）安全围挡操作架与安全防护

安全围挡操作架是解决部分柱梁先行施工，然后每隔一层进行预制外墙板安装的防护操作体系。围挡操作架架体主要通过在楼层内预埋吊环、伸出挑梁、将架体搁置在上，满足预制外墙板与部分现浇板梁交叉施工的要求。操作架每层起吊前、中、后与预制外墙板吊装就位如图2.86所示。

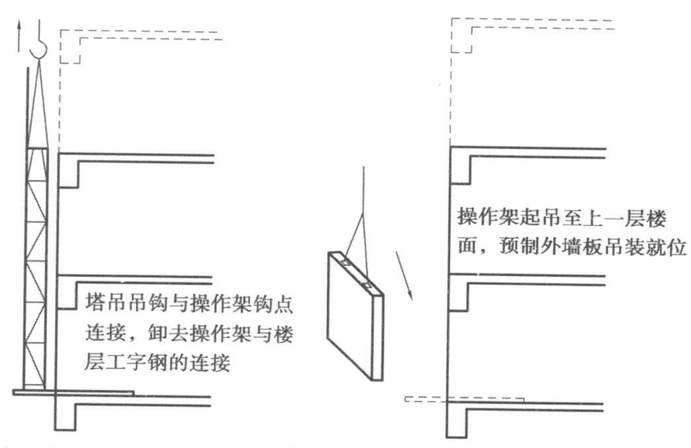

(a)第一阶段：操作架每层起吊前　(b)第二阶段：预制外墙板吊装就位

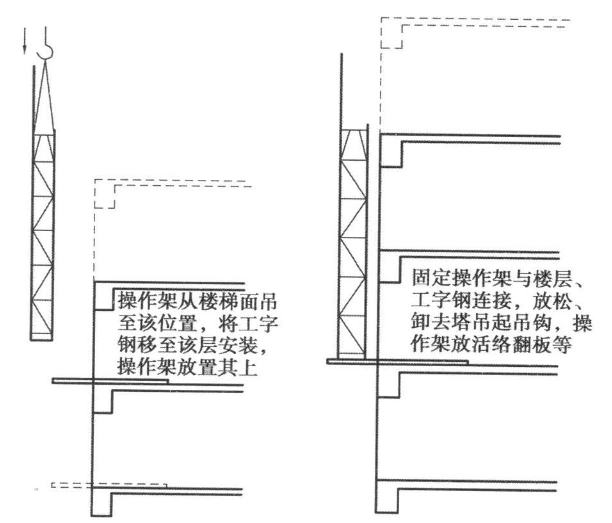

(c)第三阶段:操作架每层起吊中　(d)第四阶段:操作架每层起吊后

图 2.86　预制外墙板与操作架交替吊装示意

预制外墙板吊装按"先框架吊装与现浇，后外围构件安装"施工工序作业时，楼层临边安全需要解决以下问题：在安全防护上，吊装前楼层周边设置 1.8 m 安全栏杆；在人员安全防护上，安装操作人员佩戴穿芯自锁保险带，以保证安全。

吊装过程中，当预制外墙板吊至楼层位置时，操作人员在楼层内用专用拉钩，将板内侧设置的缆风绳引至楼层内。通过缆风绳将预制外墙板拉至装配位置就位，保证安装与操作安全。

5）实践体会与思考

①预制构件"先框架吊装与现浇，后外围构件安装"施工体系自 2007 年 5 月下旬开始吊装与施工。由于精心策划装配施工，严格按照施工组织设计和专项方案施工，施工安装顺利，2007 年 7 月下旬主体结构吊装施工完成，质量和尺寸控制达到原定质量标准要求。

②采用可移动安全操作架解决了先框架吊装与现浇、后外围构件安装的工序作业难点问题，简便合理，易于操作。

③楼层吊装临边设置防护栏杆，操作人员采用安全带以及设置缆风绳、专用拉钩，确保吊装和防护安全。

④预制装配式混凝土结构作为新兴的绿色环保节能型建筑，目前国内现行施工验收标准和规范尚待形成，在装配式建筑产业化的推进与发展中有待完善。

⑤装配式混凝土建筑体系中结构柱梁等受力构件可采用混凝土现浇或全预制装配形式，由于受到设计规范制约，可在借鉴国外成熟做法的基础上有所突破。

课后习题

2.1　支撑装配式建筑四大系统分别指什么？

2.2　装配式钢筋混凝土框架-剪力墙结构建筑有哪些优缺点？

2.3　钢筋混凝土叠合楼板具有哪些构造特点？

2.4　简述预制外墙板生产工艺流程。

2.5　预制构件生产所用模具在组装时有哪些要求？

2.6　预制构件蒸汽养护应满足怎样的蒸养顺序？

2.7　应如何完成预制外墙板的脱模与起吊？

2.8　预制外墙板采用工厂化预制的方式与传统工艺相比，具有哪些优势？

2.9　塔吊的选用与安装应满足哪些要求？

2.10　简述预制构件吊装施工流程。

2.11　预制构件吊装作业对吊装人员有哪些操作要求？

2.12　简述预制外墙板施工操作的步骤与要求。

2.13　简述预制叠合板施工操作的步骤与要求。

2.14　简述预制阳台板、空调板施工操作的步骤与要求。

2.15　简述预制楼梯施工操作的步骤与要求。

2.16　装配式混凝土结构安装工程中，对线管的敷设有哪些要求？

2.17　卫生间排水系统的施工要点有哪些？

2.18　机电安装有哪些控制要求？

2.19　装配式建筑装饰工程施工的主要内容有哪些？
2.20　墙体隔断有哪些操作要求？
2.21　简述龙骨安装的常规施工步骤。
2.22　预制构件在运输过程中应采取哪些保护措施？
2.23　预制构件在装饰阶段应采取哪些保护措施？
2.24　预制装配式住宅施工有哪些安全技术要求？
2.25　预制装配式住宅施工常用的安全防护措施有哪些？
2.26　什么是文明施工？文明施工有哪些要求？

模块3 装配式混凝土框架结构施工技术

3.1 装配式混凝土框架结构施工组织与技术要点

3.1.1 装配式混凝土框架结构施工组织要点

装配式混凝土框架结构具有施工效率高、现场湿作业少、用工量少、绿色环保节能等优势(图3.1)。

图3.1 装配式混凝土框架结构

1)规范、标准对施工组织的要求

《装配式混凝土结构技术规程》(JGJ 1—2014)提出对施工组织设计和施工方案的要求,应制订装配式结构施工专项方案。施工方案应结合结构深化设计、构件制作、运输和安装全过程各工况的验算,以及施工吊装与支撑体系的验算等进行策划和制订,充分反映装配式结构施工的特点和工艺流程的特殊要求。

装配式结构工程专项施工方案包括模板与支撑专项方案、钢筋专项方案、混凝土专项方案及预制构件安装专项方案等。装配式结构专项方案主要包括但不限于下列内容:整体进度计划、预制构件运输、施工场地布置、构件安装、施工安全、质量管理、绿色环保。

2)组织管理特点(图3.2)

全产业链缺少专业化队伍,需要提高专业化水平,加强协同组织能力;普及专业化施工队伍及专业化工具，努力向工业化管理模式转变。

图 3.2　部分施工现场场景

3）施工组织与管理部署

施工组织与管理部署如图 3.3 所示。

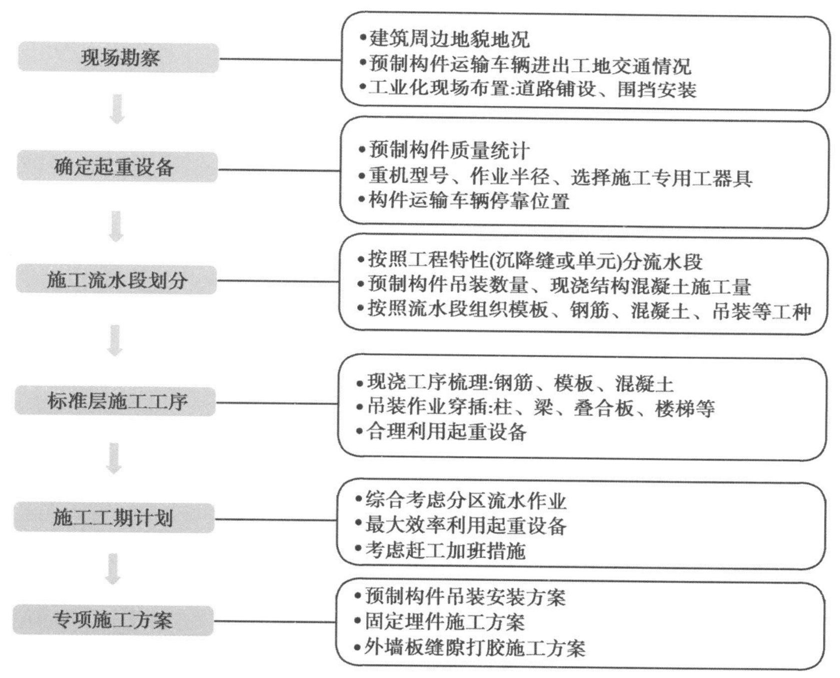

图 3.3　施工组织与管理部署

工业化项目施工方案与传统项目有以下区别：

①以起重设备为主导因素进行整个施工现场布置；

②决定起重设备的因素为作业半径、构件质量、施工进度、场地行车道路；

③施工以构件安装为主线，其他现浇传统施工辅助。

4）实施重点

①专业化施工管理与专业化施工技术体系的配合。

②设计施工一体化承包模式。

③工业化建造方式对总承包管理能力的要求。

5)装配整体式结构体系和现浇结构体系的主要差别

(1)项目实施参与各方的职责定位

现阶段的装配式住宅结构产业化项目推行主要是以开发单位为主,由业主牵头,总包单位协调设计单位、构件供应单位、施工深化单位、专业施工队伍进行集成组织配合。

(2)关键线路的形成与工期优化

对于装配整体式结构施工的关键线路,在主体标准层既要考虑预制混凝土结构的施工工序,又要考虑现浇混凝土结构部分的施工工序,其关键工序与全现浇混凝土结构有较大不同。

(3)关键工序的优化与专业施工班组配合

装配式结构与现浇连接部位很多关键工序是相关工序,如预制墙体的灌浆作业,需要灌浆料的强度达到要求才能进行预制墙体间现浇部位模板安装作业。

在关键工序的优化和专业化施工队伍的技术培训方面,不仅需要通过专业化施工作业缩短流水节拍、采用标准化工艺来提高工效,还需要在装配工艺的设计、专业工具、专业人员等方面进行系统优化。

(4)质量控制与施工质量验收

装配式结构施工体系的质量控制由构件生产和现场装配施工两个阶段完成。总包单位以包代管的管理方式已不能满足装配式结构施工体系的质量体系控制要求。预制构件的制作质量与安装质量,对保证标准化模具和专业施工标准做法的成熟应用尤为重要。

6)管理措施

①建立协调管理机制,推行标准化管理。

②组织合理流水施工。

③进行关键施工技术攻关。

④建立工业化预制建筑经济核算标准。

7)起重设备选择

①应根据平面图选择合适吊装半径的塔吊。

②对最重构件进行吊装分析,确定吊装能力。

③检验构件堆放区域是否在吊装半径之内,且相对于吊装位置正确,避免二次移位。

④起重设备种类:塔式起重机、履带式起重机、汽车式起重机、非标准起重装置(拔杆、桅杆式起重机)配套吊装索具及工具。

以某装配式混凝土框架结构示范项目为例:该结构长 50.4 m、宽 12.6 m,预制柱重约 5.8 t(首层)、4.4 t(2~8 层),预制梁最重约 3.7 t,预制楼梯最重约 2.7 t,预制外挂墙板最重约 5 t,预制叠合板最重约 0.5 t。

选用 H3/36B 塔式起重机,最大工作幅度为 40 m,最大起重量为 12 t(幅度≤23.2 m),最大幅度时起重量为 6.8 t(图 3.4)。

图 3.4　特殊构件吊装

8) 施工组织管理特点

①项目施工队伍应具有专业化水平高、协同组织能力强的特点。

②应做到从施工组织到构件吊装、支模绑筋、节点混凝土浇筑均为专业班组作业，接近产业工人管理模式。

③项目实施需要整套的装配构件施工组织经验和专业队伍协同作业管理体系。

9) 施工安装专用工具

预制构件施工安装过程中应用大量的预制构件专用安装工具，提高了施工安装效率，保证了安装质量，如通用吊装平衡梁，预制构件水平、竖向支撑，套筒灌浆及搅拌设备，预制外挂板插放架、预制梁夹具等(图 3.5 至图 3.10)。

图 3.5　通用吊装平衡梁

图 3.6　模数化通用吊装平衡梁

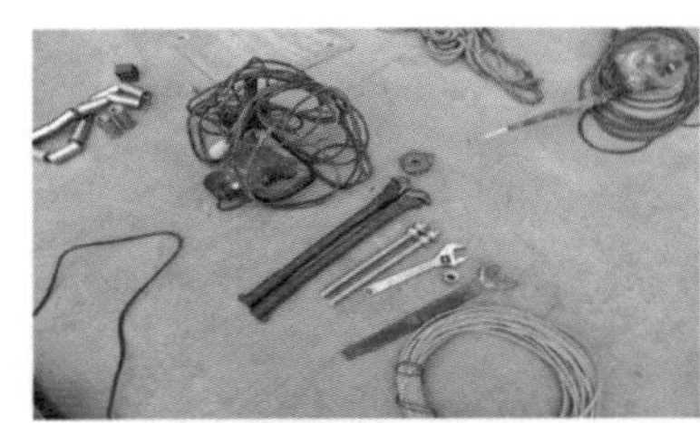

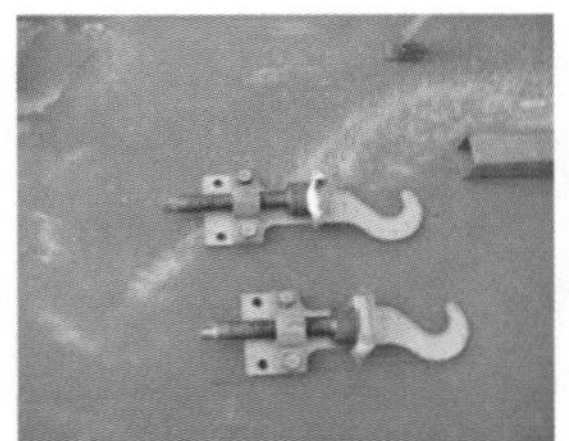

(a) 墙板组装

(b) 木制撬棍

图 3.7　施工安装专用工器具

图 3.8　预制构件安装用水平、竖向支撑体系

(a)直螺纹剥肋机

(b)灌浆料搅拌器

(c)注浆桶

(d)注浆器

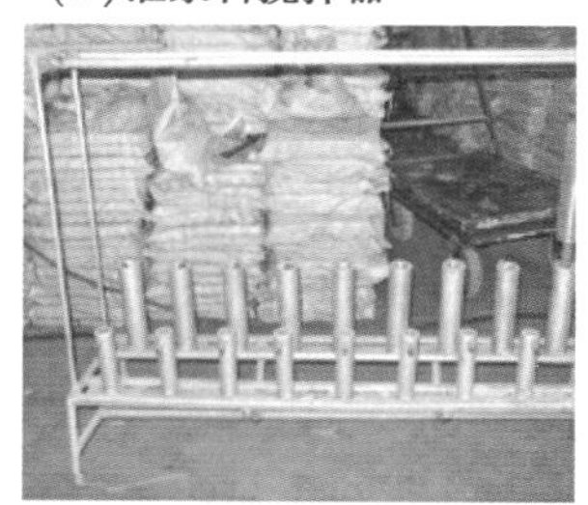

(e)通用试件架

图 3.9　钢筋套筒灌浆连接施工搅拌及灌浆设备

图 3.10　预制外挂墙板插放架、预制梁夹具等

3.1.2 装配式框架结构施工安装关键技术

1)标准层施工安装主要流程

标准层施工安装主要流程如图 3.11 所示。

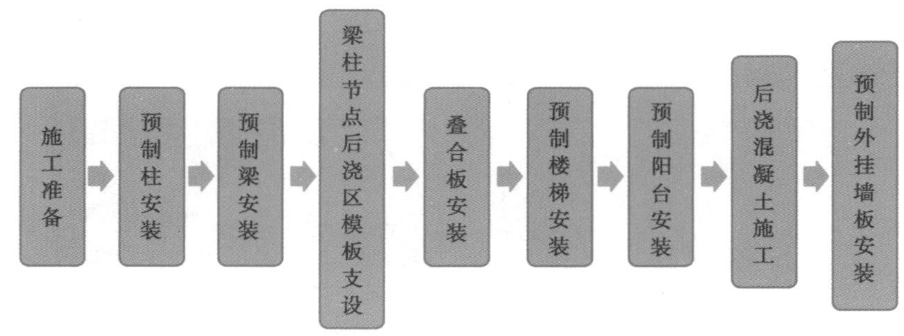

图 3.11　标准层施工安装主要流程

(1)施工准备

①在预制构件厂,应对典型梁柱节点进行预拼装,以提高施工现场安装效率。

②对整个吊装过程进行施工组织设计,防止由于吊装过程设计不合理而导致的工期延误。

③对预制构件进行有效编号,并保证预制构件的加工制作及运输与施工现场吊装计划相对应。

预制柱安装工艺流程

(2)预制柱安装

安装流程:找平→预制柱吊装就位→预制柱支撑安装→预制柱纵筋套筒灌浆→预制柱上侧节点核心区浇筑前安装柱头钢筋定位板(图 3.12)。

(a)预制柱吊装

(b)预制柱吊装就位

(c)预制柱支撑安装

(d)预制柱套筒灌浆

图 3.12　预制柱安装

预制梁安装工艺流程

(3)预制梁安装

安装流程:预制梁支撑安装→预制梁吊装就位→调节预制梁水平与垂直度→预制梁钢筋套筒灌浆(图 3.13)。

图 3.13　预制梁安装

(4)梁柱节点后浇区模板支设

梁柱节点后浇区域及现浇剪力墙区域使用的模板宜采用定型钢模,也可采用周转次数较少的木模板或其他类型的复合板,但应防止在混凝土浇筑时产生较大变形(图 3.14、图 3.15)。

图 3.14　后浇区工具式模板

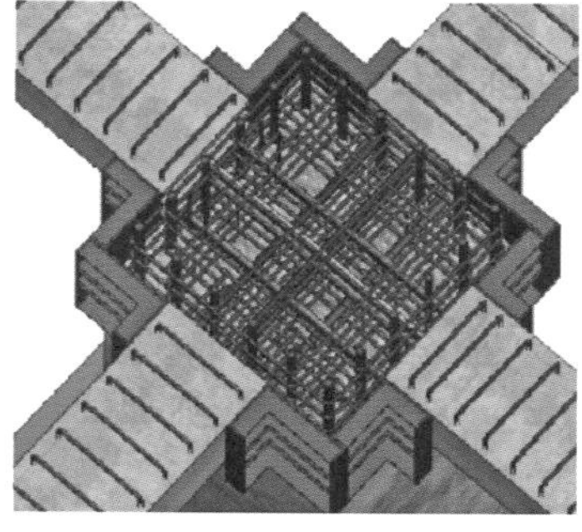

图 3.15　梁柱节点后浇区

叠合板安装与施工控制要点

(5)叠合板安装

安装流程:叠合板支撑安装→叠合板吊装就位→叠合板位置校正→支设叠合板拼缝处及后浇区域模板→绑扎钢筋(图 3.16)。

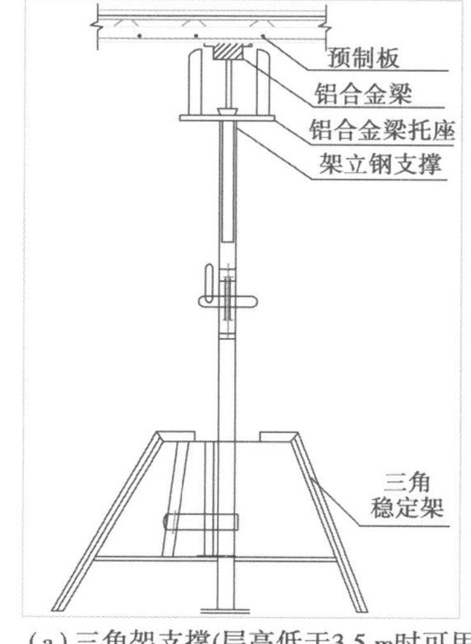

(a)三角架支撑(层高低于3.5 m时可用)

(b)盘扣式支撑(层高较大时用)

图 3.16　叠合板支撑安装

(6)叠合梁板钢筋铺设、后浇区混凝土浇筑

叠合梁板钢筋铺设、后浇区混凝土浇筑如图 3.17 所示。

图 3.17　叠合梁板钢筋铺设、后浇区混凝土浇筑

2)预应力构件

①预应力构件安装与施工如图 3.18 所示。

图 3.18　预应力构件安装与施工

②预制梁节点预应力筋施工如图 3.19 所示。

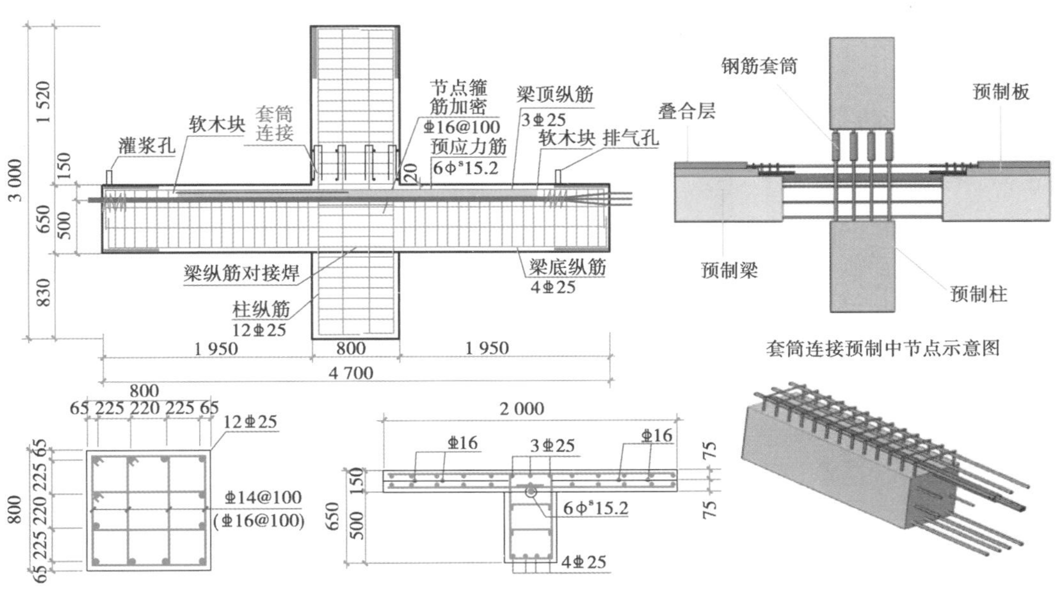

图 3.19　预制梁节点预应力筋施工示意图

③节点连接构造做法及预应力筋张拉如图 3.20、图 3.21 所示。

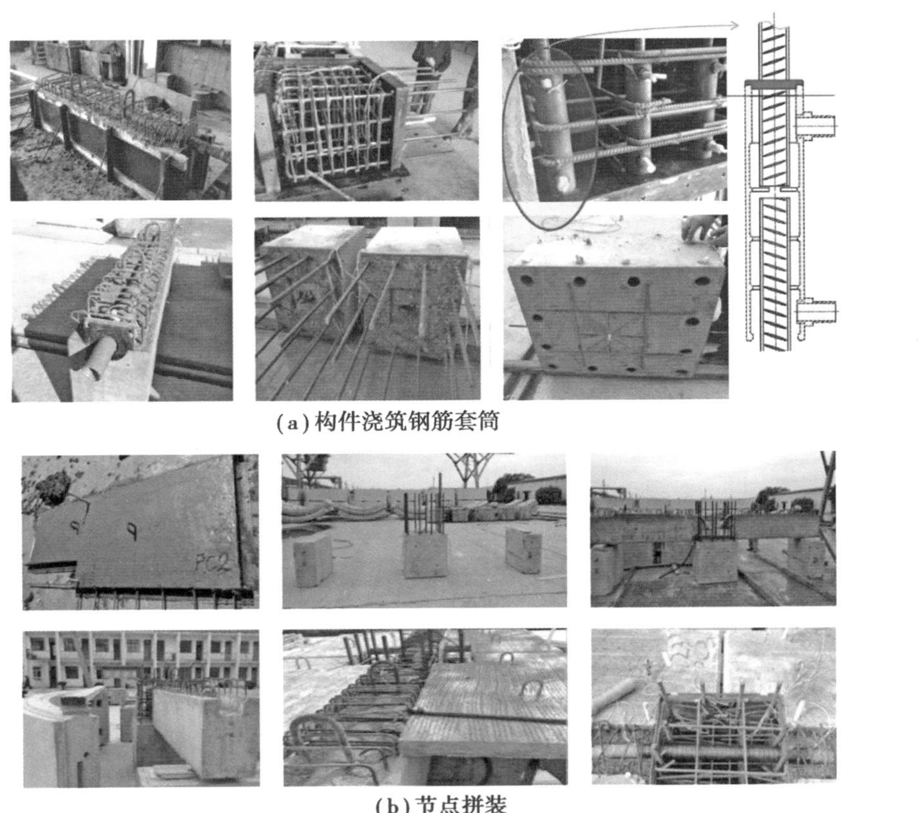

(a) 构件浇筑钢筋套筒

(b) 节点拼装

图 3.20　节点连接构造

图 3.21　预应力筋张拉

3.2　装配式混凝土框架结构施工工艺

本节基于“装配整体式混凝土框架设计施工及节点抗震性能研究”(采用新型高效大直径钢筋灌浆套筒)、“预制型钢混凝土框架结构抗震性能研究”及“装配整体式预应力混凝土框架节点的抗震性能研究”,重点介绍以下 3 种方法:装配式混凝土框架结构施工工艺、装配式型钢混凝土框架结构施工工艺、钢筋套筒灌浆连接施工工艺。

3.2.1　装配式混凝土框架结构施工工艺

(1)工艺概况

该施工工艺主要包括预制梁、预制柱、预制楼梯、预制混凝土叠合板、预制阳台、预制外挂夹心墙板等预制构件施工安装技术。

预制主梁梁底主筋采用灌浆套筒和直螺纹套筒连接;上下预制柱间纵筋通过灌浆套筒连接;现浇剪力墙与预制柱之间采用直螺纹套筒连接。

(2)工艺主要特点

①工程中,预制梁、预制柱、预制楼梯、预制混凝土叠合板、预制外挂墙板等预制构件均可实现工业化生产,且施工安装方便。

②工程中,采用的梁柱节点、主次梁、柱与墙等接缝处的连接构造工艺简便,施工效率高,可有效保证该结构连接处的连接质量(图 3.22)。

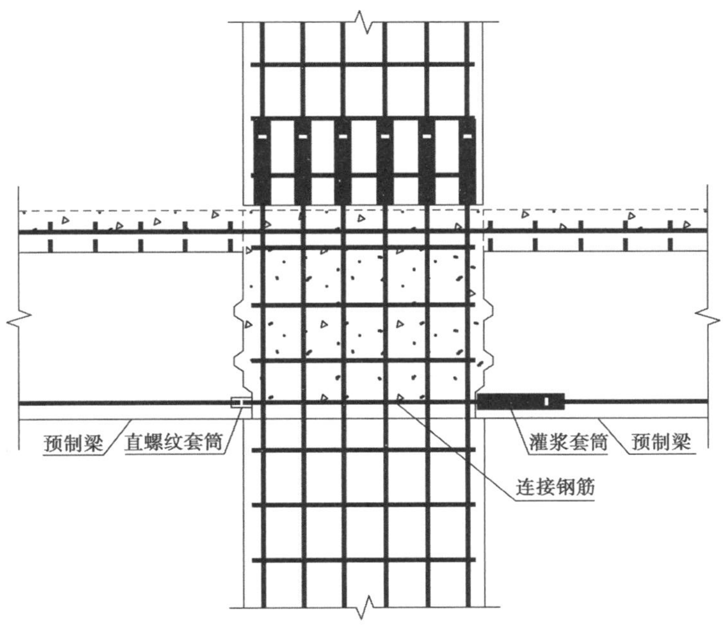

图 3.22　典型梁柱节点

(3)工艺适用范围

该工艺适用于多高层装配式混凝土框架结构及框架-剪力墙结构体系施工,目前已在装配式混凝土框架结构示范工程——北京市某装配式混凝土框架结构项目中进行应用(图3.23)。

图 3.23　北京市某装配式预应力混凝土框架结构项目

3.2.2　装配式型钢混凝土框架结构施工工艺

(1)工艺概况

该工艺主要包括预制型钢混凝土梁柱构件间、预制型钢混凝土柱构件间采用型钢连接的施工安装方法等装配式型钢混凝土施工安装技术。

预制主梁梁底主筋采用焊接连接,梁柱间及上下柱间型钢采用焊接及高强螺栓连接,上下预制柱间纵筋通过灌浆套筒连接(图 3.24)。

图 3.24　装配式型钢混凝土框架结构施工

(2)工艺主要特点

①预制梁、柱构件接头处均预埋型钢,预制构件间通过型钢及钢筋连接完成施工,预制梁、柱构件节点连接质量较高(图 3.25)。

②有效节约了模板、支撑等材料用量,减少了现场湿作业量,降低了粉尘和噪声污染,减少了污水排放和建筑垃圾,具有良好的环保效益。

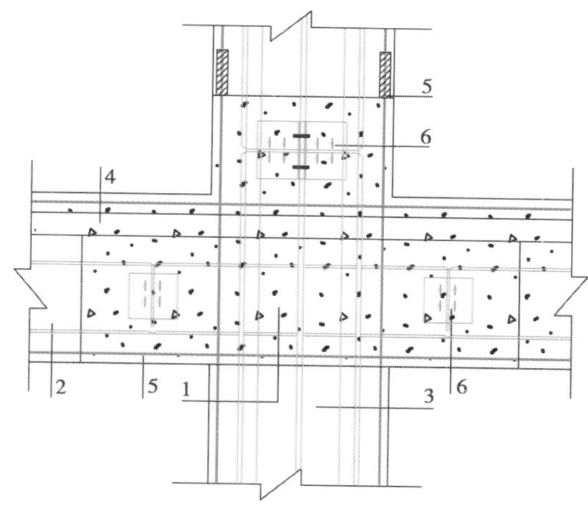

图 3.25　典型梁柱节点

1—现浇混凝土;2—预制梁;3—预制柱;4—预制板;

5—套筒连接或焊接;6—高强螺栓连接或焊接

(3)工艺适用范围

该工艺适用于多高层装配式型钢混凝土框架结构的标准层施工,在公建工程、新建厂房及住宅楼等项目中进行了初步应用。

3.2.3　钢筋套筒灌浆连接施工工艺

(1)工艺概况

钢筋套筒灌浆连接接头解决了装配式混凝土结构中预制构件钢筋连接的难题。灌浆施工方式及构件安装应符合下列规定:

①钢筋水平连接时,灌浆套筒应各自独立灌浆。

②竖向构件宜采用连通腔灌浆，并应合理划分连通灌浆区域；每个区域除预留灌浆孔、出浆孔与排气孔外，应形成密闭空腔，不应漏浆；连通灌浆区域内任意两个灌浆套筒间距离不宜超过 1.5 m。

③竖向预制构件不采用连通腔灌浆方式时，构件就位前应设置坐浆层。

④钢筋连接用套筒灌浆料简称“套筒灌浆料”，是以水泥为基本材料，配以细骨料，以及混凝土外加剂和其他材料组成的干混料。该材料加水搅拌后具有良好的流动性、早强、高强、微膨胀等性能，填充在套筒和带肋钢筋间隙内，形成钢筋套筒灌浆连接接头。

⑤常温型套筒灌浆料适用于灌浆施工及养护过程中 24 h 内灌浆部位环境温度不低于 5 ℃的套筒灌浆料。低温型套筒灌浆料适用于灌浆施工及养护过程中 24 h 内灌浆部位环境温度范围为-5～10 ℃的套筒灌浆料。

⑥常温型套筒灌浆料使用时，施工及养护过程中 24 h 内灌浆部位所处的环境温度不应低于 5 ℃；低温型套筒灌浆料使用时，施工及养护过程中 24 h 内灌浆部位所处的环境温度不应低于-5 ℃，且不宜超过 10 ℃。其性能指标如表 3.1、表 3.2 所示。

表 3.1　常温型套筒灌浆料的性能指标

检测项目		性能指标
流动度/mm	初始	≥300
	30 min	≥260
抗压强度/MPa	1 d	≥35
	3 d	≥60
	28 d	≥85
竖向膨胀率/%	3 h	0.02～2
	24 h 与 3 h 差值	0.02～0.40
28 d 自干燥收缩/%		≤0.045
氯离子含量/%		≤0.03
泌水率/%		0

注：氯离子含量以灌浆料总量为基准。

表 3.2　低温型套筒灌浆料的性能指标

检测项目		性能指标
-5 ℃流动度/mm	初始	≥300
	30 min	≥260
8 ℃流动度/mm	初始	≥300
	30 min	≥260
抗压强度/MPa	-1 d	≥35
	-3 d	≥60
	-7 d+21 d[a]	≥85

续表

检测项目		性能指标
竖向膨胀率/%	3 h	0.02~2
	24 h与3 h差值	0.02~0.40
28 d自干燥收缩/%		≤0.045
氯离子含量[b]/%		≤0.03
泌水率/%		0

注:a.-1 d代表在负温养护1 d,-3 d代表在负温养护3 d,-7 d+21 d代表在负温养护7 d转标养21 d。

b.氯离子含量以灌浆料总量为基准。

⑦采用钢筋套筒灌浆连接的预制构件就位前,应检查套筒、预留孔的规格、位置、数量和深度,以及被连接钢筋的规格、数量、位置和长度。当套筒、预留孔内有杂物时,应清理干净;当连接钢筋倾斜时,应进行校直。连接钢筋偏离套筒或孔洞中心线不宜超过5 mm。

⑧构件安装前,应清洁结合面;构件底部应设置可调整接缝厚度和底部标高的垫块;钢筋套筒灌浆连接接头灌浆前,应对接缝周围进行封堵,封堵措施应符合结合面承载力设计要求。

⑨多层预制剪力墙底部采用坐浆材料时,其厚度不宜大于20 mm。

钢筋套筒灌浆连接接头应按检验批划分要求及时灌浆。灌浆作业应符合国家现行有关标准及施工方案的要求,并应符合下列规定:

①灌浆施工时,环境温度不应低于5 ℃。

②当连接部位养护温度低于10 ℃时,应采取加热保温措施。

③灌浆操作全过程应有专职检验人员负责旁站监督并及时形成施工质量检查记录。

④应按产品使用说明书的要求计量灌浆料和水的用量,并搅拌均匀。

⑤每次拌制的灌浆料拌合物应进行流动度的检测,且其流动度应满足规定。

⑥灌浆作业应采用压浆法从下口灌注,当浆料从上口流出后应及时封堵,必要时可设分仓进行灌浆。

⑦灌浆料拌合物应在制备后30 min内用完。

钢筋套筒灌浆连接施工的灌浆套筒安装及灌浆工艺是装配式混凝土结构施工的关键工序(图3.26)。

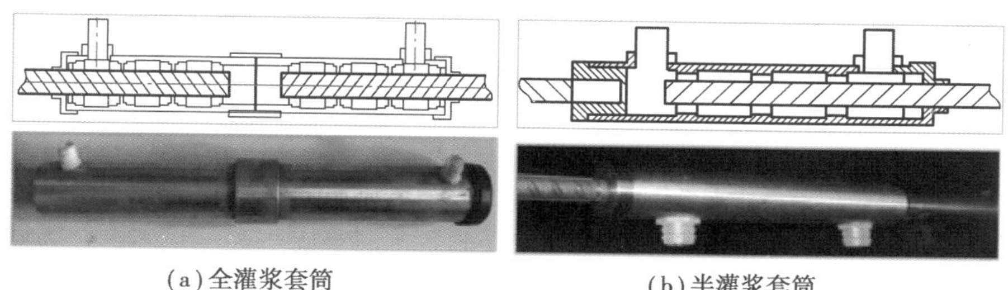

(a)全灌浆套筒　　**(b)半灌浆套筒**

图3.26　钢筋套筒灌浆连接施工

(2)工艺特点

①可达到快速高效施工的目的,节约预制构件装配时间,有效缩短工期。

②采用钢筋套筒灌浆连接方式的接头质量可靠,接头满足Ⅰ级接头性能的要求。

③丝头加工及现场灌浆连接操作简便,安全可靠;丝头加工设备及灌浆设备机功率小,不需专用配电,无明火作业,可全天候施工,环保节能。

(3)工艺适用范围

该工艺可应用于装配式混凝土结构中预制柱、预制剪力墙及预制梁等预制构件钢筋连接节点(图3.27),已在北京、河北、辽宁、福建、新疆等地区的装配式混凝土剪力墙结构、框架结构中应用。

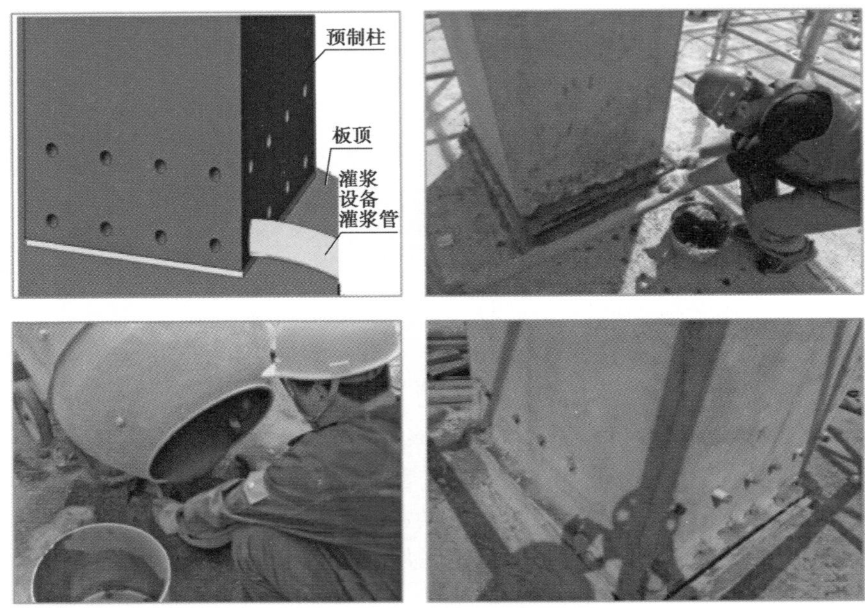

图3.27 钢筋套筒灌浆连接施工工艺

3.2.4 项目应用案例

(1)预制装配式框架结构特点

①制作各种轻质隔墙分隔室内空间,房间布置灵活多变。

②施工方便,模板和现浇混凝土作业很少,预制楼板无须支撑,叠合楼板模板很少。采用预制或半预制形式,现场湿作业大大减少,有利于环境保护和减少噪声污染,可以减少材料和能源浪费。

③建造速度快,对周围工作生活影响小。建筑尺寸符合模数,建筑构件较标准,具有较大的适应性,预制构件表面平整,外观好、尺寸准确,并且能将保温、隔热、水电管线布置等多方面布置结合起来,有良好的技术经济效益。

④预制结构周期短,资金回收快。由于减少了现浇结构的支模、拆模和混凝土养护等时间,施工速度大大加快,从而缩短了贷款建设的还贷时间,缩短了投资回收周期,减少了整体成本投入,具有明显的经济效益。

⑤装配式建筑是将构件厂加工生产的构件，通过特制的构件运输车辆搬运到施工现场再进行安装。在装配式建筑设计中，构件的形状、尺寸和重量必须与起重运输和吊装机械相适应，以充分发挥机械效率。

⑥装配式建筑在设计和生产时还可以充分利用工业废料，变废为宝，以节约良田和其他材料。近年来，在大板建筑中已广泛应用粉煤灰矿渣混凝土墙板，在砌块建筑中已广泛使用烟灰砌块砖等。

⑦在预制装配式建筑建造过程中，可以实现全自动化生产和现代化控制，在一定程度上促进了建筑的工业化大生产。

(2)施工工艺流程

施工工艺流程及现场施工如图3.28、图3.29所示。

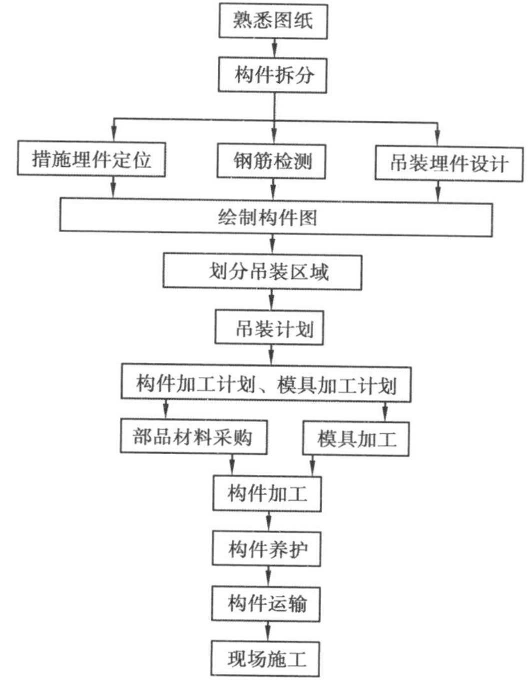

图3.28　施工工艺流程

①图纸设计、产品定型

②下单工厂开模、制作构件

③ 构件检验合格出厂

④ 构件按图纸和施工要求编号运达现场

⑤ 构件施工现场检验编号核对

⑥ 构件支撑现场质量、标高、位置核验

⑦ 构件细部尺寸核对

⑧ 构件吊装就位

⑨ 构件装配质量验收并记录

⑩ 柱吊装准备

⑪柱吊装就位

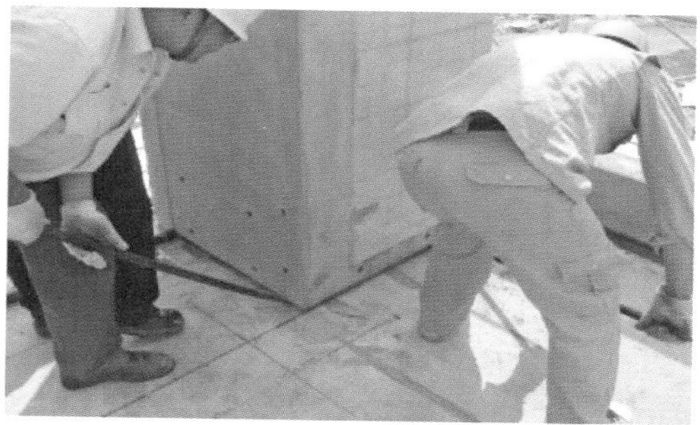

⑫柱轴线位置调整

⑬柱轴线位置复核

⑭ 安装柱斜撑

⑮垂直度调整

⑯柱钢筋位置校核

⑰梁底支撑安装

⑱梁位置弹线

⑲柱顶标高复核

⑳梁起吊前调整

㉑叠合梁吊装

㉒钢筋对位

㉓叠合梁就位

㉔梁精确就位

㉕梁标高调整

㉖梁吊装完成

㉗楼梯进场

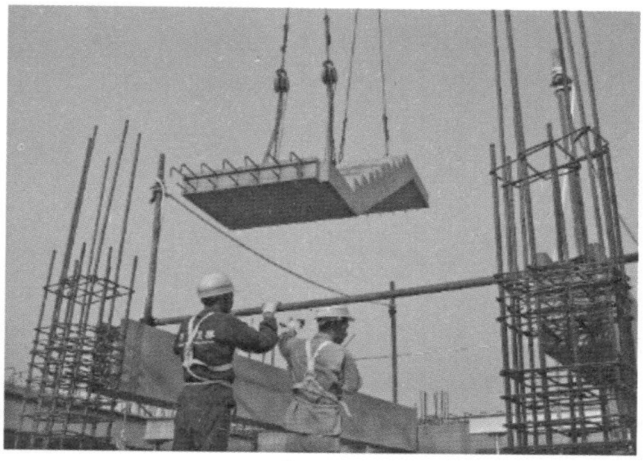

㉙楼梯吊装

㉚楼梯就位

㉛楼梯吊装完成

㉜预制墙板进场

㉞安装固定件

㉟预制墙板翻身

㊱预制墙板吊装　　㊲预制墙板就位

㊳调整固定件　　㊴预制墙板就位调整

㊵预制墙板高度调整　　㊶预制墙板前后调整

㊷拉斜支撑　　㊸预制墙板顶面水平精确调整

图 3.29　装配式混凝土框架结构施工

3.3　全装配式混凝土框架结构施工要点

全装配式混凝土框架结构是一种重要的建筑结构体系，作为一种工业化的建筑生产方式，其以施工速度快、经济效益和环境效益好等优点越来越受到设计人员及业主的关注。

3.3.1　全装配式混凝土框架结构施工准备

(1)材料及机具选择

预制钢筋混凝土梁、柱、板等构件均应有出厂合格证。构件的规格、型号、预埋件位置及数量、外观质量等，均应符合设计要求及《混凝土结构工程施工质量验收规范》(GB 50204—2015)的规定。水泥宜采用普通硅酸盐水泥；柱子封缝宜采用膨胀水泥或普通硅酸盐水泥，不宜采用矿渣水泥或火山灰质水泥。石子含泥量不大于 2%，中砂或粗砂含泥量不大于 5%。电焊条必须按设计要求及焊接规程的有关规定选用，包装整齐，不锈不潮，应有产品合格证和使用说明。模板按构造要求及所需规格准备齐全，刷好脱模剂，方木采用厚木板。主要机具为吊装机械、焊条烘干箱、电焊机及配套设备、卡环、钢丝绳、柱子锁箍、花篮校正器、溜绳、支撑、板钩、经纬仪、塔尺、水平尺、铁扁担、靠尺、倒链、千斤顶、撬棍、钢尺等(图 3.30)。

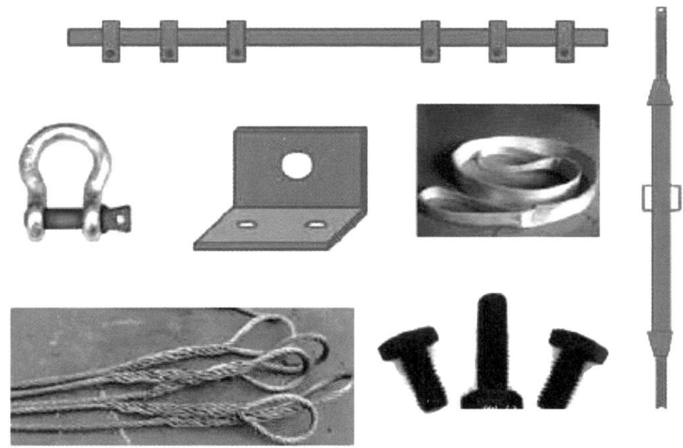

图 3.30　施工主要机具

(2)施工进场准备

根据结构施工图和构件加工单，核查进场构件的型号、数量、规格，混凝土强度及预埋件、预留插筋位置、数量等是否符合设计图纸，是否有构件出厂合格证。在构件上弹好轴线(中线)，即安装定位线，注明方向、轴线号及标高线。柱子应三面弹好轴线。首层柱子除弹好轴线外，还要三面标注±0.00 水平线，弹好预埋件十字中心线。梁的两端弹好轴线，利用轴线控制安装定位。构件连接锚固的结构部位施工完毕，放好楼层柱网轴位线及标高控制线，抹好上下柱子接头部位的叠合层，预埋和找平定位钢板并校准其标高。按照施工组织设计选定的吊装机械进场，并经试运转鉴定符合安全生产规程，准备好吊装用具，方可投入吊装。

搭设脚手架、安全防护架：按照施工组织设计的规定，在吊装作业面上搭设吊装作业脚手架和操作平台及安全防护设施，经有关人员检查、验收、鉴定符合安全生产规程后，方可正式作业。将本楼层需安装的梁、柱、板等构件按平面位置就近平放。正式施焊前须进行焊接试验以调整焊接参数，提供模拟焊件，经试验合格者，方可操作。

3.3.2 全装配式混凝土框架结构工艺流程

(1)预制柱吊装

柱吊装沿纵轴方向推进,逐层分段流水作业,每个楼层从一端开始,安排好安装顺序以减少反复作业。当一道横轴线上的柱子吊装完成后,再吊装下一道横轴线上的柱子。清理柱子安装部位的杂物,将松散的混凝土及高出定位预埋钢板的黏结物清除干净,检查柱子轴线及定位板的位置、标高和锚固是否符合设计要求。对预吊柱子伸出的上下主筋进行检查,按设计长度将超出部分割掉,确保定位小柱头平稳地坐落在柱子接头的定位钢板上。将下部伸出的主筋调直、理顺,保证同下层柱子钢筋搭接时贴靠紧密,便于施焊。柱子吊点位置与吊点数量由柱子长度、断面形状决定,一般选用正扣绑扎,吊点选在距柱上端600 mm处卡好特制的柱箍。在柱箍下方锁好卡环钢丝绳,吊装机械的钩绳与卡环相钩区用卡环卡住,吊绳应处于吊点正上方。慢速起吊,待吊绳绷紧后暂停上升,及时检查自动卡环的可靠情况,防止自行脱扣。为控制起吊就位时不来回摆动,在柱子下部拴好溜绳,检查各部连接情况,无误后方可起吊。

(2)预制梁吊装

按施工方案规定的安装顺序,将相关型号、规格的梁配套码放,弹好两端的轴线(或中线),调直理顺两端伸出的钢筋。在柱子吊完的开间内,先吊主梁再吊次梁,分间扣楼板。按照图纸规定或施工方案中所确定的吊点位置,进行挂钩和锁绳。注意吊绳的夹角一般不得小于45°。如使用吊环起吊,必须同时拴好保险绳。当采用兜底吊运时,必须用卡环卡牢。挂好钩绳后缓缓提升,绷紧钩绳,离地500 mm左右时停止上升,认真检查吊具牢固,拴挂安全可靠,方可吊运就位。吊装前再次检查柱头支点钢垫的标高、位置是否符合安装要求,就位时校核准确柱头上的定位轴线和梁上轴线之间的相互关系,以便使梁正确就位。梁的两头应用支柱顶牢。为了控制梁的位移,应使梁两端中心线的底点与柱子顶端的定位线对准。将梁重新吊起,稍离支座,操作人员分别从两头扶稳,目测对准轴线,落钩要平稳,缓慢入座,再使梁底轴线对准柱顶轴线。梁身垂直偏差校正是从两端用线坠吊正,互报偏差数,再用撬棍将梁底垫起,用铁片支垫平稳严实,直至两端的垂直偏差均控制在允许范围内。

(3)预制梁、柱节点处理

箍筋采用预制焊接封闭箍,整个加密区的箍筋间距、直径、数量、135°弯钩、平直部分长度等均应满足设计要求及施工规范的规定。在叠合梁的上部应设置Φ12钢筋焊接封闭定位箍,用来控制柱子主筋上下接头的正确位置。梁和柱主筋的搭接锚固长度和焊缝,必须满足设计图纸和抗震规范的要求。顶层边角柱接头部位梁的上钢筋除与梁的下钢筋搭接焊之外,其余上钢筋要与柱顶预埋锚固筋焊牢。柱顶锚固筋应对角设置焊牢。节点区可浇筑掺低碱膨胀剂(UEA)补偿收缩混凝土,其强度也应比柱混凝土强度提高10 MPa。

(4)楼板或屋面板安装

采用硬架支模或直接就位方法,在梁侧面按设计图纸设置板及板缝位置线,标出板的型号。将梁或墙上皮清理干净,检查标高,复查轴线,将所需板吊装就位。楼层的梁、柱、板全部安装完成后,在空腹梁内穿插竖向钢筋,并将水平筋与柱内预埋钢板焊牢。

3.3.3 预制全装配式混凝土框架结构施工技术

(1)安装要点

楼面柱网格轴线要保持贯通、清晰,安装节点标高要注明,需要处理的部位要有明显标记,不得任意涂抹、更改和污染。安装梁、柱定位埋件要保证标高准确,不得任意撬动、碰撞和移位。

节点处主筋不得歪斜、弯曲，清理铁锈及污渍过程中不得猛砸。在浇筑节点混凝土前用 ϕ12 钢筋焊成封闭定位箍，固定柱子主筋位置。节点加密区箍筋采用焊接封闭式，其间距符合设计及抗震的规定，绑扎牢固。安装梁时，应随时观察柱子的垂直度变化，产生偏移应及时制止或纠正。堆放场地应平整、坚实，不得有积水。底层应用 100 mm×100 mm 方木或双层脚手板支垫平稳。每垛码放应按施工组织设计规定的高度码放整齐。安装各种管线时，不得任意剔凿构件。施工中不得任意割断钢筋或弯成硬弯损坏成品。

(2)注意事项

①运输与安装前，应检查构件外观质量、混凝土强度，采用正确的装卸及运输方法。

②构件安装前，应标明型号和使用部位，复核放线尺寸后进行安装，防止放线误差造成构件偏移。根据不同气候变化调整测量工具误差。操作时应认真负责，细心校正，避免上层与下层轴线不对应，出现错台，影响构件安装。施工放线时，上层的定位线应由底层引上去，用经纬仪引垂线，测定正确的楼层轴线，以保证上、下层之间轴线完全吻合。

③浇筑前，应将节点处模板缝堵严。核心区钢筋较密，浇筑时应认真振捣。混凝土要有较好的和易性、适宜的坍落度。模板要留清扫口，认真清理，避免夹渣。

④节点部位下层柱子主筋位移，给搭接焊造成困难。产生原因是构件生产时未采取措施控制主筋位置，构件运输和吊装过程中造成主筋变形移位。所以，生产和运输时应采取措施，保证梁柱主筋位置正确，吊装时避免碰撞，安装前理顺。

⑤柱身歪斜原因是施焊方法不良。改进办法：梁、柱接头有两个或两个以上的施焊点，采用轮流施焊方法。施焊过程中不允许猛撬钢筋，主筋焊接过程中用经纬仪观察柱垂直偏差情况，发现问题及时纠正。

3.4 装配整体式框架结构技术要点与工程案例

以全运会安保指挥中心为例，其主楼为 15 层建筑，位于浑南新区世纪路 29 号，总建筑面积为 3.1 万 m^2，4 月 25 日开工建设，8 月实现主体封顶，2013 年 4 月 30 日竣工。为打造安全、环保、优质工程，浑南新区积极引进现代建筑新模式，让盖楼房像搭积木一样简单。除地上三层和地下一层建筑采用传统工艺建设外，从第四层开始，采用现代装配式结构技术进行建设。

以已经建完的三层安保指挥中心为例，在柱、梁的建造上，传统的施工程序为绑扎钢筋、搭架、制作模板、浇筑混凝土，经过最短 7~10 天养护等待，再拆除模板，对于 1 000 m^2 一层楼，需要大概 80 人半个月才能完成。而同样的工作，装配式施工就大大节省了时间，主楼内只有 7 名工人吊装，楼前广场只有 3~5 名工人向吊车上挂“积木”。

3.4.1 柱吊装与安装流程

预制混凝土柱构件的安装施工工序为：测量放线→铺设座浆料→柱构件吊装→定位校正和临时固定→钢筋套筒灌浆施工。

1)测量放线

安装施工前，应在构件和已完成结构上测量放线，设置安装定位标志。测量放线主要包括以下内容：

①每层楼面轴线垂直控制点不应少于 4 个,楼层上的控制轴线应使用经纬仪由底层原始点直接向上引测;

②每个楼层应设置 1 个引程控制点;

③预制构件控制线应由轴线引出;

④应准确弹出预制构件安装位置的外轮廓线。预制柱的就位以轴线和外轮廓线为控制线,对于边柱和角柱,应以外轮廓线控制为准。

2)铺设坐浆料

预制柱构件底部与下层楼板上表面间不能直接相连,应有 20 mm 厚的坐浆层,以保证两者混凝土能够可靠协同工作。坐浆层应在构件吊装前铺设,且不宜铺设太少,以免坐浆层凝结硬化失去黏结能力。一般而言,应在坐浆层铺设后 1 h 内完成预制构件安装工作,天气炎热或气候干燥时应缩短安装作业时间。

坐浆料必须满足以下技术要求:

①坐浆料坍落度不宜过高,一般在市场购买 40~60 MPa 的坐浆料使用小型搅拌机(容积可容纳一包料即可)加适当的水搅拌而成,不宜调制过稀,必须保证坐浆完成后成中间高、两端低的形状。

②坐浆料采购前,需要与厂家约定浆料内粗集料的最大粒径为 4~5 mm,且坐浆料必须具有微膨胀性。

③坐浆料的强度等级应比相应的预制墙板混凝土的强度等级提高一级。

④坐浆料强度应满足设计要求。

铺设坐浆料前应清理铺设面的杂物。铺设时应保证坐浆料在预制柱安装范围内铺设饱满。为防止坐浆料向四周流散造成坐浆层厚度不足,应在柱安装位置四周连续用 50 mm×20 mm 的密封材料封堵,并在坐浆层内预设 20 mm 高的垫块。

3)柱构件吊装

柱构件吊装宜按照角柱、边柱、中柱顺序进行安装,与现浇部分连接的柱宜先行吊装。

吊装作业应连续进行。吊装前应核对待吊构件,同时对起重设备进行安全检查,重点检查预制构件预留螺栓孔丝扣是否完好,严格杜绝吊装过程中出现滑丝脱落现象。对吊装难度大的部件必须进行空载实际演练,操作人员对操作工具进行清点。填写施工准备情况登记表,施工现场负责人检查核对签字后方可开始吊装。

在吊装过程中预制构件应保持稳定,不得偏斜、摇摆和扭转。吊装时,吊点数量、位置应经计算确定,应保证吊具连接可靠,应采取保证起重设备的主钩位置、吊具及构件重心在竖直方向上重合的措施。

4)定位校正和临时固定

(1)构件定位校正

构件底部若局部套筒未对准时,可使用倒链将构件手动微调、对孔。垂直坐落在准确的位置后拉线复核水平是否有偏差。无误差后,利用预制构件上的预埋螺栓和地面后置膨胀螺栓安装斜支撑杆,复测柱顶标高后,方可松开吊钩。利用斜撑杆调节好构件的垂直度。调节好垂直度后,刮平底部坐浆。调节斜撑杆时必须由两名工人同时、同方向进行,分别调节两根斜撑杆。

安装施工应根据结构特点按合理顺序进行,需考虑平面运输、结构体系转换、测量校正、精度调整及系统构成等因素，及时形成稳定的空间刚度单元。必要时，应增加临时支撑结构或临时措施。单个混凝土构件的连接施工应一次性完成。

预制构件安装后，应对安装位置、安装标高、垂直度、累计垂直度进行校核与调整。构件安装就位后，可通过临时支撑对构件的位置和垂直度进行微调。

（2）构件临时固定

安装阶段的结构稳定性对保证施工安全和安装精度非常重要。构件在安装就位后，应采取临时措施进行固定。临时支撑结构或临时措施应能承受结构自重、施工荷载、风荷载、吊装产生的冲击荷载等作用，且不至于使结构产生永久变形。

5）钢筋套筒灌浆施工

钢筋套筒灌浆的灌浆施工是装配式混凝土结构工程的关键环节之一。在实际工程中，连接的质量很大程度上取决于施工过程控制。因此，套筒灌浆连接应满足下列要求：

①套筒灌浆连接施工应编制专项施工方案。这里提到的专项施工方案并不要求一定单独编制，而是强调应在相应的施工方案中包括套筒灌浆连接施工的内容。施工方案应包括灌浆套筒在预制生产中的定位、构件安装定位与支撑、灌浆料拌和、灌浆施工、检查与修补等内容。施工方案编制应以接头提供单位的相关技术资料、操作规程为基础。

②灌浆施工的操作人员应经专业培训后上岗。培训一般宜由接头提供单位的专业技术人员组织。灌浆施工应由专人完成，施工单位应根据工程量配备足够的合格操作工人。

③对于首次施工，宜选择有代表性的单元或部位进行试制作、试安装、试灌浆。这里提到的"首次施工"，包括施工单位或施工队伍没有钢筋套筒灌浆连接的施工经验，或对某种灌浆施工类型（剪力墙、柱、水平构件等）没有经验，此时为保证工程质量，宜在正式施工前通过试制作、试安装、试灌浆验证施工方案、施工措施的可行性。

④套筒灌浆连接应采用由接头型式检验确定的相匹配的灌浆套筒、灌浆料。施工中不宜更换灌浆套筒或灌浆料，如确需更换，应按更换后的灌浆套筒、灌浆料提供接头型式检验报告，并重新进行工艺检验及材料进场检验。

⑤灌浆料以水泥为基本材料，对温度、湿度均具有一定敏感性。因此，在储存中应注意干燥、通风并采取防晒措施，防止其性态发生改变。灌浆料宜存储在室内。

钢筋套筒灌浆连接施工的工艺要求如下：

①预制构件吊装前，应检查构件的类型与编号。当灌浆套筒内有杂物时，应清理干净。

②应保证外露连接钢筋的表面不黏混凝土、砂浆，不发生锈蚀；当外露连接钢筋倾斜时，应进行校正。连接钢筋的外露长度应符合设计要求，其外表面宜标记出插入灌浆套筒最小锚固长度的位置标志，且应清晰准确。

③竖向构件宜采用连通腔灌浆。钢筋水平连接时灌浆套筒应各自独立灌浆。

④灌浆料拌合物应采用电动设备搅拌充分、均匀，并宜静置 2 min 后使用。其加水量应按灌浆料使用说明书的要求确定，并应按质量计量。搅拌完成后，不得再次加水。

⑤灌浆施工时，环境温度应符合灌浆料产品使用说明书要求。一般来说，环境温度低于5 ℃时不宜施工，低于 0 ℃时不得施工；当环境温度高于 30 ℃时，应采取降低灌浆料拌合物温度的措施。

⑥竖向钢筋灌浆套筒连接采用连通腔灌浆时，宜采用一点灌浆的方式。当一点灌浆遇到问

题而需要改变灌浆点时，各灌浆套筒已封堵的灌浆孔、出浆孔应重新打开，待灌浆料拌合物再次流出后进行封堵。

⑦灌浆料宜在加水后 30 min 内用完。散落的灌浆料拌合物不得二次使用；剩余的拌合物不得再次添加灌浆料、水后混合使用。

预制框架柱吊装流程及控制要点

⑧灌浆料同条件养护试件抗压强度达到 35 N/mm^2 后，方可进行对接头有扰动的后续施工。临时固定措施的拆除应在灌浆料抗压强度能够确保结构达到后续施工承载要求后进行。

⑨灌浆作业应及时形成施工质量检查记录表和影像资料。

柱吊装与安装如图 3.31 所示。

(a)柱子下面垫一个轮胎

(b)柱子扶正

(c)柱子就位

(d)对中调整

(e) 封堵注浆缝

(f) 模板封闭

(g) 灌浆料流动度试验

(h) 注浆开始

(i) 出浆后迅速封堵

(j) 注浆完成

图 3.31　柱吊装与安装

3.4.2 莲藕梁吊装与安装流程

(1)工艺流程

预制莲藕梁节点吊装就位→精确校正轴线和标高→临时支撑固定→松钩。

(2)操作工艺

①检查预制莲藕梁的编号、方向、吊环的外观、规格、数量、位置、次梁口位置等。吊装大型构件、薄壁类构件或形状复杂的构件时,应使用分配梁或分配桁架类吊具,吊索必须与预制莲藕梁上的吊环一一对应。

②吊装预制莲藕梁前,梁底标高、梁边线控制线在校正完的墙体上用墨斗线弹出。

③预制莲藕梁搁置长度为 15 mm,搁置点位置使用 1~10 mm 垫块,预制莲藕梁就位时其轴线根据控制线一次就位;同时通过其下部独立支撑调节梁底标高,待轴线和标高正确无误后将预制莲藕梁主筋与框架柱钢筋进行点焊,最后卸除吊索。

④预制莲藕梁根据跨度大小需要两根或以上独立支撑,在莲藕梁底模与独立支撑一次就位。

(3)质量要求

①水平构件就位的同时,应立即安装临时支撑,根据标高、边线控制线,调节临时支撑高度,控制水平构件标高。

②临时支撑距水平构件支座处不应大于 500 mm,临时支撑沿水平构件长度方向间距不应大于 2 000 mm。

预制框架梁吊装流程及控制要点

莲藕梁吊装与安装如图 3.32 所示。

(a)莲藕梁叠放运输

(b)莲藕梁钢筋标记

(c)莲藕梁吊具就位

(d)莲藕梁吊装之前调平

(e)莲藕梁吊装

(f)莲藕梁四角钢筋首先入孔

(g)莲藕梁其他钢筋入孔

(h)莲藕梁安装就位

(i)莲藕梁斜支撑安装

(j)莲藕梁调整水平

(k)莲藕梁校正位置

(l)莲藕梁缝隙封堵

(m)莲藕梁缝隙封堵完成

图 3.32 莲藕梁吊装与安装

3.4.3 叠合梁吊装与安装流程

装配式混凝土叠合梁的安装施工工艺与叠合楼板工艺类似。现场施工时,应将相邻的叠合梁与叠合楼板协同安装,两者的叠合层混凝土同时浇筑,以保证建筑的整体性能。

安装顺序宜遵循先主梁后次梁、先低后高的原则。安装前,应测量并修正临时支撑标高,确保与梁底标高一致,并在柱上弹出梁边控制线;安装后根据控制线进行精密调整。安装时,梁伸入支座的长度与搁置长度应符合设计要求。

装配式混凝土建筑梁柱节点处作业面狭小且钢筋交错密集,施工难度极大。因此,拆分设计时即考虑好各种钢筋的关系,直接设计出必要的弯折。此外,吊装方案要按拆分设计考虑吊装顺序,吊装时必须严格按吊装方案控制先后。安装前,应复核柱钢筋与梁钢筋位置、尺寸。对梁钢筋与柱钢筋位置有冲突的,应按经设计单位确认的技术方案调整。

预制框架梁吊装流程及控制要点

叠合楼板、叠合梁等叠合构件应在后浇混凝土强度达到设计要求后,方可拆除底模和支撑。

叠合梁吊装与安装如图 3.33 所示。

(a)叠合梁吊装

(b)叠合梁准备就位

(c)叠合梁安装就位

(d)叠合梁就位调整

(e)叠合梁钢筋套筒连接

图 3.33　叠合梁吊装与安装

3.4.4　叠合板吊装与柱端处理

(1)预制混凝土叠合楼板的现场施工工艺

定位放线→安装底板支撑并调整→安装叠合楼板的预制部分→安装侧模板、现浇区底模板及支架→绑扎叠合层钢筋、铺设管线、预埋件→浇筑叠合层混凝土→拆除模板。其安装施工均应符合下列规定：

①叠合构件的支撑应根据设计要求或施工方案设置，支撑标高除应符合设计规定外，还应考虑支撑本身的施工变形；

②控制施工荷载不应超过设计规定，并应避免单个预制构件承受较大的集中荷载与冲击荷载；

③叠合构件的搁置长度应满足设计要求，宜设置厚度不大于 20 mm 的坐浆层或垫片；

④叠合构件混凝土浇筑前，应检查结合面粗糙度，并应检查及校正预制构件的外露钢筋；

⑤预制底板吊装完后应对板底接缝高差进行校核；当叠合板板底接缝高差不满足设计要求时，应将构件重新起吊，通过可调托座进行调节；

⑥预制底板的接缝宽度应满足设计要求。

预制框架结构叠合板吊装流程及控制要点

叠合构件应在后浇混凝土强度达到设计要求后，方可拆除支撑或承受施工荷载。

预制楼板吊装与安装如图 3.34 所示。

(a) 钩住桁架钢筋起吊

(b) 支撑架设

(c) 就位准备

(d) 就位完成

(e) 连接钢筋设置

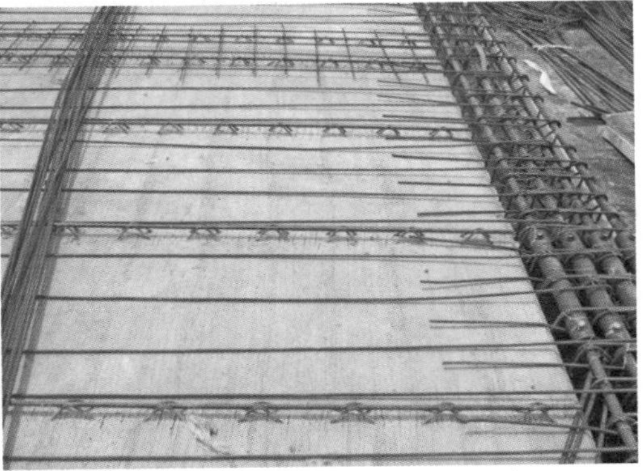

(f) 支座钢筋绑扎

图 3.34　预制楼板吊装与安装

(2)预制柱柱端处理流程

预制框架柱吊装流程及控制要点

处理流程:柱端钢筋定位校正→柱端钢筋位置固定→柱端部进行注浆→在柱端进行补注浆。

柱端施工处理如图 3.35 所示。

(a)柱端钢筋定位校正

(b)柱端钢筋位置固定

(c)柱端部注浆

(d)柱端补充注浆

图 3.35　柱端施工处理

3.4.5　主体结构施工进度计划

该工程主体结构施工进度计划(6 天一层,1 100 m^2)如表 3.3 所示。

表 3.3　施工进度计划

第一天	第二天	第三天	第四天	第五天	第六天
测量放线,外脚手架搭设	莲藕梁吊装,连接部分套筒安装	主次梁吊装,连接部分套筒安装	楼板吊装,莲藕梁注浆	楼板钢筋绑扎	浇筑混凝土
柱吊装,柱调整就位	接头箍筋绑扎	接头箍筋绑扎	接缝钢筋绑扎	预埋件定位	

续表

第一天	第二天	第三天	第四天	第五天	第六天
柱脚注浆，梁支撑搭设	套筒注浆，柱头封堵	套筒注浆		混凝土泵吊装	
	主次梁支撑搭设	楼板支撑搭设			

3.5 装配整体式框架结构施工工艺

3.5.1 特点介绍

(1)标准化施工

以标准层每层、每跨(户)为单元，根据结构特点以及便于构件制作和安装的原则，将结构拆分成不同种类的构件(如墙、梁、板、楼梯等)并绘制结构拆分图。相同类型的构件尽量将截面尺寸和配筋等统一成一个或少数几个种类，同时对钢筋进行逐根定位，并绘制构件图，这样便于标准化生产、安装和质量控制。

(2)现场施工简便

构件标准化和统一化决定了现场施工的规范化和程序化，使施工变得更方便操作，使工人能更好更快地理解施工要领和安装方法。

(3)质量可靠

构件图绘制详细、构件厂加工使得构件质量得到充分保障。构件类型相对较少、形式统一使现场施工标准化、规范化，更便于现场质量控制。外墙采用混凝土外墙，外墙的窗框、涂料或瓷砖均在构件厂与外墙同步完成，很大程度上解决了窗框漏水和墙面渗水的质量通病。

(4)安全

外墙采用预制混凝土外墙，取消了砌体抹灰工作，同时涂料、瓷砖、窗框等外立面工作已经在加工厂完成，大大减少了危险多发区(建筑外立面)的工作量和材料堆放量，使施工安全更有保证。

(5)制作精度高

预制构件加工要求构件截面尺寸误差控制在±3 mm以内，钢筋位置偏差在±2 mm以内，构件安装误差水平位置控制在±3 mm以内，标高误差控制在±2 mm以内。

(6)环保节能效果突出

大部分材料在构件厂加工，标准化、统一化加工减少了材料浪费；现场基本取消湿作业，初装修均采用装配施工，大大减少了建筑垃圾的产生；模板除在梁柱节点的核心区使用外，基本不再使用，大大降低了木材的利用率；钢筋和混凝土现场用量大大减少，降低了水、电现场使用量，同时也减少了施工噪声。

(7)计划和程序管理严密

各种施工措施埋件要反映在构件图中，要求方案的可执行性强，并且施工时严格按照方案和施工程序施工。构件的加工计划、运输计划和每辆车构件的装车顺序应与现场施工计划和吊装计划紧密结合，确保每个构件严格按实际吊装时间进场，保证了安装的连续性，以确保整体工期的实现。

3.5.2　适用范围及原理

本工艺适用装配整体式框架结构的标准层施工，特别适用于柱距单一、各梁板配筋和截面类型相对较少的框架结构标准层施工，或单层面积较小的住宅工程标准层施工。

梁、板等水平构件采用叠合形式，即构件底部（包含底筋、箍筋、底部混凝土）采用工厂预制，面层和伸入支座处（包含面筋）采用现浇。外墙、楼梯等构件除伸入支座处现浇外，其他部分全部预制。每施工段构件现场全部安装完成后统一进行浇筑，这样有效地解决了拼装工程整体性差、抗震性能差的问题。同时也减少了现场钢筋、模板、混凝土的材料用量，简化了现场施工。

构件加工计划、运输计划和每辆车构件装车顺序与现场施工计划、吊装计划紧密结合，确保每个构件严格按实际吊装时间进场，保证了安装的连续性。构件拆分和生产的统一性保证了安装的标准性和规范性，大大提高了工人的工作效率和机械利用率。这些都大大缩短了施工周期和减少了劳动力数量，满足了社会和行业对工期的要求以及解决了劳动力短缺的问题。

外墙采用混凝土外墙，外墙的窗框、涂料或瓷砖均在构件厂与外墙同步完成，很大程度上解决了窗框漏水和墙面渗水的质量通病，并大大减少了外墙装修的工作量，缩短了工期（只需进行局部修补工作）。

3.5.3　施工工艺流程及操作要点

1）工艺流程

装配整体式框架结构施工工艺流程如图 3.36 所示。

2）操作要点

（1）技术准备要点

①所有结构预埋件必须在构件图绘制前将每个埋件进行定位，便于反映在构件图中。

②构件模具生产顺序、构件加工顺序及构件装车顺序必须与现场吊装计划相对应，避免因为构件未加工或装车顺序错误影响现场施工进度。

③构件图出图后，必须第一时间认真核对构件图中的预留预埋部品，确保无遗漏、无错误，避免构件生产后无法满足施工措施和建筑功能的要求。

（2）平面布置要点

①现场硬化采用 20 mm 厚钢板，铺设范围包括常规材料堆场（钢管、支撑、吊具、钢模等）靠放或插放架底部和构件运输车辆行走道路，使用钢板便于周转，有利于环保节能。

②现场车辆行走通道必须能满足车辆可同时进出，避免因道路问题影响吊装衔接。

③塔吊数量需根据构件数量确定（结构构件数量一定，塔吊数量与工期成反比）；塔吊型号和位置根据构件质量和范围确定，原则上距离最重构件和吊装难度最大的构件最近。

（3）吊装前准备要点

①构件吊装前必须整理吊具，并根据构件不同形式和大小安装好吊具，这样既节省吊装时间，又可以保证吊装质量和安全。

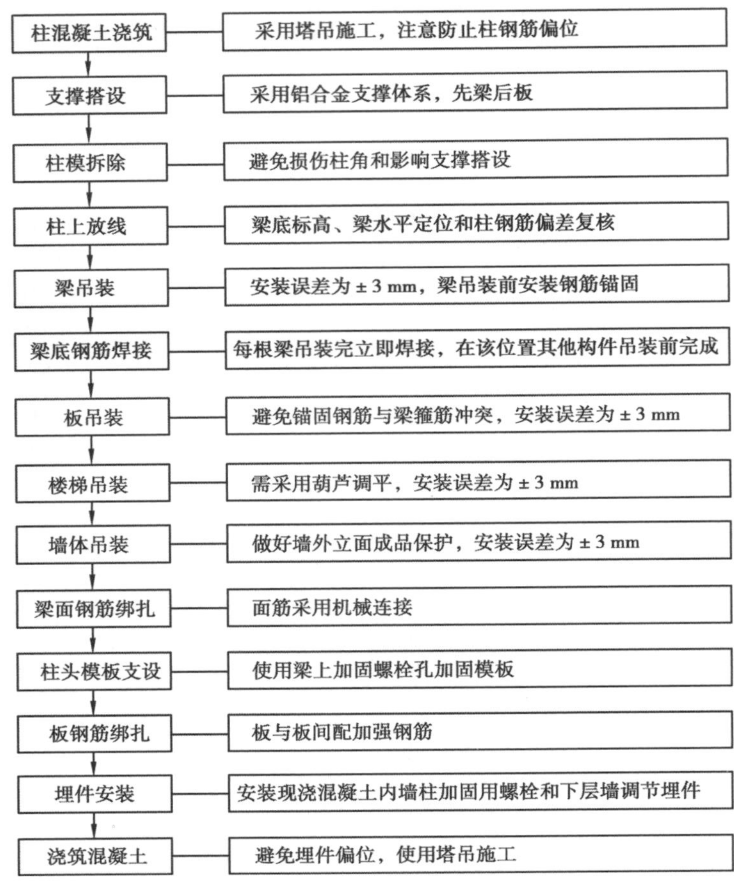

图 3.36　装配整体式框架结构施工工艺流程

②构件必须根据吊装顺序进行装车，避免现场转运和查找。

③构件进场后根据构件标号和吊装计划在构件上标出序号，并在图纸上标出序号位置。这样可直观表示出构件位置，便于吊装和指挥操作，减少误吊。

④所有构件吊装前必须在相关构件上将各个截面的控制线提前放好，可节省吊装、调整时间，并有利于质量控制。

⑤墙体吊装前必须将调节工具埋件提前安装在墙体上，可减少吊装时间，并有利于质量控制。

⑥所有构件吊装前下部支撑体系必须完成，且支撑点标高应精确调整。

⑦梁构件吊装前必须测量并修正柱顶标高，确保与梁底标高一致，便于梁就位。

(4)吊装过程要点

预制柱安装与施工控制要点

①构件起吊离开地面时如顶部(表面)未达到水平，必须调整水平后再吊至构件就位处，这样便于钢筋对位和构件落位。

②柱拆模后立即进行钢筋位置复核和调整，确保不会与梁钢筋冲突，避免梁无法就位。

③凸窗、阳台、楼梯、部分梁构件等同一构件上吊点高低有不同的，低处吊点采用葫芦进行拉结。起吊后调平，落位时采用葫芦调整标高。

④梁吊装前柱核心区内先安装一道柱箍筋，梁就位后再安装两道柱箍筋，然后才可进行梁、墙吊装。否则，柱核心区质量无法保证。

⑤梁吊装前，应将所有梁底标高进行统计，有交叉部分梁吊装方案根据先低后高的顺序进行施工。

⑥墙体吊装后才可以进行梁面钢筋绑扎，否则将阻碍墙锚固钢筋伸入梁内。

⑦墙体如果是水平装车，起吊时应先在墙面安装吊具，将墙水平吊至地面后再将吊具移至墙顶。在墙底铺垫轮胎或橡胶垫，进行墙体翻身使其垂直，这样可避免墙底部边角损坏。

(5)梁构件吊装要点

①测量、放线：复核柱钢筋位置，避免与梁钢筋冲突，测量柱顶标高与梁底标高误差，柱上弹出梁边控制线。

预制梁安装与施工控制要点

②构件进场检查：复核构件尺寸和构件质量。

③构件编号：在构件上标明每个构件所属的吊装区域和吊装顺序编号，便于吊装工人辨认。

④吊具安装：根据构件形式选择吊装梁、吊具和螺栓，并安装到位。

⑤起吊、调平：梁吊至离车(地面)20~30 cm，复核梁面水平，并调整调节葫芦，便于梁就位。

⑥梁柱钢筋对位：安全、快速地吊至就位地点上方30~50 cm后，调整梁位置使梁筋与柱筋错开以便于就位，梁边线基本与控制线吻合。

⑦就位：对位后缓慢下落，根据柱上已放出的梁边和梁端控制线，准确就位。

⑧调整：根据控制线对梁端和两侧位置进行精密调整，误差控制在2 mm以内。

⑨调节支撑：梁就位后调节支撑立杆，确保所有立杆全部受力。

(6)板构件吊装要点

①测量、放线：每根梁吊装安装后应弹出相应板构件端部和侧边的控制线，检查支撑搭设情况是否满足要求。

②构件进场检查：复核构件尺寸和构件质量。

③构件编号：在构件上标明每个构件所属的吊装区域和吊装顺序编号，便于吊装工人辨认。

④吊具安装：根据构件形式选择钢梁、吊具和螺栓，并安装到位。

⑤起吊、调平：板吊至离车(地面)20~30 cm，复核板面水平，并调整调节葫芦，便于板就位。

⑥吊运：安全、快速地吊至就位地点上方。

⑦梁板钢筋对位：板吊至柱上方30~50 cm，调整板位置使板锚固筋与梁箍筋错开便于就位，板边线基本与控制线吻合。

⑧就位：对位后缓慢下落，根据梁上已放出的板边和板端控制线，准确就位。

⑨调整：根据控制线对板端和两侧进行精密调整，误差控制在2 mm以内。

⑩调节支撑：板就位后调节支撑立杆，确保所有立杆全部受力。

(7)楼梯构件吊装要点

①测量、放线：楼梯间周边梁板吊装后，测量并弹出相应楼梯构件端部和侧边的控制线。

②构件检查：复核构件尺寸和构件质量。

③构件编号：在构件上标明每个构件所属的吊装区域和吊装顺序编号，便于吊装工人辨认。

④吊具安装：根据构件形式选择钢梁、吊具和螺栓，并在低的一端采用葫芦连接塔吊吊钩和楼梯。

⑤起吊、调平：楼梯吊至离车(地面)20~30 cm，采用水平尺测量踏面水平，并采用葫芦将其

调整水平。

⑥吊运：安全、快速地吊至就位地点上方。

⑦钢筋对位：楼梯吊至梁上方 30~50 cm，调整楼梯位置使上下平台锚固筋与梁箍筋错开，板边线基本与控制线吻合。

⑧就位、调整：根据已放出的楼梯控制线，先保证楼梯两侧准确就位，再使用水平尺和葫芦调节楼梯水平。

⑨调节支撑：就位后调节支撑立杆，确保所有立杆全部受力。

(8)墙体构件吊装要点

内隔墙（混凝土轻质隔墙）安装工艺流程

轻质隔墙板安装工艺流程

外墙挂板安装

①测量、放线：在墙、梁和柱上测量并弹出相应墙构件内、外面和左、右侧及标高的控制线。

②构件进场检查：复核构件尺寸和构件质量。

③构件编号：在构件上标明每个构件所属的吊装区域和吊装顺序编号，便于吊装工人辨认。

④吊具安装：根据构件形式选择钢梁、吊具和螺栓，如有凸窗需采用葫芦连接塔吊吊钩和凸出部位。

⑤安装调节埋件：在其他墙体吊装时，安装调节墙体标高和内外位置的工具埋件，便于节省每个墙体吊装时间。

⑥起吊、调平：墙梯下部吊至离车（地面）20~30 cm，采用水平尺测量顶部水平，并采用葫芦将其调整水平。

⑦吊运：安全、快速地吊至就位地点上方。

⑧钢筋对位：墙体下落至锚固钢筋在梁上方 30~50 cm，调整墙体位置使锚固筋与梁箍筋错开，墙侧边线与控制线吻合。

⑨落位：两侧调整完成后，根据底部内侧控制线缓慢就位。

⑩标高调整：通过标高调节工具埋件，根据柱和墙上的标高控制线调整墙体标高。

⑪墙底位置调整：使用线锤和水平尺和底部内外调节工具埋件调整墙底部水平。

⑫墙立面垂直调整：使用墙体斜拉杆根据线锤和水平尺调整墙内外垂直度。

⑬就位、微调：卸掉塔吊拉力，重复以上 3 个调整步骤至墙体精确就位，保证各面水平、垂直度和标高误差在 3 mm 以内。

3.5.4 设备与人员配备

(1)材料

材料主要包括钢模及配套 U 形卡、角钢、钢模吊具、L 形蝴蝶螺杆、一字形蝴蝶螺杆、斜撑杆、支架架体材料、端头锚、内置螺栓、连墙件、预埋件、安全绳。

(2)机具设备

机具设备如表 3.4 所示。

表 3.4 每个安装小组机设备表

序号	名称	型号规格	单位	数量
1	塔吊	选型	台	1
2	钢梁	20 号工字钢	根	1

续表

序号	名称	型号规格	单位	数量
3	葫芦	3 t	个	4
4	钢丝绳	—	m	若干
5	自动扳手	—	把	4
6	对讲机	—	台	3
7	电焊机	—	台	2

(3)劳动力

劳动力配套如表3.5、表3.6所示。

表3.5　预制加工厂配套人员(每套模具)

序号	工种	人数
1	焊工	1
2	钢筋工	4
3	木工	2
4	电工	1
5	混凝土工	3

表3.6　现场吊装配备人员(每个组)

序号	工种	人数
1	协调员	1
2	起重工	8
3	木工	2
4	司机	1
5	塔吊指挥	2
6	焊工	2
7	测量员	2

3.5.5　质量控制

1)预制构件质量控制

(1)预制构件加工精度

装配整体式混凝土结构中的梁、板和楼梯等构件采用工厂预制,预制构件精度要求高,在施工过程中如果精度无法满足要求将严重影响后续的吊装工作。表3.7为各类构件精度要求。

表3.7　预制构件加工精度

项目	检测项目	要求	检测方法
主控项目	混凝土强度及外观质量	符合《混凝土结构工程施工质量验收规范》(GB 50204—2015)要求	检查构件,查看报告
	吊装标志	清晰无误	按图检查

续表

项目	检测项目		要求	检测方法
一般项目	截面尺寸	长	±6 mm	卷尺
		宽	±4 mm	
		高(厚)	±3 mm	
	梁侧、底平整度		2 mm	4 m 靠尺
	板底平整度		3 mm	
	墙表面平整度		3 mm	
	对角线		2 mm	对角尺或高精度测距器
	底部钢筋间距/长度		5 mm/−3 mm	
	箍筋间距		±5 mm	
	焊接端钢筋翘曲		≤2 mm	
	预埋件定位		±2 mm	
	埋件标高		±3 mm	
	预留孔洞中心线		±5 mm	
	预留孔洞标高		±5 mm	

(2)预制构件加工质量控制流程

预制构件加工质量是工业化生产过程中的重要环节,直接关系下一道吊装工程的施工质量和施工进度。装配整体式结构工程对预制构件的加工精度要求较高,在流程控制上对每道工序必须做到有可追溯性。

预制构件质量控制流程如图 3.37 所示。

2)现浇部分质量控制

(1)控制重点

控制重点包括柱网轴线偏差控制、楼层标高控制、柱核心区钢筋定位控制、柱垂直度控制、柱首次浇筑后顶部与预制梁接槎处平整度和标高控制、叠合层内后置埋件精度控制、连续梁在中间支座处底部钢筋焊接质量控制、叠合板在柱边处表面平整度控制、屋面框架梁柱处面筋节点施工质量控制。

(2)柱轴线允许偏差

柱轴线允许偏差必须满足《工程测量通用规范》(GB 55018—2021)要求,测量控制按由高至低的级别进行布控,允许偏差不得大于 3 mm。

(3)标高控制

标高控制是在建筑物周边设置控制点,以便于相互检测。每层标高允许误差不大于 3 mm,全层标高允许误差不大于 15 mm。

(4)钢筋定位

装配整体式结构工程在设计过程中就将钢筋布置图绘出,柱每侧竖向钢筋间距必须按照钢

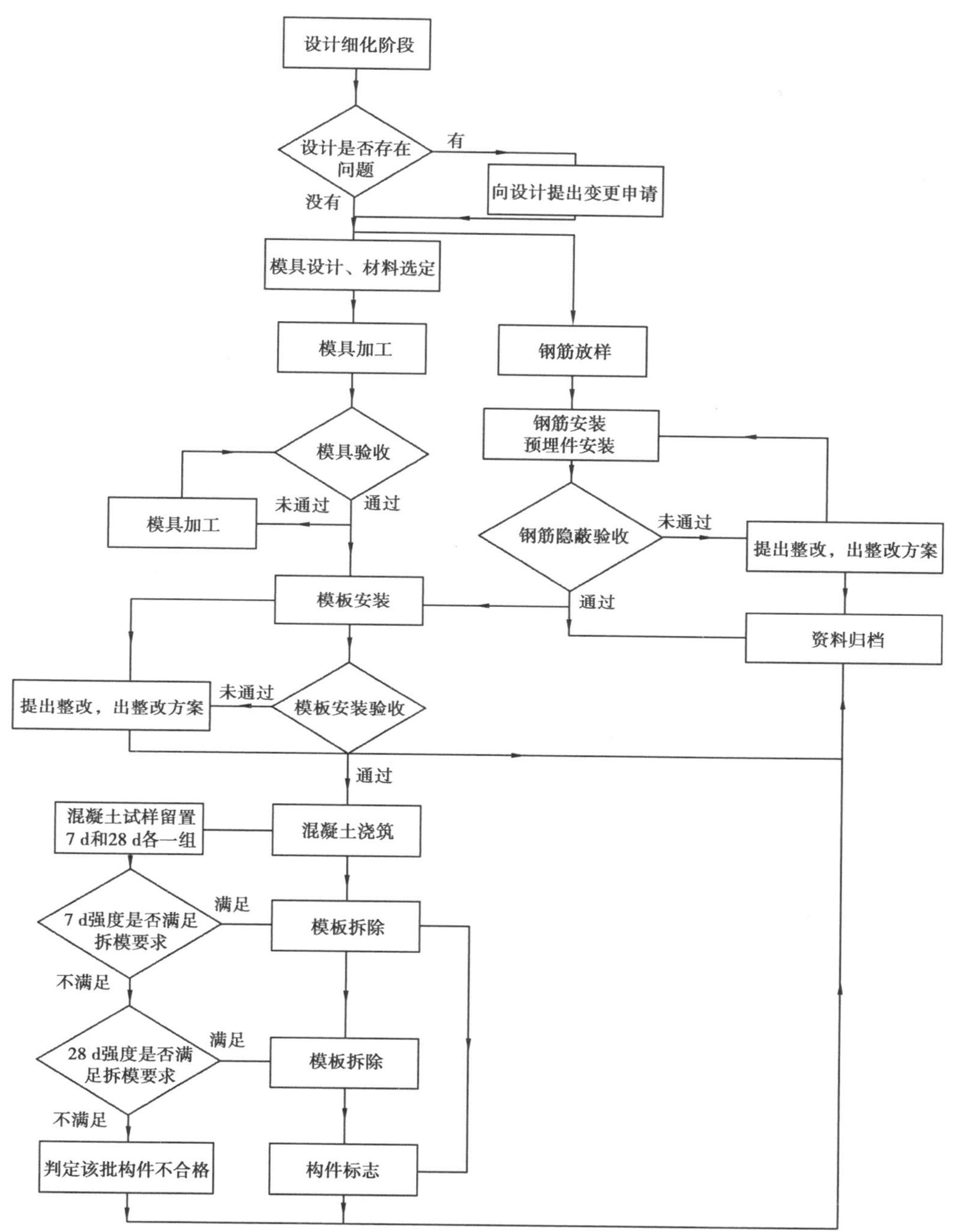

图3.37 预制构件质量控制流程图

筋布置图进行绑扎，以便于预制梁吊装，梁钢筋允许偏差不得大于5 mm。

(5)现浇柱垂直度

混凝土柱独立浇筑时周边无梁板支撑架体，在加固上存在一定难度，因此在叠合梁板混凝土浇筑时须埋设柱模加固埋件。每根柱采用三面斜拉，在浇筑完成后再进行一次垂直度监测，最终监测结果不得大于 3 mm。

(6)现浇柱顶面平整度

柱混凝土浇筑顶面与梁接槎处表面平整度不得大于 2 mm,梁吊装时间尽量在柱浇筑完成 12 h 后进行,以避免吊装时对柱混凝土造成损坏。

(7)预埋件

叠合层内后置埋件分为 3 种,如表 3.8 所示。

表 3.8 叠合层内后置埋件表

序号	埋件种类	特性	允许偏差/mm		
			平整度	标高	中心线偏差
1	配合构件吊装用埋件	吊装时为调整构件位置和固定构件而设的预埋部件	2	±3	2
2	支撑用临时性埋件	为方便模板安装、外架连接和其他临时设施而设的预埋部件	5	±5	20
3	结构永久性埋件	为连接构件、加强结构的整体刚度而设的预埋部件	3	±3	3

(8)钢筋连接

预制梁底部钢筋在中间支座采用帮条熔槽焊,由于接头位置在支座中,焊接操作较困难。验收执行《钢筋焊接及验收规程》(JGJ 18—2016)要求,进行严格把关。

(9)屋面框架梁钢筋锚固

屋面框架梁节点处钢筋要求向下锚入柱内 1.7 l_{aE},在施工中柱混凝土浇筑后才开始进行梁的吊装,因此施工时将梁弯锚部分在适当部位截成两段,在柱混凝土浇筑时将套好丝的钢筋先埋入柱内,待梁吊装完成后采用直螺纹套筒进行连接。采用这种方法施工首先必须保证预埋钢筋的定位偏差不得大于 5 mm,标高误差不大于±5 mm。具体施工示意如图 3.38 所示。

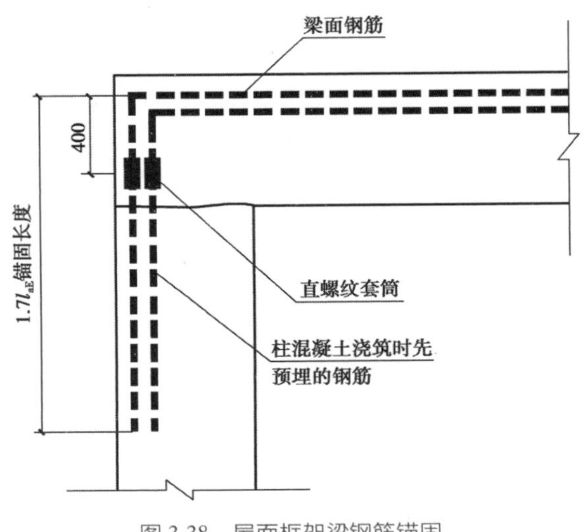

图 3.38 屋面框架梁钢筋锚固

3)吊装质量控制

吊装质量控制是装配整体式混凝土结构工程的重点环节,也是核心内容,主要控制重点是施工测量精度。为保证构件整体拼装的严密性,避免因累计误差超过允许偏差值而使后续构件无法正常吊装就位等问题出现,吊装前须对所有吊装控制线进行认真的复检。

(1)吊装质量控制流程

吊装质量控制流程如图3.39所示。

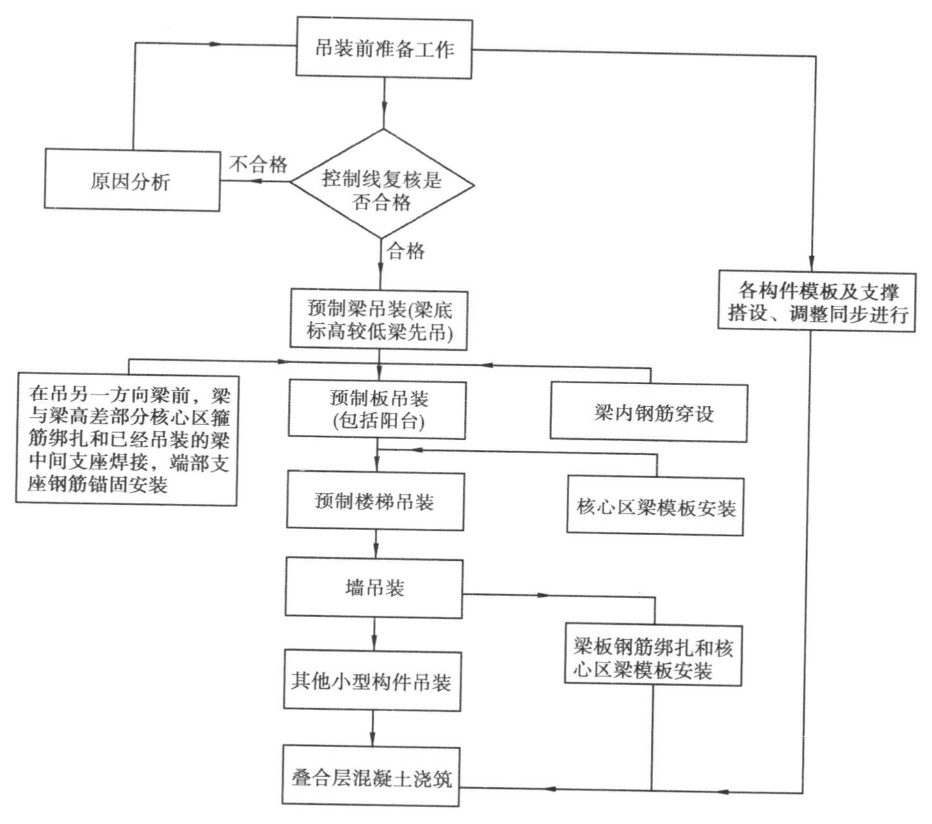

图3.39　构件吊装质量控制流程图

(2)梁吊装控制

①梁吊装顺序应遵循先主梁后次梁、先低后高(梁底标高)的原则。

②吊装前,根据吊装顺序检查构件装车顺序是否对应,梁吊装标志是否正确。

③梁底支撑标高必须高出梁底结构标高2 mm,使支撑充分受力,避免预制梁底开裂。由于装配整体式结构工程构件不是整体预制,吊装就位后不能承受自身荷载,因此梁底支撑不得大于2 m,每根支撑间高差不得大于1.5 mm、标高差不得大于3 mm。

(3)板吊装控制

①板吊装顺序尽量依次铺开,不宜间隔吊装。

②板底支撑与梁支撑基本相同,板底支撑间距不得大于2 m,每根支撑间高差不得大于2 mm、标高差不得大于3 mm,悬挑板外端比内端支撑尽量调高2 mm。

③每块板吊装就位后偏差不得大于 2 mm，累计误差不得大于 5 mm。

(4)墙吊装控制

①吊装前对外墙分割线进行统筹分割，尽量将现浇结构的施工误差进行平差，防止预制构件因误差累积而无法进行。

②吊装顺序与板的吊装基本一致，吊装应依次铺开，不宜间隔吊装。

③预制墙体调整顺序：预制墙底部有两组调节件和预制墙中部一组斜拉杆件，每组分为 B 类(标高调整)和 C 类(面外调整)；埋件与叠加层梁的埋件对应使用，底部调整完后进行上部调整，最后进行统一调整。

④墙吊装时，应事先将对应结构标高线标于构件内侧，便于吊装标高控制，误差不得大于 2 mm；预制墙吊装就位后标高允许偏差不大于 4 mm，全层不得大于 8 mm，定位不大于 3 mm。

(5)其他小型构件吊装

其他小型构件的吊装标高控制不得大于 5 mm，定位控制不大于 8 mm。

(6)吊装注意事项

①吊装前准备工作充分到位。

②吊装顺序合理，班前质量技术交底清晰明了。

③构件吊装标志简单易懂。

④吊装人员作业时必须分工明确，协调合作意识强。

⑤指挥人员指令清晰，不得含糊不清。

⑥工序检验到位，工序质量控制必须做到有可追溯性。

3.5.6 安全措施与环境保护

(1)安全措施

①进入施工现场必须戴安全帽，操作人员要持证上岗，严格遵守《建筑施工安全检查标准》(JGJ 59—2011)、《建筑施工扣件式钢管脚手架安全技术规范》(JGJ 130—2011)及所在省建筑施工安全管理标准和企业有关安全操作规程。

②吊装前必须检查吊具、钢梁、葫芦、钢丝绳等起重用品的性能是否完好。

③严格遵守现场的安全规章制度，所有人员必须参加大型安全活动。

④正确使用安全带、安全帽等安全工具。

⑤特种施工人员应持证上岗。

⑥对于安全负责人的指令，要自上而下贯彻到最末端，确保对程序、要点进行完整的传达和指示。

⑦在吊装区域、安装区域设置临时围栏、警示标志，临时拆除安全设施(洞口保护网、洞口水平防护)时也一定要取得安全负责人的许可，离开操作场所时需要对安全设施进行复位。工人禁止在吊装范围下方穿越。

⑧梁板吊装前在梁、板上提前将安全立杆和安全维护绳安装到位，为吊装时工人佩戴安全带提供连接点。

⑨在吊装期间，所有人员进入操作层必须系安全带。

⑩操作结束时，一定要收拾现场、整理整顿，特别在结束后要对工具进行清点。

⑪需要进行动火作业时，首先要拿到动火许可证。作业时要充分注意防火，准备灭火器等灭火设备。

⑫高空作业人员必须保持身体状况良好。

⑬构件起重作业时，必须由起重工进行操作，吊装工进行安装。禁止无证人员进行起重、安装操作。

(2)环保措施

①施工现场实行硬化：工地内外通道、临时设施、材料堆放地、加工场、仓库地面等进行混凝土硬化，并保持清洁卫生，避免扬尘污染周围环境。

②施工现场必须保证道路畅通、场地平整，无大面积积水，场内设置连续、通畅的排水系统。

③施工现场各类材料分别集中堆放整齐，并悬挂标志牌，严禁乱堆乱放，不得占用施工便道，并做好防护隔离。

④合理安排施工顺序，均衡施工，避免同时操作，集中产生噪声，增加噪声排放量。

⑤对起重设备清洗时，注意设置容器接油，防止油污染地面。废弃棉纱应按有毒有害废弃物进行收集和管理。

⑥教育全体人员应提高防噪扰民意识。禁止构件运输车辆高速运行，并禁止鸣笛，材料运输车辆停车卸料时应熄火。

⑦构件运输、装卸应防止不必要的噪声产生，施工严禁敲打构件、钢管等。

3.5.7 效益分析

(1)经济效益

装配式建筑建造速度快，能使资金早日回笼，提高资金周转率，这对房地产企业极其重要。目前，虽然在小批量建造情况下，住宅建造成本有提高，但在规模化生产后其成本的增加能够控制在15%~20%。在未来面临劳动力资源短缺、劳动力成本大幅提升的情况下，装配式建筑的优势将更加明显。

(2)工期方面

外墙板的外墙面砖、窗框等已在工厂做好，局部打胶、涂料等工序仅用吊篮就可以进行，外装修不占用总工期。就一栋20层左右的建筑而言，可节约工期3~4个月。全面实行结构、安装、装修等设计与加工标准化后，施工速度将会更快。

(3)质量方面

瓷砖在工厂里就和混凝土牢固地黏结，根治了外墙常有渗漏、裂缝的通病。大部分构件实现了工厂化制作，减少了因手工现场操作而产生的质量通病。

(4)安全方面

采用传统住宅施工方式，大量的工人聚集在现场，交叉作业多，容易出现高空坠落、物体打击、触电等伤害。而装配式建筑通过把大量的作业转移到工厂，现场工人数量大大减少(最多可减少80%以上)，减小现场安全事故的发生频率。

(5)社会效益

该项技术操作简便、安全可靠，可确保工程质量，安装时间显著缩短，较之传统施工方法节约人工30%；节约常规周转材料约8%；内外装饰工期短，竣工时间可提前约20%；基本避免现场湿作业,减少建筑垃圾约70%,节约施工用水约50%,大量减少了噪声污染,在节能环保方面优势明显。

3.6 工程实例

某工程位于深圳市龙岗区坂田片区第五园住宅区内,试验楼根据业主要求采用工厂化生产、现场安装的建造工艺,以提高建筑质量,缩短建造周期。建筑面积为654.30 m^2,建筑基底面积为280 m^2,建筑总高度为9.300 m,建筑耐火等级为一级,抗震设防烈度为7度。除柱和少量现浇楼板外,墙板、楼板、楼梯等均为预制构件。试验楼外墙和楼板为叠合构造,公寓楼外墙为预制墙板,结构已封顶(图3.40)。

(a)构件运输　(b)柱翻身

(c)柱吊装　(d)柱就位

(e)柱轴线位置调整固定　(f)预制梁吊装

(g)预制梁就位

(h)预制梁顶撑调整

(i)预制叠合板吊装

(j)预制叠合板安装就位

(k)预制楼梯吊装

(l)预制楼梯吊装就位

(m)预制楼梯钢筋调整入梁

(n)预制楼梯顶撑

(o)预制外墙板吊装

(p)预制外墙板吊装就位

(q)预制外墙板水平位置调整固定

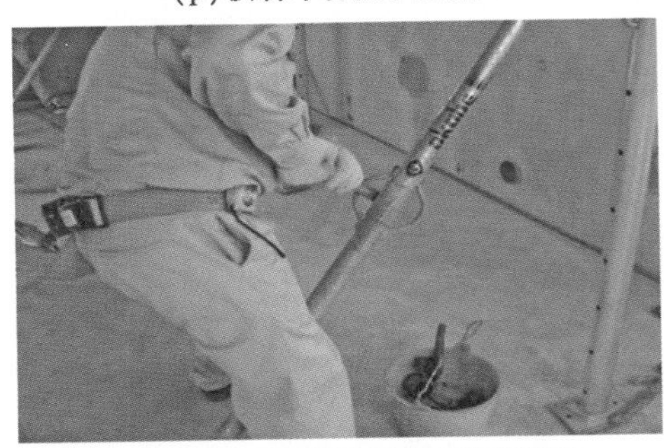

(r)预制外墙板垂直度整固定

(s)试验楼

(t)工程全貌

图 3.40　施工流程及重点工序

课后习题

3.1 国家和行业现行规范、标准对装配式框架结构施工安装与施工组织有哪些要求？

3.2 装配整体式框架结构和现浇框架结构在施工与组织管理上的主要差别体现在哪些方面？

3.3 简述装配式框架结构标准层施工安装的主要流程。

3.4 装配式框架结构有哪些特点？

3.5 简述钢筋套筒灌浆连接施工工艺。

3.6 全装配式混凝土框架结构施工需要做哪些准备？

3.7 简述全装配式混凝土框架结构施工工艺流程。

3.8 全装配式混凝土框架结构主次梁安装施工应注意哪些问题？

3.9 装配式框架结构施工工艺有哪些特点？

模块4 装配式混凝土剪力墙结构施工技术

4.1 装配整体式剪力墙结构技术实例一

4.1.1 工程项目概述

装配整体式剪力墙结构施工技术是一种新型结构体系，其竖向构件剪力墙、柱采用预制，水平构件梁、板采用叠合形式；竖向构件连接节点采用浆锚连接，水平构件与竖向构件连接节点及水平构件间连接节点采用预留钢筋叠合现浇连接，形成整体结构体系。本节以南通市某项目 33 号楼为例，介绍其施工技术。该项目 33 号楼地下 1 层，地上 10 层，高 32.50 m，总建筑面积为 4 556 m^2，剪力墙结构。基础及地下室采用现浇钢筋混凝土结构，地上部分采用装配整体式剪力墙结构。其竖向构件剪力墙、柱、电梯井采用预制，水平构件梁、板采用叠合形式；竖向构件连接节点采用浆锚连接，水平构件与竖向构件连接节点及水平构件间连接节点采用预留钢筋叠合现浇连接，形成整体结构体系。

4.1.2 工艺流程及操作要点

工艺流程为：施工准备→定位放线→预留插筋校正→竖向构件吊装→竖向构件斜支撑安装及校正→浆锚节点灌浆→水平构件吊装→水平构件节点钢筋绑扎→叠合板钢筋绑扎→竖向构件节点钢筋绑扎→节点模板安装→节点及叠合板混凝土浇筑。

1）定位放线

主控线经校正无误后，采用经纬仪将主控线引测到每层楼面，根据竖向构件布置图用标准钢卷尺、经纬仪测量出剪力墙、柱轴线、构件边线、剪力墙暗柱位置线、洞口边线及 200 mm 测量控制线，并在结构面上用墨线弹出。在竖向预制构件 500 mm 高度处弹出标高线，同时将每层 500 mm 标高控制线引测到预留插筋上，并用油漆做标记。

2）预留插筋校正

叠合板混凝土浇筑前，采用钢筋限位框对预留插筋限位，保证钢筋位置准确。混凝土浇筑后，对预留插筋进行位置复核，对中心位置偏差超过 10 mm 的插筋应根据图纸采用 1∶6冷弯矫正，不得烘烤；对个别偏差较大的插筋，应将插筋根部混凝土剔凿至有效高度后再进行冷弯矫正，以确保竖向构件浆锚连接质量。

3）竖向构件吊装

①竖向构件工厂吊装采用桁车吊，施工现场吊装采用塔式起重机，其工作半径、起重量应满足要求。

②平面规则的竖向构件吊装时，应采用两根等长吊索绑扎起吊。吊索吊钩直接钩在竖向构件的预埋吊环内，吊钩与吊环间不得歪扭或卡死，吊索与水平线的夹角不宜小于60°，且不应小于45°。

③对于无横向对称面的竖向构件，应采用2~4根不等长吊索绑扎起吊，每根吊索长度可根据竖向构件重心及绑扎点位置计算确定，必须使绑扎中心（吊索交点）位于通过竖向构件重心的垂直线上。对于无纵向对称面的竖向构件，绑扎时应使两吊索和竖向构件重心同在垂直于竖向构件底面的平面内。

④竖向构件吊至预留插筋上部100 mm时，将预留插筋与竖向构件内注浆管一一对应后，再下放就位。

⑤竖向构件就位前，根据标高控制线在楼面标高误差处设置1~5 mm厚垫铁。竖向构件就位时，根据轴线、构件边线、200 mm测量控制线将竖向构件基本就位后，利用可调式钢管斜支撑将竖向构件与楼面临时固定，确保竖向构件稳定后摘除吊钩。

4）竖向构件斜支撑安装及校正

①根据竖向构件平面布置图及吊装顺序图，对竖向构件进行吊装就位，就位后立即安装斜支撑，每个竖向构件用不少于2组斜支撑进行固定。斜支撑安装在竖向构件同一侧面，上部斜支撑距离底部不宜小于高度的2/3，不应小于高度的1/2。

②检查竖向构件内预埋的M20×70内螺纹套筒，并将紧固螺栓与内螺纹套筒连接；根据计算角度在楼面安装斜支撑，下部用M16×150膨胀螺栓连接固定。

③斜支撑安装时，将上、下连接垫板沿开口方向分别卡在竖向构件及楼面上的连接螺栓内，然后用螺母将斜支撑上、下连接垫板与竖向构件及楼面拧紧。

④通过调节斜支撑活动杆件调整竖向构件的垂直度，并用2 m长靠尺对竖向构件垂直度进行校正。

⑤根据轴线、构件边线、200 mm测量控制线，用2 m长靠尺、塞尺对墙体轴线及竖向构件间平整度进行校正，外墙企口缝接缝应平整、严密。

5）浆锚节点灌浆

①灌浆前应全面检查灌浆孔道、泌水孔、排气孔是否通畅。

②将竖向构件的上下连接处、水平连接处及竖向构件与楼面连接处清理干净，灌浆前24 h应充分浇水湿润表面，灌浆前1 h应吸干积水。

③采用ϕ30 mm PE高压聚乙烯棒对竖向构件的水平及垂直拼缝进行嵌填，棒材嵌入板缝距外表面10 mm，采用抗压强度大于10 MPa的高强水泥浆封堵。

④严格按照产品说明书要求配置灌浆料，先在搅拌桶内加入定量的水，然后将干料倒入，用手持电动搅拌器充分搅拌均匀。搅拌时间从开始投料到搅拌结束应不小于3 min，搅拌时叶片不得提至浆料液面之上，以免带入空气。搅拌后的灌浆料拌合物应在制备后30 min内

用完。

⑤浆锚节点灌浆采用高位漏斗灌浆法，利用提高浆液的位能差满足灌浆要求。

⑥灌浆应连续、缓慢、均匀地进行，单块构件灌浆孔或单独拼缝应一次连续灌满，直至排气管排出的浆液稠度与灌浆口处相同，且没有气泡排出后，将灌浆孔封闭。灌浆结束后应及时将灌浆口及构件表面的浆料清理干净，并将灌浆口表面抹压平整。

6）水平构件吊装

①水平构件包括叠合梁、叠合板、空调板、楼梯等。吊装时，应先吊装叠合梁，再吊装其余水平构件。

②水平构件现场吊装采用塔式起重机，工作半径、起重量应满足吊装要求；吊装时根据水平构件平面布置图及吊装顺序图，对水平构件吊装就位。

③水平构件吊装前，应清理连接部位的灰渣和浮浆；根据标高控制线，复核水平构件支座标高，对偏差部位进行切割、剔凿或修补，以满足构件安装要求。

④根据临时支撑平面图，在楼面上弹出临时支撑点位置，确保上、下层临时支撑处在同一垂直线上。

⑤水平构件采用专用组合横吊梁吊装，根据水平构件的宽度、跨度确定吊点数量，并确保受力均匀。

⑥吊装时先将水平构件吊离地面约 500 mm，检查吊钩是否有歪扭或卡死现象及各吊点受力是否均匀，然后徐徐升钩至水平构件高于安装位置约 1 000 mm，人工将水平构件稳定后使其缓慢下降就位。就位时确保水平构件支座搁置长度满足设计要求，对个别支座搁置长度偏差较大的水平构件用撬棍轻微调整。

7）水平构件临时支撑设置

水平构件就位前，应安装临时支撑，根据标高控制线调节临时支撑高度，控制水平构件标高；临时支撑距水平构件支座处应不大于 500 mm，临时支撑沿水平构件长度方向间距应经安全计算且应小于 2 000 mm；对跨度大于 4 000 mm 的叠合板，板中部应加设临时支撑起拱，起拱高度不大于板跨的 3‰；叠合板临时支撑沿板受力方向安装在板边，使临时支撑上部工具梁位于两块叠合板板缝中间位置，以确保叠合板底拼缝间的平整度。

水平构件安装后，采用干硬性膨胀水泥砂浆将构件拼缝填塞密实。

8）钢筋绑扎

（1）节点钢筋绑扎

①预制构件吊装就位后，根据结构设计图纸，绑扎剪力墙垂直连接节点、梁、板连接节点钢筋。

②钢筋绑扎前，应先校正预留锚筋、箍筋位置及箍筋弯钩角度。

③剪力墙垂直连接节点暗柱、剪力墙受力钢筋采用搭接绑扎，搭接长度应满足规范要求。

④暗梁（叠合梁）纵向受力钢筋采用帮条单面焊接。焊接过程中应及时清渣，焊缝余高应平缓过渡，弧坑应填满。可采用间隔流水焊接或分层流水焊接的方法。

⑤暗梁（叠合梁）钢筋绑扎时，应在箍筋内穿入上排纵向受力钢筋。在主、次梁钢筋交叉处，主梁钢筋在下，次梁钢筋在上。

⑥楼梯节点钢筋绑扎时，将楼梯段锚筋与支座处锚筋分别搭接绑扎，搭接长度应满足规范

要求，同时应确保负弯矩钢筋的有效高度。

(2)叠合板钢筋绑扎

①预制构件吊装就位后，根据结构设计图纸，先绑扎暗梁(叠合梁)钢筋，再绑扎叠合板钢筋。钢筋绑扎前，应先校正预留锚筋位置。

②叠合板受力钢筋与外墙支座处锚筋搭接绑扎，搭接长度应满足规范要求，同时应确保负弯矩钢筋的有效高度。

③叠合板钢筋绑扎完成后，应对剪力墙、柱竖向受力钢筋采用钢筋限位框对预留插筋进行限位，以保证竖向受力钢筋位置准确。

9)节点模板安装

①节点模板安装前，在模板支设处楼面及模板与结构面结合处粘贴 30 mm 宽双面胶带。

②模板使用 M12 对拉螺栓紧固，对拉螺栓外套 ϕ20 塑料管，在塑料管两端与模板接触处分别加设塑料帽，塑料帽外加设海绵止水垫。

③对拉螺栓间距不宜大于 800 mm，上端对拉螺栓距模板上口不宜大于 400 mm，下端对拉螺栓距模板下口不宜大于 200 mm。

10)节点及叠合板混凝土浇筑

①混凝土浇筑前，应将模板内及叠合面垃圾清理干净，并应剔除叠合面松动的石子、浮浆。

②构件表面清理干净后，应在混凝土浇筑前 24 h 对节点及叠合面充分浇水湿润，浇筑前 1 h 吸干积水。

③节点应采用无收缩混凝土浇筑，混凝土强度等级较原结构应提高一级。

④节点混凝土浇筑应采用插入式振捣棒振捣，叠合板混凝土浇筑应采用平板振动器振捣，混凝土应振捣密实。

⑤叠合板混凝土浇筑后 12 h 内应进行覆盖浇水养护。当日平均气温低于 5 ℃时，宜采用薄膜养护，养护时间应满足规范要求。

4.1.3 质量要求

①浆锚节点灌浆应密实，灌浆料 28 d 抗压强度不应低于 50 MPa。

②预制结构构件安装尺寸的允许偏差及检验方法应符合表 4.1 的规定。

表 4.1 预制结构构件安装尺寸的允许偏差及检验方法

项目		允许偏差/mm	检查方法
构件中心线对轴线位置	基础	15	尺量检查
	竖向构件(柱、墙板、桁架)	10	
	水平构件(梁、板)	5	
构件标高	梁、板底面或顶面	±5	水准仪或尺量检查

续表

项目			允许偏差/mm	检查方法
构件垂直度	柱、墙板	<5 m	5	经纬仪量测
		≥5 m 且<10 m	10	
		≥10 m	20	
构件倾斜度	梁、桁架		5	垂线、钢尺量测
相邻构件平整度	板端面		5	钢尺、塞尺量测
	梁、板下表面	抹灰	5	
		不抹灰	3	
	柱、墙板侧表面	外露	5	
		不外露	10	
构件搁置长度	梁、板		±10	尺量检查
支座、支垫中心位置	板、梁、柱、墙板、桁架		±10	尺量检查
接缝宽度	板	<12 m	±10	尺量检查

③预制构件运输时，构件间应采用垫木隔离，上、下垫木应在同一垂直线上，以确保构件棱角不被破坏。

④室内楼梯踏步、墙面阳角应粘贴 10 mm 宽铝角条保护。

4.1.4 施工安全措施

①进入施工现场必须戴好安全帽，操作人员在进行高处作业时，必须正确使用安全带。

②吊装前，必须检查组合横吊梁（铁扁担）、索具、吊钩等起重用品的性能是否可靠。

③起重吊装的指挥人员必须持证上岗，作业时应与驾驶员密切配合，执行规定的指挥信号。驾驶员应听从指挥，信号不清或错误时，驾驶员可拒绝执行。

④禁止在五级及以上大风情况下进行吊装作业。

⑤严禁起吊重物长时间悬挂在空中，作业中遇突发故障，应采取措施将重物降落到安全地方，并切断电源进行检修。突然停电时，应立即把所有控制器拨到零位，断开电源总开关，并采取措施使重物降到地面。

⑥起重机吊钩和吊环严禁补焊，当吊钩和吊环表面有裂纹、严重磨损或危险断面有永久变形时应更换。

⑦用电设备必须配备“三级配电两级保护”，做到“一机一闸一漏一箱”。

4.1.5 环保措施

①工人入场前，应经过环境保护知识培训教育，具备相应的环境保护意识和能力。

②施工现场内外通道、临时设施、材料堆放场地、加工场、仓库地面采用混凝土硬化，并保持清洁卫生，避免扬尘污染周围环境。

③施工现场必须保证道路畅通、场地平整，无积水，现场设置连续、畅通的排水系统。

④施工现场各类材料分别集中堆放整齐，并悬挂标识牌，严禁乱堆乱放，不得占用施工便道，并做好防护隔离。

⑤起重设备清洗时，应设置接油容器，防止油渍污染地面。废弃的棉纱应按有毒有害废弃物进行收集和管理。

⑥合理安排作业时间，减少夜间作业以减少施工时机具噪声污染，避免影响施工现场内或附近居民的休息。

4.1.6　经济效益

装配整体式剪力墙结构房屋与传统现浇结构房屋相比较，单幢造价提高约 13%，建造成本稍有提高，但建筑品质、建筑质量得到大幅度提高，随着规模化生产后成本应与传统现浇结构房屋基本相等。当施工面积达到 20 万 m^2，单位造价与现浇结构相同；当施工面积达到 50 万 m^2，可降低工程造价 15%。预制构件整体装配率达到 90% 以上，与同类型结构传统施工方法比较，施工工期提前 1/3，劳动力用量可减少至 80%，降低劳动强度 60%。

在建造方面，每平方米耗水量减少 63%，木模板使用量减少 87%，垃圾产生量减少 91%，有效降低现场施工噪声、扬尘及建筑垃圾，减轻交通运输压力和垃圾处理成本。

4.2　装配整体式剪力墙结构技术实例二

4.2.1　工程概况

某公租房项目是某市打造建筑产业化千亿产业重点及样板工程，是国内同期单一建设体量最大的住宅产业化项目。项目总建筑面积约为 338 049 m^2，其中住宅面积约为 26.8 万 m^2，配套（含幼儿园）面积约为 5.46 万 m^2，人防地下室面积约为 1.6 万 m^2。单体住宅有 18 层及 24 层两种类型，层高均为 2.8 m。该工程设计合理使用年限为 50 年，结构设计基准期为 50 年，抗震设防烈度为 7 度，安全等级为 2 级。A 户型耐火等级为一级，B 户型耐火等级为二级。

该项目住宅楼 3 层及以上为装配整体式混凝土剪力墙结构，其他部分为现浇混凝土剪力墙结构，总体预制率达 63%。

4.2.2　结构要求及预制构件

（1）结构要求

装配整体式剪力墙结构是由预制混凝土剪力墙墙板构件和现浇混凝土剪力墙构成结构的竖向承重和水平抗侧力体系，通过整体式连接形成的一种钢筋混凝土剪力墙结构形式。要求结构整体性能基本等同现浇，具有与现浇剪力墙结构相似的空间刚度、整体性、承载能力和变形性能，重点是预制剪力墙墙板及其连接（包括混凝土和钢筋），保障是设计标准化、施工装配化和生产工厂化、管理信息化、应用智能化。

(2)预制构件

该项目预制构件包括预制外墙板、预制内墙板、预制叠合板、预制楼梯、预制空调位、预制阳台、预制叠合梁。预制构件在产业化工厂标准化生产,现场装配式组装,对产品尺寸允许偏差和外观质量要求精度高。

4.2.3 施工要点

工艺流程为:浇筑混凝土→放线抄平→预制外墙板吊装→预制内墙板吊装→塞缝灌浆→绑扎墙身钢筋及封板→提升安装外防护架→搭楼板支架及吊装楼面板→安装机电管线→绑扎楼面钢筋→浇筑混凝土。

1)放线抄平

(1)“内控法”放线

在建筑物基础层根据设置的轴线控制桩,用水准仪和经纬仪进行以上各层建筑物的控制轴线投测。根据控制轴线依次放出建筑物的纵横轴线,依据各层控制轴线放出楼层构件的细部位置线和构件控制线,在构件细部位置线内标出编号。轴线放线偏差不得超过 2 mm,放线遇有连续偏差时,应考虑从建筑物中间一条轴线向两侧调整。每栋建筑物设标准水准点 1~2 个,在首层墙、柱上确定控制水平线。以后每完成一层楼面用钢卷尺把首层的控制线传递到上一层楼面的预留钢筋上,用红油漆标示。预制构件在吊装前应在表面标注墙身线及 500 mm 控制线,用水准仪控制每件预制构件水平。楼面混凝土浇筑时,应将墙身预制构件位置的现浇面水平误差控制在±3 mm 内。

根据楼内主控线,放出墙体安装控制线、边线、预制墙体两端安装控制线,如图 4.1 所示。

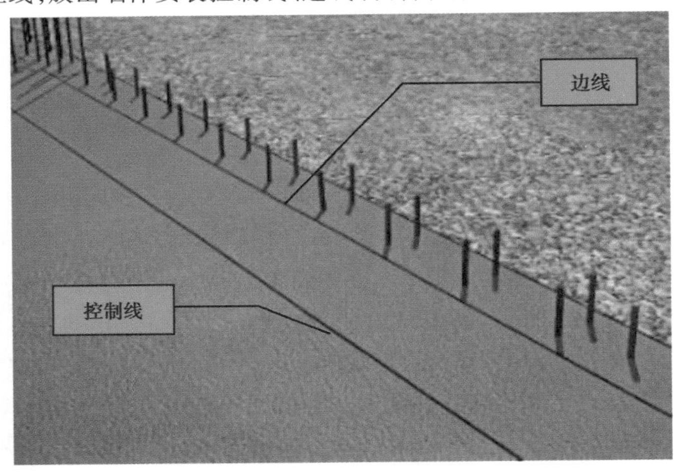

图 4.1 放样控制线

(2)钢筋校正

根据预制墙板定位线,使用钢筋定位框检查预留钢筋位置是否准确,若有较大偏位应及时调整,如图 4.2 所示。

(3)垫片找平

预制墙板下口与楼板间设计有 20 mm 缝隙(灌浆用),吊装预制构件前,在所有构件框架线内取构件总长度 1/4 的两点铁垫片作为找平位置,垫起总厚度为 2 cm;垫片厚度应有 10 mm、5 mm、2 mm 3 种类型,应用垫片厚度不同调节预制构件找平,如图 4.3 所示。

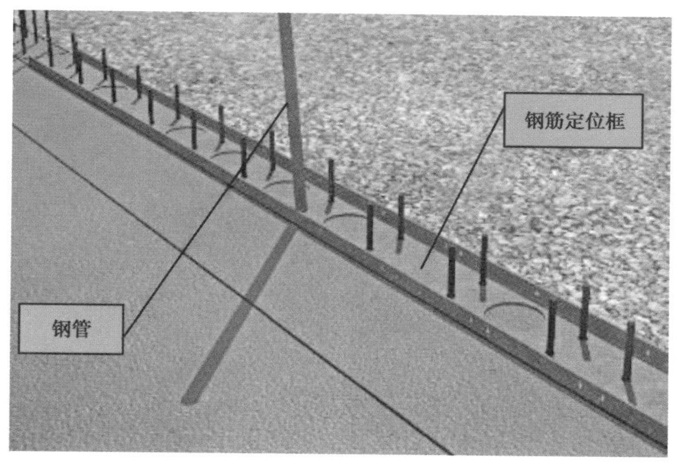

图4.2　钢筋校正

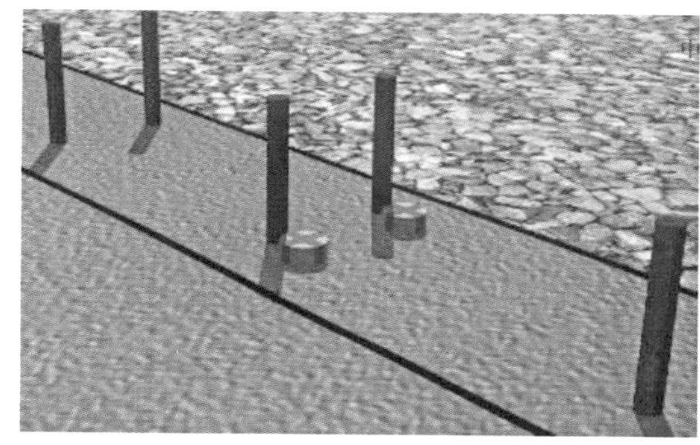

(a)钢垫片放置示意

(b)钢垫片

图4.3　垫片找平

2)预制外墙板吊装

①做好安装前准备工作,对基层插筋部位按图纸依次校正,同时将基层垃圾清理干净,松开支架上用于稳固构件的侧向支撑木楔,做好起吊准备。

②预制外墙板吊装时将吊扣与吊钉进行连接,再将吊链与吊梁连接,要求吊链与吊梁接近垂直。另外,PCF板通过角码连接,角码用于固定预埋在相邻剪力墙及PCF板内螺丝。开始起吊时应缓慢进行,待构件完全脱离支架后可匀速提升,如图4.4所示。

图4.4　预制外墙板吊装

③预制剪力墙就位时，需要人工扶正预埋竖向外露钢筋与预制剪力墙预留孔洞一一对应插入。另外，预制墙体安装时应以先外后内的顺序，相邻剪力墙体连续安装，PCF 板待外剪力墙体吊装完成及调节对位后开始吊装，如图 4.5 所示。

(a) 预制剪力墙吊装

(b) 预制剪力墙插筋

图 4.5　预制剪力墙就位

④为防止预制剪力墙倾斜等，预制剪力墙就位后，应及时用螺栓和膨胀螺丝将可调节斜支撑固定在构件及现浇完成的楼板面上。通过调整斜支撑和底部的固定角码对预制剪力墙各墙面进行垂直平整检测并校正，直到预制剪力墙达到设计要求范围，随即固定，如图 4.6 所示。

(a) 斜支撑固定

(b) 角码固定

图 4.6　预制剪力墙固定

⑤待预制构件的斜向支撑及固定角码全部安装完成后方可摘钩，进行下一件预制构件的吊装，同时，对已完成吊装的预制墙板进行校正。

预制墙板垂直方向校正措施：构件垂直度调节采用可调节斜支撑，每一块预制部品在一侧设置两道可调节斜支撑，用 4.8 级 $\phi16\times40$ 螺栓将斜支撑固定在预制构件上，底部用预埋螺栓将斜支撑固定在楼板上，通过对斜支撑上的调节把手转动产生的推拉校正垂直方向，校正后应将调节把手用铁丝锁死，以防人为松动，保证安全，如图 4.7 所示。

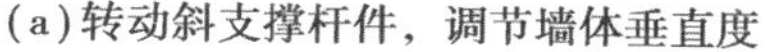

(a)转动斜支撑杆件，调节墙体垂直度

(b)斜支撑紧固

图 4.7　预制墙板校正

3)塞缝灌浆

(1)灌浆材料机械用具准备

①与灌浆套筒匹配的灌胶料、普通灌浆料、坐浆料、塞缝料。

②压力灌浆泵(图 4.8)、应急用手动灌浆枪、电动搅拌器、电子秤、水桶、搅拌桶。

图 4.8　压力灌浆泵

塞缝灌浆
工艺流程

③垫片、橡胶条、胶塞等如图 4.9 所示。

④灌浆料流动度检测(60 mm 高截锥圆模、500 mm×500 mm 玻璃板)如图4.10 所示。

(2)内、外墙灌浆作业

外墙板外侧及墙宽度范围属封闭位置,预制件吊装后,该位置无法进行后续封堵。因此,外墙板外侧应于吊装前在相应位置粘贴 30 mm×30 mm 橡胶条。粘贴位置应位于 30 mm 保温材料处,以不占用结构混凝土位置为宜。墙宽度范围内也应置于暗柱钢筋外 100 mm 处非结构区域粘贴橡胶条,如图 4.11 所示。

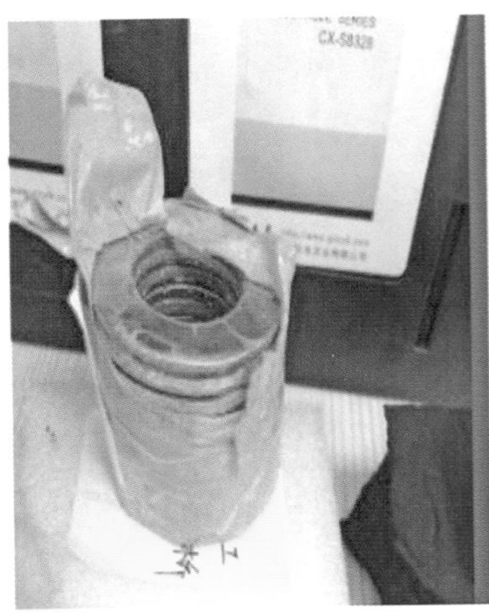

(a) 垫片

(b) 橡胶条

图 4.9　垫片和橡胶条

图 4.10　灌浆料流动度检测

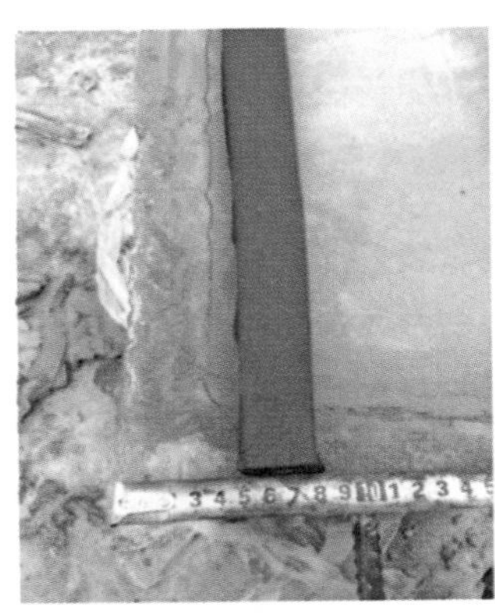

(a) 外墙板隐蔽位置粘贴 3 cm橡胶条

(b) 墙宽范围内隐蔽位置粘贴橡胶条分仓

(c) 完成外墙板底部吊装前准备工作

图 4.11　粘贴橡胶条

外墙板校正完成后，使用塞缝料将外墙板外露面（非隐蔽可后续操作面）与楼面间的缝隙填嵌密实，与吊装前粘贴的橡胶条牢固连接形成密闭空间。

内墙板校正完成后，也使用塞缝料将内墙板外露面与楼面间的缝隙填嵌密实，与吊装前铺设的坐浆料牢固连接形成密闭空间。

除插灌浆嘴的灌浆孔以外，其他灌浆孔使用橡皮塞封堵密实。

灌浆应使用灌浆专用设备，并严格按厂家当期提供配比调配灌浆料，将配比好的水泥浆料搅拌均匀后倒入灌浆专用设备中，保证灌浆料拌合物的流动度。灌浆料拌合物应在制备后0.5 h内用完，如图4.12所示。

图4.12　制备灌浆料

使用截锥圆模检查拌合物的流动度，保证流动度不小于300 mm。

将灌浆料拌合物倒入灌浆泵启动灌浆，待灌浆泵嘴流出浆液成线状时，将灌浆嘴插入预制剪力墙预留的下部注浆孔中，按中间向两边扩散的原则开始注浆。根据图纸要求，灌浆分区长度不大于1.5 m。灌浆施工时的环境温度应在5 ℃以上，必要时，应对连接处采取保温加热措施，保证浆料在48 h凝结硬化过程中连接部位温度不低于10 ℃。灌浆后24 h内不得使构件和灌浆层受到震动、碰撞。灌浆操作全过程应由监理人员旁站。

间隔一段时间后，当出浆孔逐个流出圆柱体拌合物时，立即塞入专用胶塞堵住孔口，持压30 s后抽出注浆管，同时快速用专用胶塞堵住该孔。其他预留孔洞依次同样注满，不得漏注，每个灌浆区域必须一次注完，不得进行间隙多次注浆。

出现个别出浆孔未出浆时，应使用钢丝穿过该出浆孔，直至浆液成线状流出。若仍无浆液流出，则使用该出浆孔对应的下排注浆口进行注浆，直至该孔位浆液流出，如图4.13所示。

与灌浆套筒匹配的灌浆料按照每个施工段的所取试块组进行抗压检测。A户型（24层）每层为一个施工段，取样送检一次。B户型（18层）每层有两个施工段（双拼型），每个施工段取样送检一次。每个施工段留置3组试块送检（一组标养、一组同条件养护）。每组3个试块，试块规格为40 mm×40 mm×160 mm，如图4.14所示。

(a)灌浆料拌合物注入

(b)下排灌浆孔封堵

(c)注浆

图 4.13　灌浆施工

图 4.14　制作试块

4)绑扎墙身钢筋及封板

①外墙板校正固定后,外墙板内侧用与预制外墙板相同的保温板塞住预制外墙板与 PCF 板间的缝隙,然后进行后浇带钢筋绑扎;安装时相邻墙体应依次连续安装,固定校正后及时对构件连接处钢筋进行绑扎,以加强构件的整体牢固性,如图 4.15 所示。

图 4.15　绑扎墙身钢筋

②外墙现浇剪力墙节点内模采用木模或钢模,模板拉杆螺栓直径 ϕ12,螺杆间距为 650 mm×650 mm。内墙现浇剪力墙节点采用 50 mm×100 mm 木方作龙骨,18 mm 厚木胶板做面板设置,竖楞净距不大于 150 mm,墙箍采用 ϕ48 钢管、ϕ14 对拉螺杆;第一道柱箍距板面 200 mm,间距为 450~600 mm。对拉螺杆采用可拆卸式,拆模后一并回收利用,螺杆形式以翻样图为基准,如图 4.16所示。

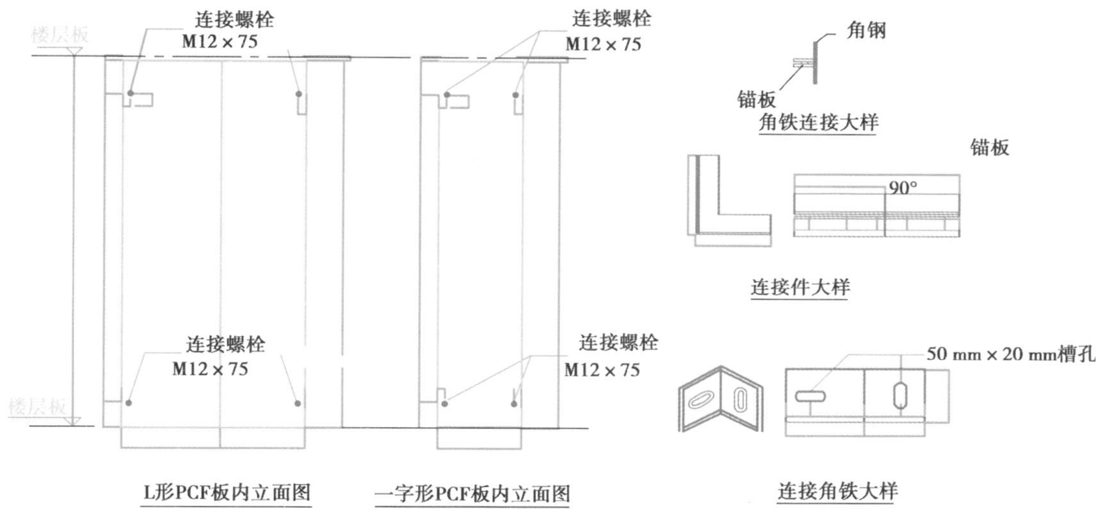

图 4.16　现浇剪力墙节点

③混凝土浇筑应布料均衡。构件接缝混凝土浇筑和振捣应采取措施防止模板、相连接构件、钢筋、预埋件及其定位件移位。节点处混凝土应连续浇筑并确保振捣密实。

④预制墙体斜支撑需在墙体后浇带侧模拆模后方可拆除。后浇带侧模拆除需在混凝土强度能保证其表面及棱角不因拆除模板而受损后,方可拆除。

5)支设预制板下支撑

内外墙安装完成后,按设计位置支设专用三角架可调节支撑(梁、阳台板、空调板、设备平台板为普通 ϕ48×3.5 钢管架支撑:立杆间距为 900 mm×900 mm,步距为 1 500 mm,横向扫地杆距地 20 cm)。每块预制叠合板支撑为 4~6 个,如图 4.17 所示。

(a)安放支撑

(b)预制叠合板起吊

(c)准备就位、调整位置

(d)收钩完成

图 4.17　预制叠合板吊装与安放

将木(铝合金)工字梁放在可调节三角支撑上,方木顶标高为楼面板底标高,转动支撑调节螺丝将所有标高调至设计标高。竖向连续支撑层数不应少于两层,且上下层支撑应在同一直线上。

6)弹板、梁位置线及楼板、梁吊装

根据楼板、梁吊装图在预制墙体上画出板、梁位置线,在板底或侧面事先画好搁置长度位置线,以保证板的定位和搁置长度。

预制楼板起吊时,吊点不应少于 4 个,叠合楼板起吊点设置在桁架钢筋上弦钢筋与斜向腹筋交接处,吊点距离板端为整个板长的 1/5~1/4。预制梁起吊时,吊点不少于两个。预制梁、板吊装必须用专用吊具。

由于预制楼面板面积大、厚度薄,吊装时起升速度要求稳定,覆盖半径要大,下降速度要慢;楼面板应从楼梯间开始向外扩展安装,便于人员操作;安装时两边设专人扶正构件,缓缓下降。

将楼面板校正后,预制楼面板各边均落在剪力墙、现浇梁(叠合梁)上 15 mm,预制楼面板预留钢筋落于支座处后下落,完成预制楼面板的初步安装就位。预制楼板与墙体之间 1 cm 缝隙用干硬性坐浆料堵实。

预制楼面板安装初步就位后,转动调节支撑架的可调节螺丝对楼面板进行三向微调,确保预制部品调整后标高一致、板缝间隙一致。根据剪力墙上 500 mm 控制线校核板顶标高。

7)调整板、梁的位置及整理锚固筋

用撬棍拨动板端,使板两端搭接长度及板间距离符合设计要求。叠合梁、板安装就位后应对水平度、安装位置、标高进行检查。

将板端伸出的锚固筋进行整理,严禁将锚固筋弯折或压在板下,弯钢筋用套管弯防止弯断。

8)预制楼梯安装(图 4.18)

首先支设预制板下钢支撑,按设计位置支设楼梯板专用三角架可调节支撑。每块预制楼梯板支撑为 4 个;长方向在梯板两端平台处各设一组独立钢支撑。下端支撑于平台板处,上端支撑于梯梁底处,B 户型在梯段平台板两端各设一组独立支撑;休息平台处模板支撑体系需上下保持 3 层。

预制楼梯安装前,弹出楼梯构件端部和侧边控制线以及标高控制线。

在安装预制楼梯前，应在现浇位置用C25细石混凝土找平，同时安放钢垫片调整预制楼梯安放标高；预制楼梯分为上下两个梯段，两端楼梯待完成楼面混凝土浇筑后吊装；吊装时，应用一长一短两根钢丝绳将楼梯放坡，保证上下高差相符，顶面和底面平行，便于安装；将楼梯预留孔对正现浇位预留钢筋，缓慢下落。脱钩前，用撬棍调节楼梯段水平方向位置。完成下段楼梯后，安装上段楼梯。

(a)楼梯起吊

(b)准备就位

(c)调整位置

(d)收钩完成

图4.18　预制楼梯安装

吊装完成后，用撬棍拨动楼梯板端，使板两端搭接长度及位置符合设计要求。待楼梯固定后，用连接角铁固定上段楼梯与外墙；最后用聚苯材料对楼梯板端周边缝隙进行填充，锚固孔灌浆锚固。

目前，该结构体系技术标准、设计方法、构造措施等已经纳入《装配式混凝土结构技术规程》(JGJ 1—2014)和北京市、辽宁省等地区装配式剪力墙结构的地方标准中。该体系在某些公租房项目施工实践中获得了成功，取得了良好的效果，缩短了工期，做到了节能、节材和减排，为产业化发展提供了成功的工程范例。

4.3 装配整体式剪力墙结构技术实例三

4.3.1 预制构件运输与堆放

(1)构件运输

工厂化预制构件运输由于城市高架、桥梁道路的限制,建筑预制构件体形高大异型、重心不一,一般运输车辆不适宜装载,因此需要进行改装以降低车辆装载重心高度,并设置车辆运输稳定专用固定支架(图 4.19)。

图 4.19　构件运输

(2)构件堆放

施工现场须设计专用搁置堆放架后才能起用吊装,可采用 3 种堆放架形式:

①对称型堆放基本标准型构件;

②夹杆加强型堆放构件预留洞口较大、整体性差的构件;

③杆件连接支撑型堆放异型、有转角立体型构件(图 4.20)。

图 4.20　构件在现场堆放

4.3.2　预制构件吊装

预制外墙板在运抵施工现场后，经现场管理人员清点数量并核对编号，并采用专用吊具将外墙板吊至结构安装位置（图4.21）。施工人员在将外墙板初步就位后随即设置临时支撑系统与固定限位措施。临时支撑系统由水平连接和斜向可调节螺杆组成，可调节螺杆外管为$\phi52\times6$，中间杆直径为$\phi28$，可调节螺杆在外墙板安装完成后还可起到垂直度调节的作用。

外墙板与楼层面限位固定采用两组L形20号槽钢拼接而成，采用可拆卸螺栓固定。预制叠合板与阳台板在运抵施工现场并清点、核对编号后，采用专用吊具将预制叠合板与阳台板吊到已搭设完毕的临时固定与搁置排架上，由施工人员逐块安装就位（图4.22）。

图4.21　预制构件吊装

图4.22　安装预制叠合板

预制楼梯在运抵施工现场并清点、核对编号后，采用专用吊具将预制楼梯段吊装至楼板预安装位置，并由施工人员安装就位（图4.23）。

图4.23　安装预制楼梯

4.3.3 预制构件固定与校正

因该项目装配精度要求标准与以往预制装配建筑不同，即吊装结构完成面就是建筑装修完成面，把结构、装修两个施工程序并为一次完成。所以，装配精度控制及校正是装配式建筑应用技术的关键。为达到该标准要求，该技术措施主要采用了吊索变距、支撑变幅、顶升变位的三维校正方法，使相邻构件平面装配误差不超过 1 mm，高低误差不超过 2 mm（图 4.24）。

图 4.24 预制构件固定与校正

4.3.4 预制构件与现浇结构连接

该工程两幢装配式建筑分别采用“构件与结构同步连接安装设计”和“先结构，后构件安装设计”两种连接设计形式。

“构件与结构同步连接安装设计”采用 160 mm 厚预制外墙板与框架柱外挂叠合连接。预制外墙板时在板四侧预留企口，并在墙板左右两侧及板顶端预留钢筋，待板安装就位后通过浇筑梁、柱、楼板混凝土将外墙板与结构柱连为一个整体，同时墙板边缘企口相互咬合形成构造空腔，空腔通过导流管与大气连通。外墙缝表面用高分子密封材料封闭。整个建筑外立面均被预制外墙板覆盖，外饰面可在工厂完成，减少高空湿作业，改善工人操作环境；缝的类型较为单一；每条拼接竖缝处有现浇混凝土柱，使水汽渗透路线加长，防水性好；能提高建筑工业化程度，符合建筑工业化要求。

“先结构，后构件安装设计”主体结构为现浇框架-剪力墙结构，外墙采用预制外挂墙板，除首层楼板采用全现浇外，其他层楼板采用钢筋混凝土叠合楼板，局部构件如阳台、楼梯为预制件。上部结构框架柱尺寸为 450 mm×550 mm、450 mm×500 mm、400 mm×400 mm，框架梁高 500 mm，剪力墙厚 200 mm，在两个单元拼接凹口部位拉板以避免平面不规则，控制楼层最大位移与平均位移比为 1.2 左右，以减小扭转影响。叠合板预制板厚 75 mm，宽 2 000 mm 左右，叠合层厚 105 mm。预制外墙板厚 180 mm；外墙板安装就位后，外墙板通过下端预留钢筋与框架梁整浇、上端采用预埋螺栓和框架梁铰接进行固定连接；外墙板与主体结构留有 50 mm 缝隙，外墙板之间有 25 mm 缝隙，外墙板之间、外墙板与主体结构之间可以有一定变形，保证在主体结构受水平荷载作用时外挂墙板不参与受力。通过墙板边缘企口相互咬合形成构造空腔,空腔通过导流管与大气连通。

防水做法为材料密封防水、空腔构造及防水密封条。叠合楼板是将 75 mm 预制楼板固定安装后,整体现浇 105 mm 厚叠合层,与梁现浇成一个整体。

4.3.5　安全保障与质量控制

(1)安全保障

设计应用专门外墙安全围挡体系以适应装配式施工要求,提高效率,因此外墙不搭脚手架。该项目采用的新型插销式移动围栏具有不妨碍构件吊装、轻型可移动、可与预制构件连接一体、成本低、可周转反复使用等特点。

(2)质量控制

施工过程中,按照预制构件的制作及现场施工安装两个大环节进行质量控制。

预制构件制作过程中,对钢模板加工、面砖铺贴、铝窗入模、预埋件及预留洞等多个环节制定严格的检测程序,明确检测项目、检测方法、控制允许偏差等。

针对预制钢模的制作,对钢模的边长、板厚、扭曲变形、对角线误差、预埋件、直角度等方面进行检测控制。面砖入模前,针对面砖质量、面砖颜色、面砖对缝、窗上楣鹰嘴进行检测控制。

预制构件在出厂装车前,对出模混凝土强度、预制板板长、板宽、板高、预制板侧向弯曲及外面翘曲、预制板对角线差等多个方面进行监控。

在预制墙板吊装浇混凝土前,对每层墙板的完好性(放置方式正确与否、有无缺损、裂缝等)、楼层控制墨线位置、面砖对缝、每块外墙板尤其是四大角板的垂直度、紧固度(螺栓帽、三角靠铁、斜撑杆、焊接点等)、阳台、凸窗(支撑牢固、拉结、立体位置准确)、楼梯(支撑牢固、上下对齐、标高)、止水条、金属止浆条(位置正确、牢固、无破坏)、产品保护(窗、瓷砖)、板与板的缝宽等进行检查与纠正。

在整个施工质量控制流程中,制订检测计划表,由厂方、总包单位与监理单位共同验收并签发,使预制构件质量从厂内制作到现场最终安装完毕始终处于受控状态。

通过对该装配式住宅施工案例进行总结,并与传统施工方法进行对比发现:

①所有预制构件采用吊装就位,提高了施工工效。

②现场的模板制作、钢筋绑扎和混凝土浇捣量大大减少。

③施工现场的用水、用电、脚手架等能耗指标明显下降。

④废弃物、噪声及光污染得到有效控制。

⑤铝合金窗框直接预埋在外墙构件中,从工艺上解决了门窗渗漏问题。

⑥主体结构与外饰面砖一次成型,避免不安全脱落和湿作业施工粉尘产生,既安全可靠,又美观大方。

⑦大量采用垂直吊运机械作业,提高了机械化施工程度。

⑧预制构件现场安装就位和精度调整要求高。

⑨施工现场成品种类多,保护难度大。

⑩施工工序控制与施工技术流程的安排更为严密。

⑪现场施工过程中的安全保障措施特殊。

⑫规范化的施工操作对施工人员的技能要求更高。

4.4 某装配式高层住宅操作流程详解

4.4.1 工程概况

某装配式混凝土高层住宅工程共 27 层，总高约 80 m，地下 2 层、地上 27 层，总建筑面积为 11 838 m^2，总高度为 79.85 m，单层面积为395.05 m^2，层高 2.9 m，两梯四户，楼梯形式为剪刀梯。

标准层：外墙板 22 块，内墙板 13 块，叠合板 46 块，8 t 预制悬挑构件 11 块，其他预制构件 10 块，共计 102 块。其中，外墙板为挤塑聚苯板复合夹芯板，最大构件质量为 8 t，楼梯质量为 4 t (图4.25)。现浇混凝土用量为 63.46 m^3。

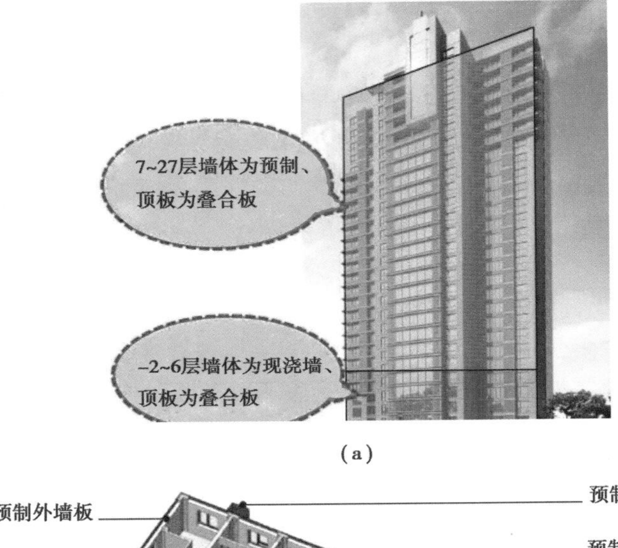

(a)

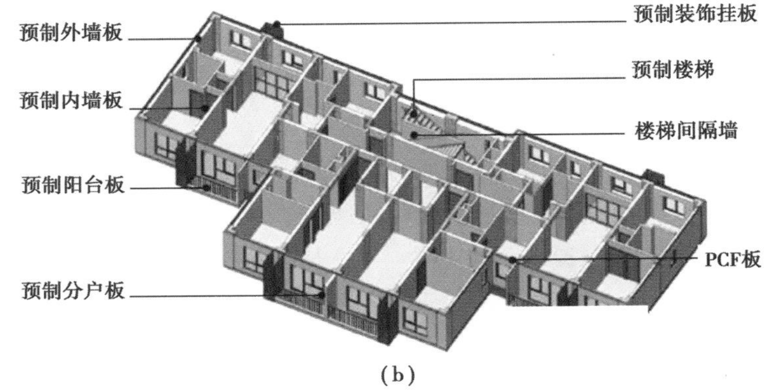

(b)

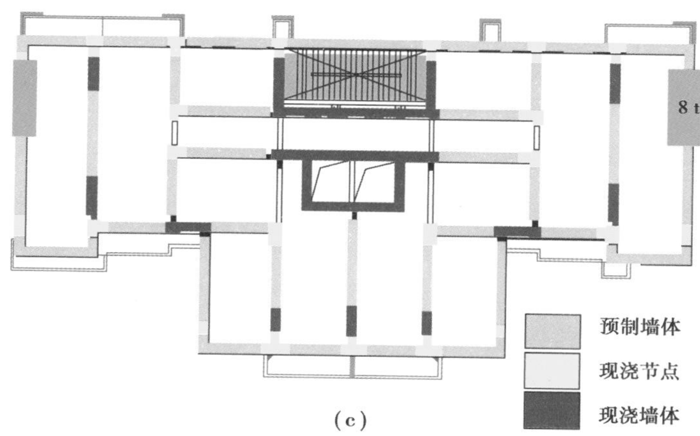

图 4.25 装配式高层剪力墙概况

4.4.2 工程前期策划

住宅产业化前期策划主要包括前期准备阶段策划和使用阶段策划(图 4.26)。施工单位主要策划内容为塔吊选型、构件存放、钢筋定位、工具设计、支撑体系、构件安装工艺等工业化前期策划工作,确保后期顺利实施。

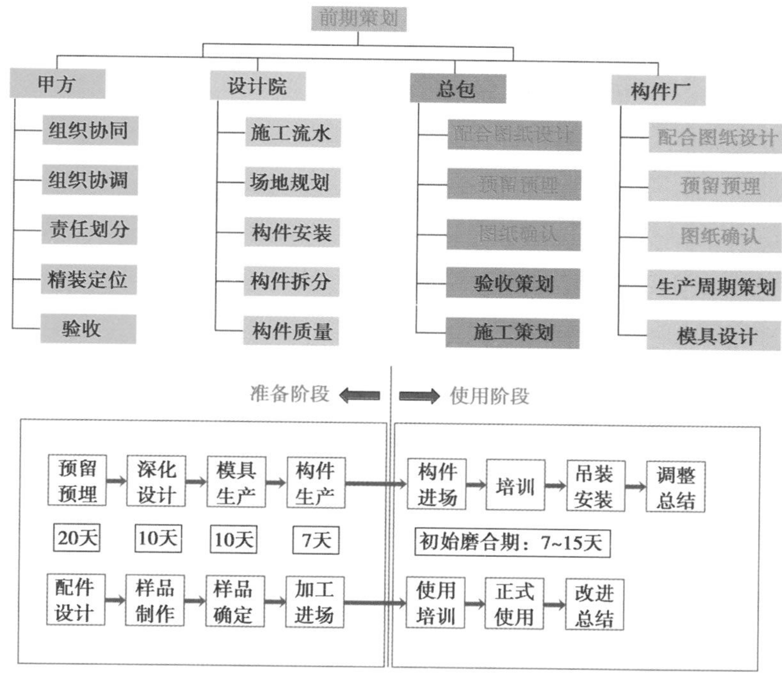

图 4.26 工程前期策划

1）专业班组配备

根据施工工序，项目配备专业施工班组，并对吊装、注浆等工种进行作业培训，确保持证上岗（表 4.2）。

表 4.2 专业班组配备表

班组	吊装	注浆	测量	钢筋	模板	混凝土
人数	6	4	3	7	6	8

2）深化设计

在装配式住宅楼施工前，项目从生产、施工等参建各方角度出发，对构件进行深化设计。

预制墙体深化设计包括斜支撑预埋套筒定位、模板及固定孔位、窗边龙骨固定孔位、构件企口设计、外窗木砖预埋、其他预留孔洞，如图 4.27 所示。

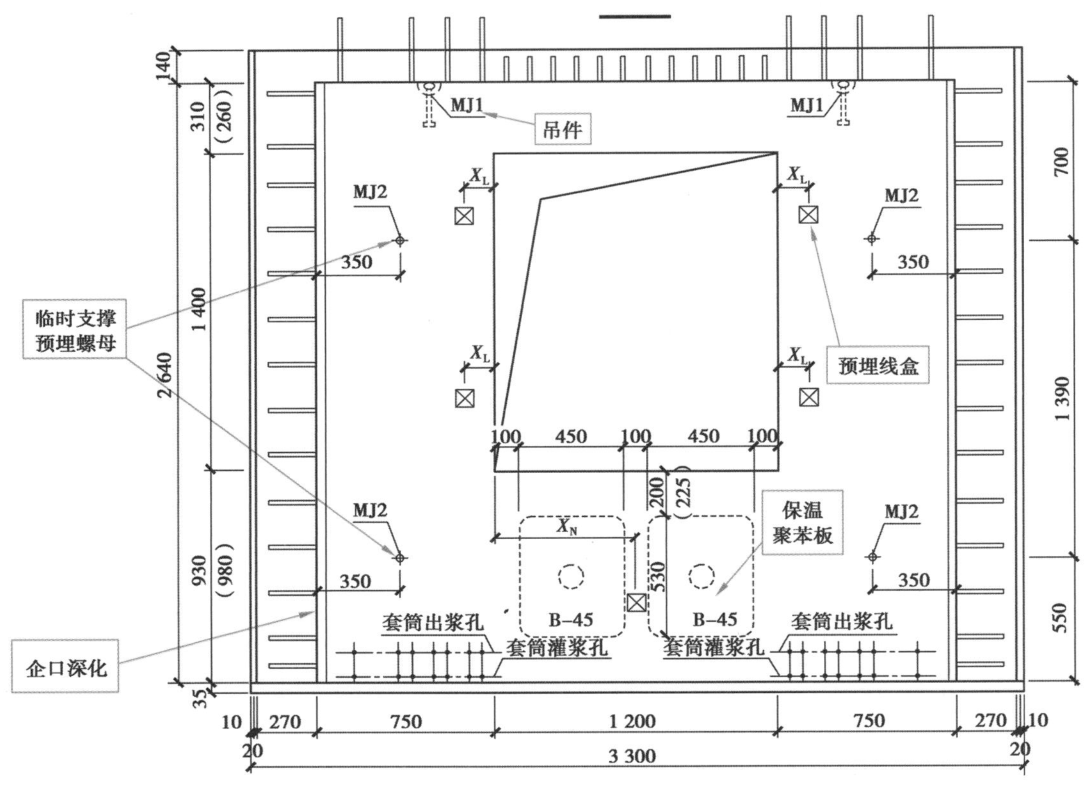

图 4.27 预制墙板深化设计

预制叠合板深化设计包括烟风道洞口、吊点预埋、线盒预埋及板边企口设计等（图 4.28）。

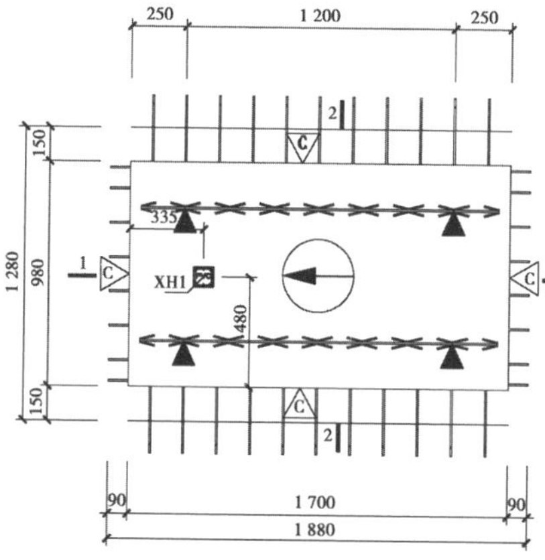

板模板图

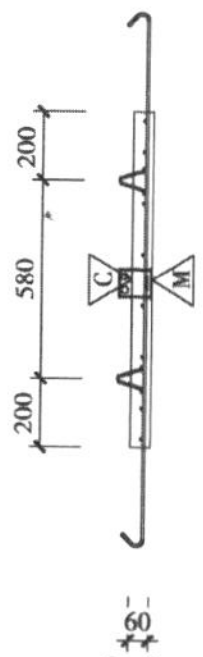

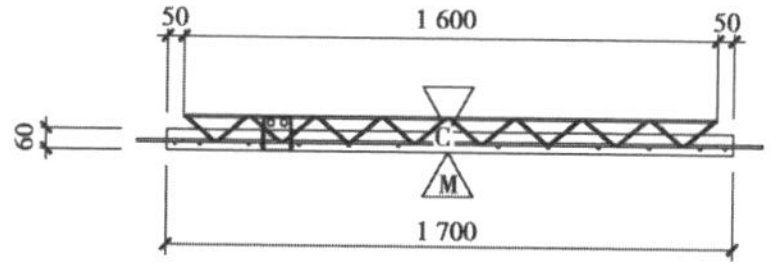

1—1

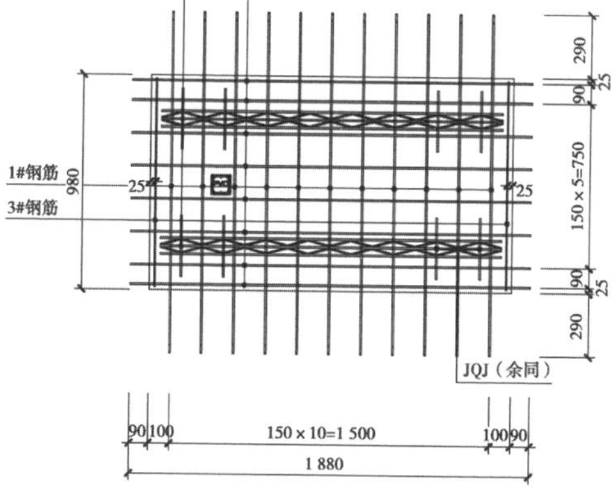

2—2

板配筋图

板三维图

2F-PCB1底板参数表

底板编号	底板厚/mm	叠合板厚/mm	实际板跨/mm	实际板宽/mm	混凝土体积/m³	底板自重/t
2F-PCB1	60	70	1 700	980	0.099	0.248

2F-PCB1底板配筋表

钢筋编号	钢筋规格	钢筋加工外皮尺寸（包括弧长在内的投影长度）	单根长/mm	总长/mm	总重/kg
1#钢筋	11C8	40 1 560 40	1 686	18 546	7.32
2#钢筋	8C8	1 880	1 880	15 040	5.94
3#钢筋	2C6	950	950	1 900	0.42
JQJ	10C8	280	280	2 800	0.88
					合计：14.56 kg

2F-PCB1桁架钢筋表

桁架钢筋规格	道数	单道长度/mm	单根重/kg	总长/mm	总重/kg
A80	2	1 600	2.82	3 200	5.63

2F-PCB1预埋配件明细表

编号	名称	数量	备注
XH1	预埋PVC线盒	1	加高型86线盒，高度100，接ф25锁母

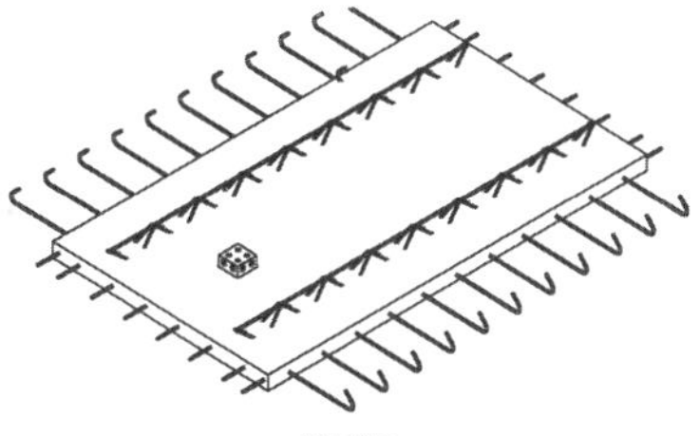

图4.28　预制叠合板深化设计

3)施工策划

项目根据装配式结构特点,在施工前对现场平面布置、塔吊锚固、外梯安装、配件工具、构件存放等项目进行详细策划。

(1)现场平面布置

现场道路满足大型构件车辆进场运输,塔吊性能满足构件卸车区、存放区布置要求(图4.29)。

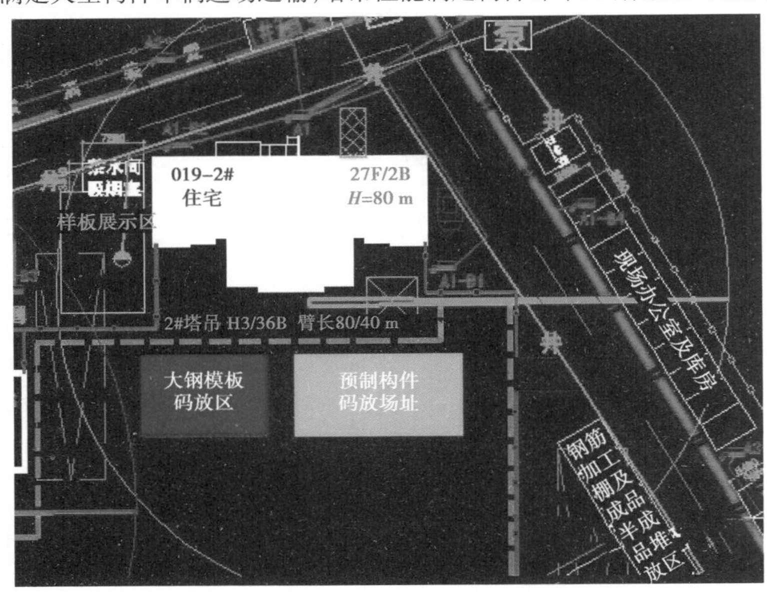

图 4.29　现场平面布置

(2)塔吊锚固

2#装配式住宅楼墙体为预制构件,塔吊采用现浇节点锚固方式,西侧锚固点在现浇节点处预留锚固钢板;东侧锚固点设置在房间内,采用现浇节点预埋钢梁方式锚固(图4.30)。

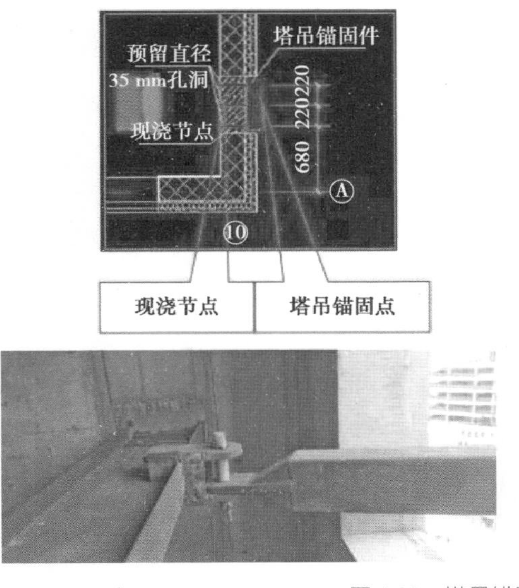

图 4.30　塔吊锚固

(3)外电梯安装

为配合穿插施工,利用装配式住宅线条简明、安装尺寸精准的特点进行外电梯安装。外电梯轿厢安装后与南侧阳台距离仅250 mm,并设置双排平台架(图4.31)。

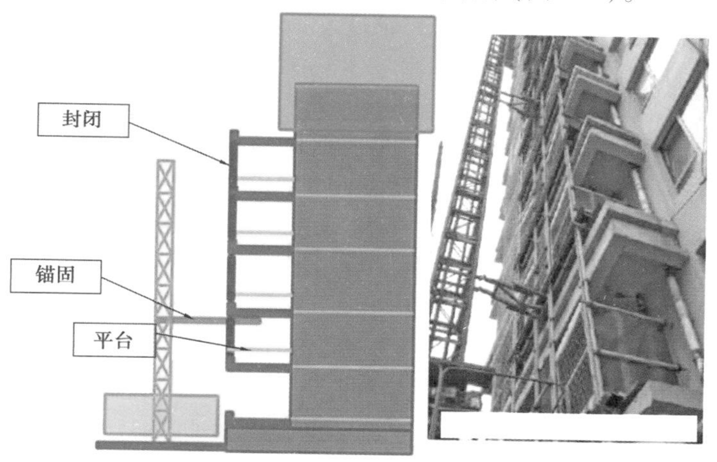

图4.31　施工外电梯安装

(4)构件存放

为节省场地、降低存放架成本,项目在预制墙体进场前自行设计整体预制墙体插放架,以便于预制墙体集中放置(图4.32)。

整体插放架设置

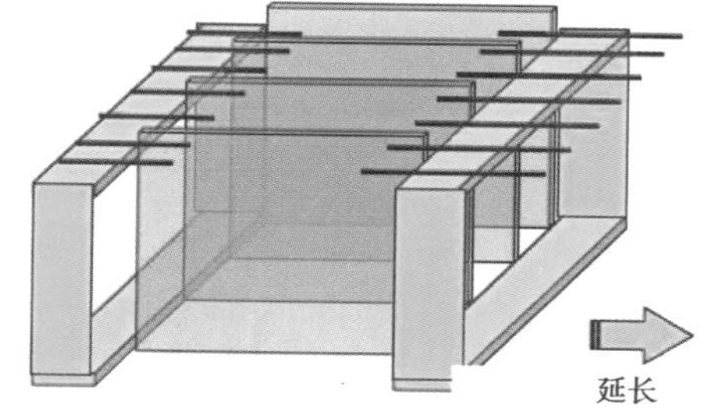

图4.32　构件存放

4)工具配件

工具配件包括楼梯吊件(吊装梁、吊件)、楼梯隔墙吊件(吊装钢板、连接件)、墙体吊件、螺栓(楼梯、隔板、顶板圈边、铝模、斜支撑)、定位钢板、注浆(注浆机、灌浆料拌合物、封堵用胶塞、橡塑棉)。

5)建设单位职责

建设单位职责包括构件生产首件验收、构件安装首段验收。

6)构件厂职责

①构件模板图、配筋图、水电土建预留预埋图等应经设计单位签字确认。

②应编制预制构件生产方案,明确技术质量保证措施,并经企业负责人审批后实施。

③应采购符合设计要求的钢筋、保温板、灌浆套筒等材料,并加强进场材料、钢筋套筒连接

接头、混凝土强度等检验管理。

a.钢筋、水泥:进场复试,按照《混凝土结构工程施工质量验收规范》(GB 50204—2015)中规定执行。

b.保温板:每 5 000 m^2 为一个检验批,每批复试 1 次。

c.灌浆套筒(使用前):同一批号、同一型号、同一规格的灌浆套管,检验批不超过 1 000 个,每批随机抽取 3 个灌浆套筒,做对中接头。

d.灌浆套筒(生产中):500 个接头为一个验收批。

e.混凝土:每拌制 100 盘且不超过 100 m^3 的同配合比混凝土,取样不得少于一次;每工作班拌制的同一配合比的混凝土不足 100 盘时,取样不得少于一次;当一次连续浇筑超过 1 000 m^3 时,同一配合比的混凝土每 200 m^3 取样不得少于一次。

f.连接件:每 10 000 个为一个验收批。

④构件生产过程中,应对丝头加工、接头连接、连接件数量等进行隐蔽验收。

⑤预制构件结构性能检测、夹心保温外墙板传热系数性能检测。

4.4.3 中期实施

中期实施流程如图 4.33 所示。

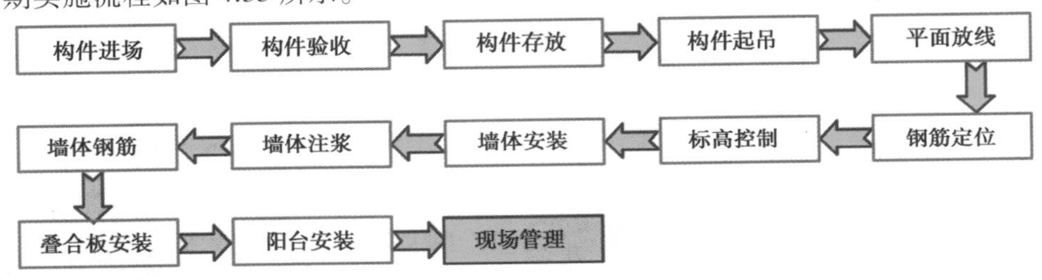

图 4.33 中期实施流程图

1)构件进场检验

构件进场时,项目楼栋工长组织材料、质量、实测、技术相关人员共同对构件外观、质量、尺寸等项目进行联合验收,土建验收项目共 12 项,水电验收项目共 5 项(表 4.3)。

表 4.3 构件进场验收

专业工程	序号	项目	检验标准
土建	1	预制构件合格证书及验收记录	资料齐全
	2	构件外观质量	无开裂破损
	3	窗口	各层连接紧密;保温层砂浆饱满,无保温层外露
	4	预留洞口	位置准确,数量无误
	5	平整度/mm	[0,4]
	6	预制构件截面尺寸/mm	外叶板:120;[-5,5]
	7	预制构件截面尺寸/mm	结构墙:200,250;[-5,5]

续表

专业工程	序号	项目	检验标准
土建	8	灌浆连接钢筋留着长度	—
	9	顶面、侧面、底面凿毛	凿毛深度≥4 mm
	10	预留预埋螺母、套筒	位置准确，数量无误
	11	吊装、运输用吊环	位置准确，规格无误，无裂纹、无过度锈蚀、无颈缩
	12	灌浆套筒是否通畅	通畅无异物，深度符合要求
水电	13	线盒	标高、坐标准确
	14		整洁无异物
	15		统一标高、平整度
	16		统一标高、垂直度
	17	线管	通畅，无直角弯头

2）构件存放

（1）叠合板

叠合板多层叠放时，支点位置及间距经计算确定，应保证其强度、刚度和稳定性，叠放层数不宜超过6层。

注意：为避免不同种类一起码放，由于支点位置不同，会造成叠合板裂缝（图4.34）。如无法避免不同种类混放，应合理设置垫块支点位置，确保预制构件存放稳定，支点应上下对齐，宜与起吊点位置一致。

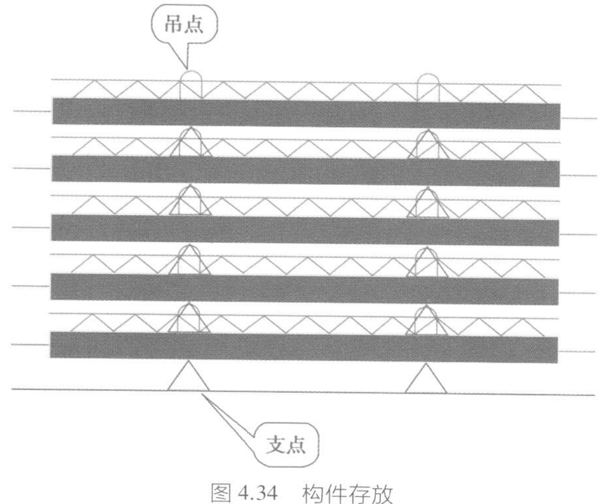

图4.34　构件存放

（2）楼梯

支点与吊点同位；支点木方高度考虑起吊角度；楼梯到场后立即做好成品保护。

注意：起吊时防止端头碰撞；起吊角度应较安装角度大1°~2°；构件存放场地应硬化；构件存放场地应平整（图4.35）。

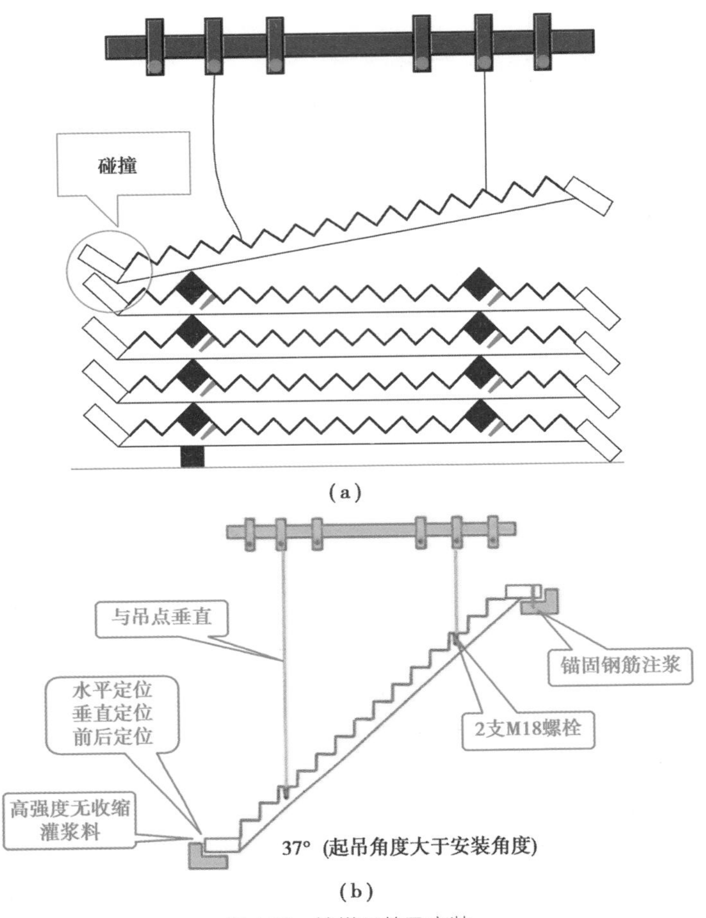

图 4.35　楼梯码放及安装

(3)墙体

支点放置要防止碰撞外叶板,支点木方高度应考虑外叶板高度(图 4.36)。

注意:起吊时防止外叶板碰撞;构件存放场地应硬化;构件存放场地应平整。

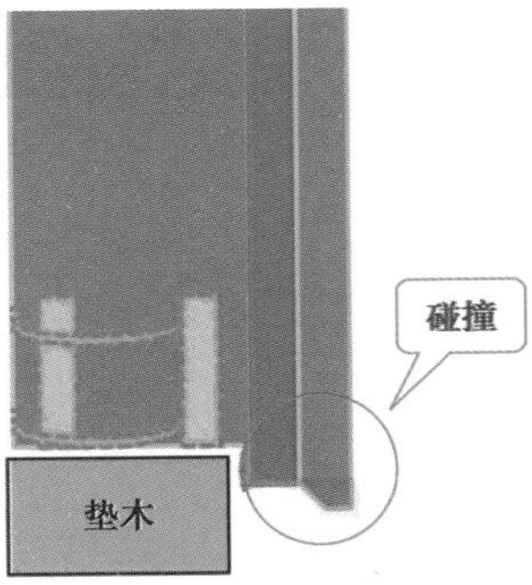

图 4.36　墙体支点设置

3)平面放线

平面放线应注意同向偏差的累加、构件的相对位置与绝对位置、预留钢筋的位置(图 4.37)。

4)钢筋定位

钢筋位置准确是构件顺利安装的关键环节,经反复研究,在定位钢板基础上增加定位套管,有效解决了钢筋位置不准及不垂直的问题(图 4.38)。

钢筋位置验收:构件吊装前,钢筋位置、长度、间距、基层清理等严格验收,确保构件安装准确(图 4.39)。

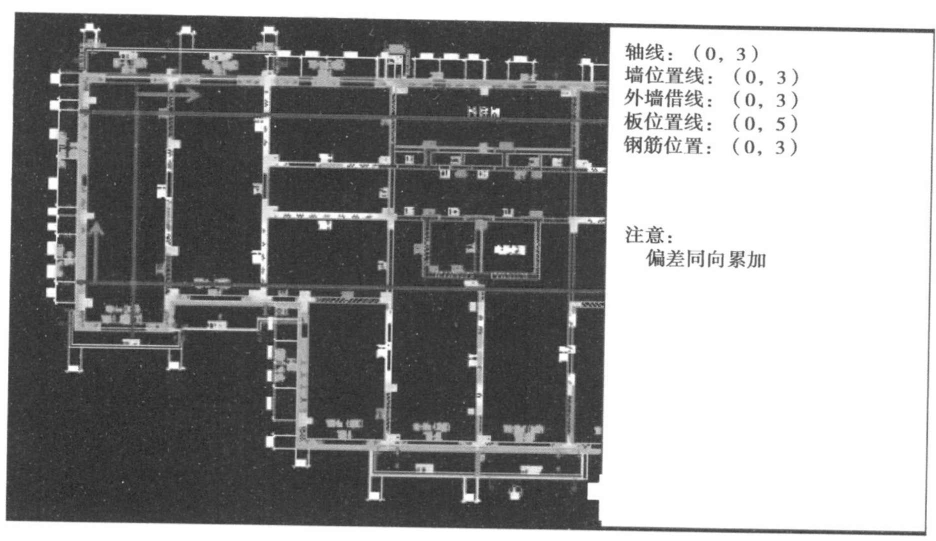

图 4.37　平面放线

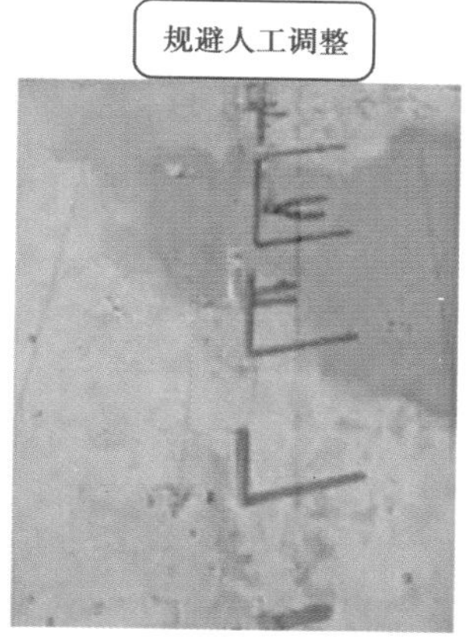

图 4.38　钢筋定位

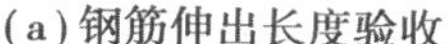

(a)钢筋伸出长度验收

(b)钢筋位置验收

图 4.39　钢筋验收

5)墙体吊装与精准定位

将原有垫片标高控制改进为预埋套筒及螺栓方法控制墙体标高。

可调螺栓具有螺栓固定牢固、丝扣旋转更精准、预埋后调节简便等优点。

为保证预制构件吊装时便于安装,吊装构件时采用吊装梁吊装(图 4.40)。根据吊装需要及通用性,钢扁担上下两侧各开 21 个 50 mm 圆孔。

图 4.40　预制墙体吊装

墙板安装重点是防止聚乙烯棒处漏浆、构件标高控制、构件位置控制、钢筋不得贴套筒壁。

构件位置调整时,垂直度及内外位置使用斜撑调整、左右位置使用施工特制工具、上下使用钩式千斤顶(图 4.41)。

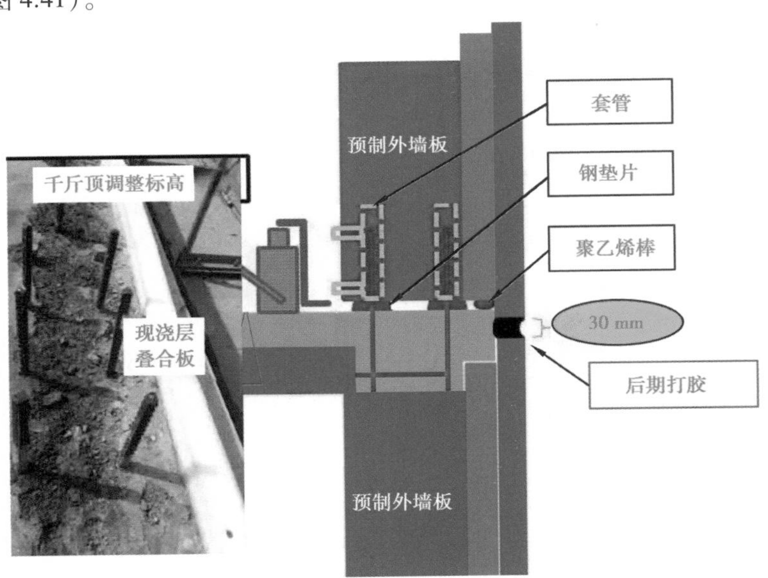

图 4.41　构件位置调整

预制外墙板安装如图 4.42 所示。安装前,按图纸在顶板弹出相应控制线;安装时,按位置控制线就位安装,有偏差时,使用工具及时微调,控制外墙面平整度,控制缝隙偏差。

图 4.42　预制外墙板安装

预留钢筋长度相同，需要多组钢筋同时插入套筒，花费时间较长。解决办法：

①边角设置一根较长的诱导钢筋；

②扩大钢筋插入口，便于钢筋进入（图 4.43）。

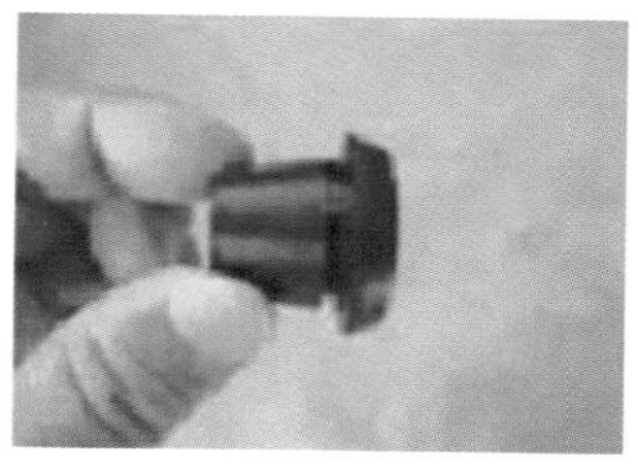

图 4.43　扩大钢筋插入口

工程应重点避免安装精度管理不到位、对精度控制的意识低等不良现象出现，例如：构件生产钢筋定位不准，导致现场钢筋位置偏差；现场墙体位置不准，造成钢筋位置偏差（图 4.44）。

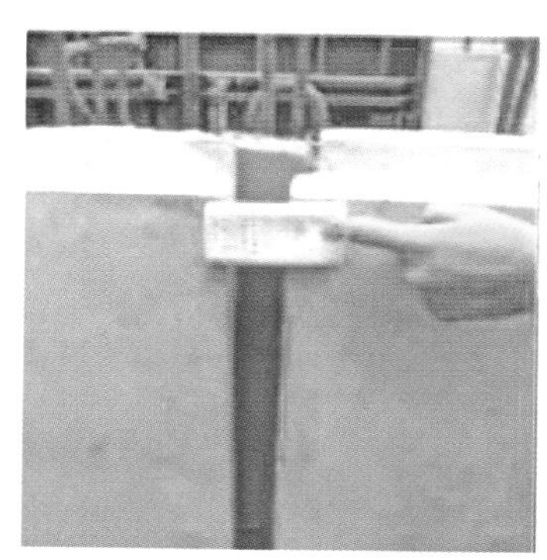

图 4.44　精度控制不到位

针对板面平整度不到位的现象(如安装时只关注内侧,不关注外侧),应使用专用工具控制墙面平整度或设置专项工序的检查验收加以避免(图4.45)。

图4.45　板面平整度不到位

构件吊装中,未使用引导绳安装如图4.46所示。

使用引导大绳便于初始构件定位、定向,可以有效提高安装速度(图4.47)。

图4.46　未使用引导绳吊装阳台

图4.47　使用引导绳吊装构件

构件厚度不够容易破损,导致渗水、冬季冻胀造成外叶墙脱落。建筑防水质量是保证使用功能的重要因素之一,防水效果直接影响建筑物的使用寿命。现场拼装的构配件之间会留下大量的拼装接缝,这些接缝很容易成为渗漏水通道。装配式预制构件、部品、部件在工厂集中加工,标准化生产,自身各项技术指标相对较为稳定,优于施工现场的生产条件。装配式建筑外墙防水重点、难点主要体现在预制外墙板缝间的防水密封及预制构件与现浇结构之间的裂缝控制(图4.48)。

(a)厚度不合格

(b)保护层厚度不够

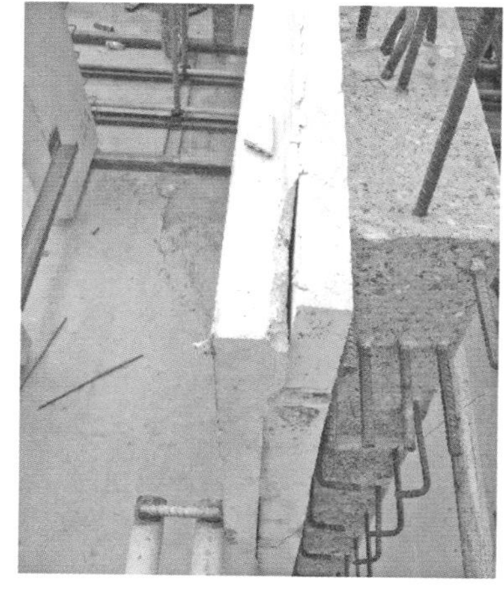

(c)裂缝问题(在构件出厂前及时修复)

(d)节点防渗漏保护

图 4.48　施工质量缺陷

6)钢筋套筒灌浆连接技术

钢筋套筒灌浆连接技术是指带肋钢筋插入内腔为凹凸表面的灌浆套筒,通过向套筒与钢筋的间隙灌注专用高强水泥基灌浆料,灌浆料凝固后将钢筋锚固在套筒内实现固定预制构件的一种钢筋连接技术(图 4.49)。该技术将灌浆套筒预埋在混凝土构件内,在安装现场从预制构件外通过注浆管将灌浆料注入套筒,来完成预制构件钢筋连接,是预制构件中受力钢筋连接的主要形式,主要用于各种装配整体式混凝土结构受力钢筋连接。

钢筋套筒灌浆连接接头由钢筋、灌浆套筒、灌浆料组成,其中灌浆套筒分为半灌浆套筒和全灌浆套筒。半灌浆套筒连接接头一端为灌浆连接,另一端为机械连接。

钢筋套筒灌浆连接施工流程主要包括:预制构件在工厂完成套筒与钢筋连接→套筒在模板上的安装固定和进出浆管道与套筒连接→在建筑施工现场完成构件安装、灌浆腔密封、灌浆料加水拌和及套筒灌浆。

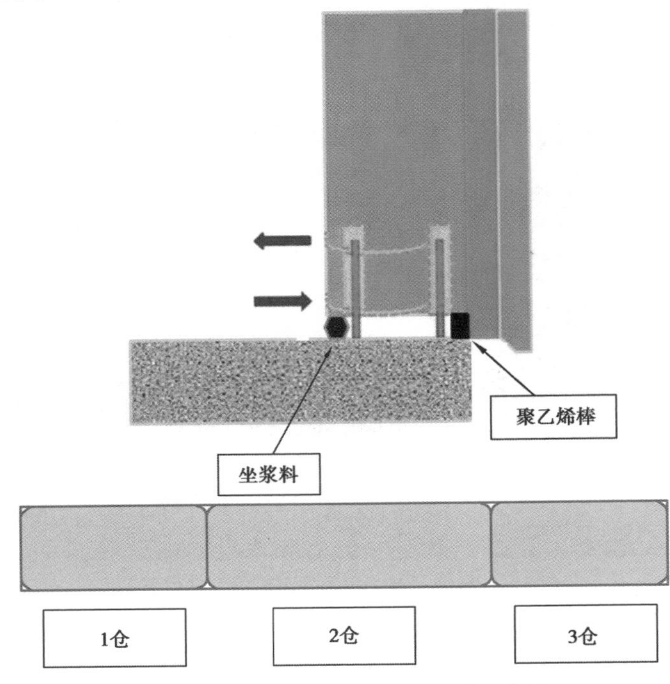

图 4.49　钢筋套筒灌浆连接及分仓示意图

施工重点是注浆工经作业培训,浆料严格按说明配置,专人全程监控,腔内清理干净并湿润,留置影像资料(图 4.50)。

图 4.50　套筒灌浆示意图

坐浆时，采用专用工具控制坐浆料塞缝宽度小于3 cm。设立专职注浆负责人，对注浆质量进行监控。每块预制墙体注浆都留有影像资料，并标明日期、型号等（图4.51）。

（a）专用工具保证坐浆厚度

（b）专职人员监控质量

图4.51　注浆法施工质量控制

竖向连接区设置为后浇混凝土连接时，以T形连接区域深化设计为例：箍筋设计为分体箍筋，其优点是设计考虑现场施工，避免破坏预留箍筋（图4.52）。

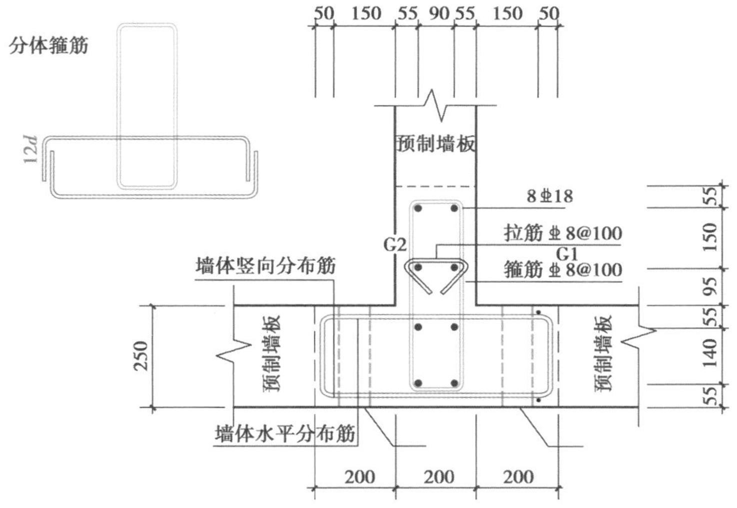

图4.52　T形墙体箍筋深化设计

顶板连梁箍筋：X、Y、Z 3个方向钢筋交叉，包括叠合板外伸钢筋、墙体预留主筋、墙体开口箍筋、连梁箍筋、连梁主筋。空间较小，很难绑扎，此部分严重降效。

为解决节点处模板与构件刚性结合漏浆问题，采用构件留30 mm宽、8 mm深企口，模板安装防漏条（图4.53）。现浇节点使用铝合金模板，待叠合板安装完成后实现墙顶一次浇筑，节约工期1天。

7）叠合板安装

叠合板安装流程：施工准备→测量、放线→叠合板底板支撑布置→底板支撑梁安装→底板位置标高调整、检查→吊装预制叠合板底板→调整支撑高度，校核板底标高→现浇板带模板安装，墙板结合部位模板安装→管线铺设→现浇叠合层钢筋绑扎→浇筑叠合层混凝土（图4.54）。

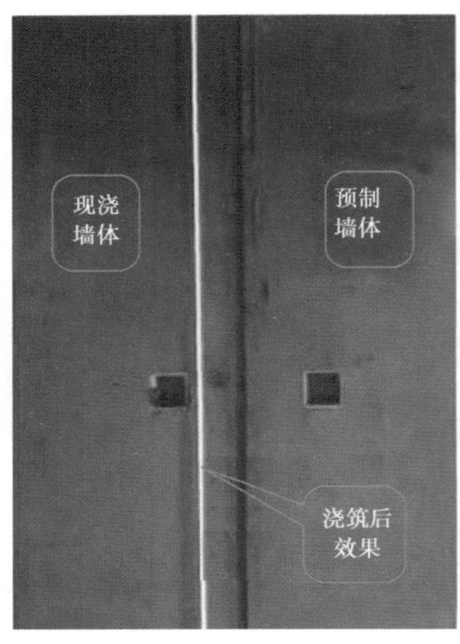

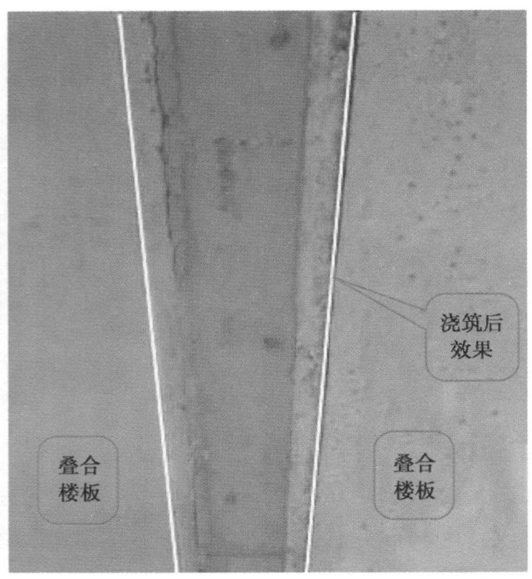

图 4.53　模板安装防漏条效果

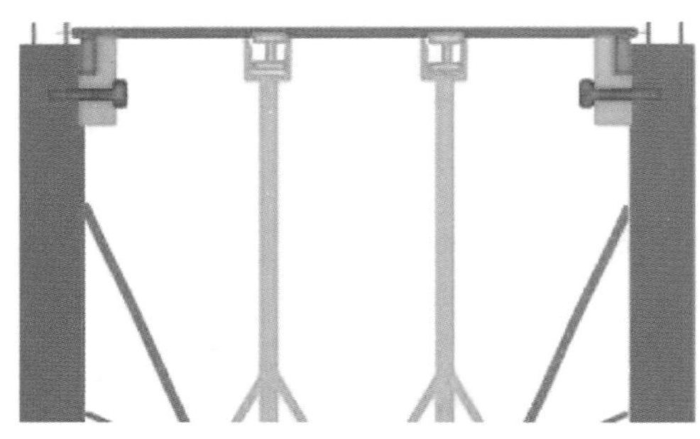

图 4.54　叠合板安装质量控制

施工重点：

①叠合板钢筋不与墙体钢筋冲突，图纸深化时需考虑位置关系。

②叠合板钢筋若与梁主筋冲突，应先拆除主筋后还原。

③叠合板外伸钢筋严禁现场弯曲（图 4.55）。

④板底支撑间距及位置要经过验算。

⑤施工时，独立支撑位置需与方案一致，防止构件产生裂缝。

图 4.55　叠合板外伸钢筋弯折现象

8）阳台安装

阳台板、悬挑板定位时，挑板定位采用四点、一平、一尺法。即四点：墙面两点，构件两点；一平：构件找平；一尺：构件外伸长度安装时采用斜面安装，即一端先落位对正，再对正另一端（图 4.56）。

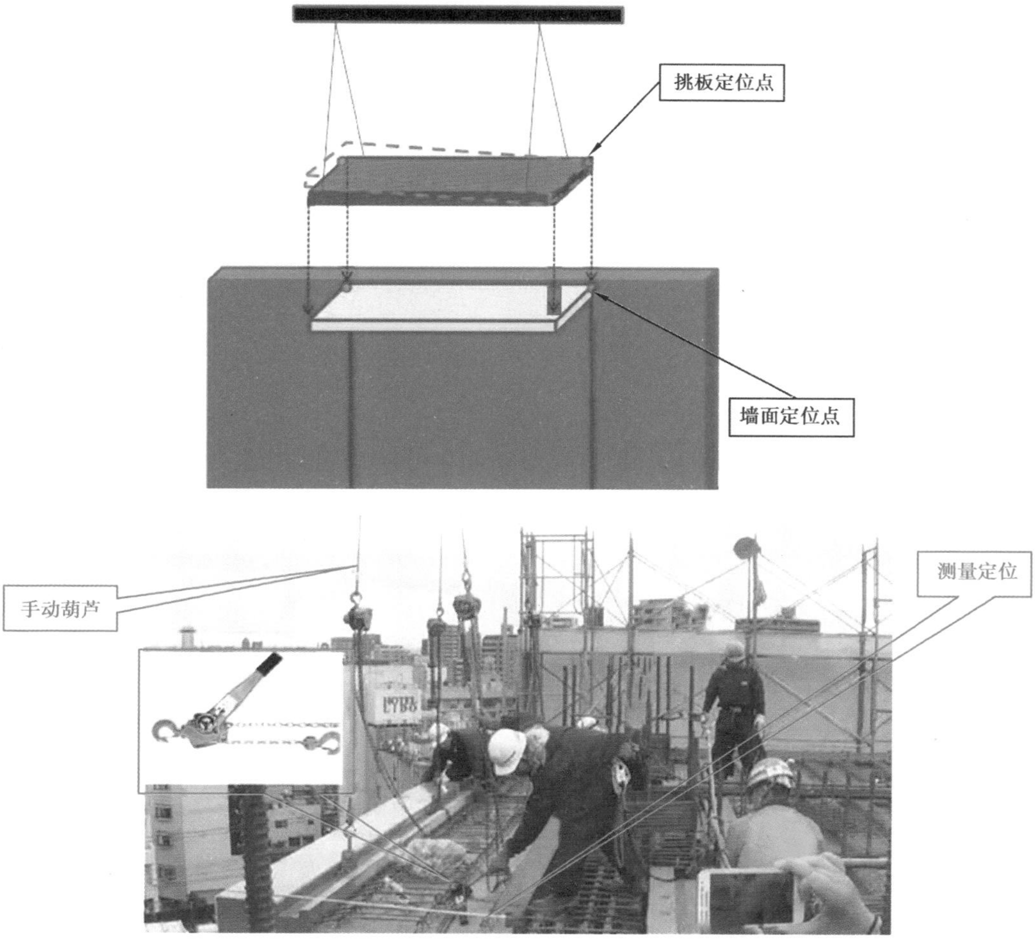

挑板定位点
墙面定位点

手动葫芦
测量定位

图 4.56　预制阳台安装

9）工序验收

施工过程按工序验收，每道工序必须100%合格（表4.4）。

表4.4　工序验收项目

分类	验收项目	验收方法	分类	验收项目	验收方法
测量放线	楼板放线	100%实测	钢筋工程	同现浇结构	同现浇结构
	构件位置线	100%实测	模板工程	同现浇结构	同现浇结构
预留、预埋	调节螺栓标高	100%实测	混凝土工程	同现浇结构	同现浇结构
	预留钢筋标高	100%实测	顶板	独立支撑位置	吊装前验收
	预留钢筋位置	100%实测		圈边龙骨	吊装前验收
墙体安装	墙体安装位置	过程跟测		叠合板位置	100%实测
	墙体垂直度	过程跟测		预留孔洞位置	100%实测
	拼缝间距	100%实测		水电安装	钢筋绑扎前验收
	墙体标高	100%实测		水电预留位置	100%实测
	支撑牢固性	过程跟测		顶板预埋件位置	100%实测
注浆	大气温度	过程跟测	阳台	墙主筋定位	100%实测
	水温	过程跟测		阳台位置	100%实测
	用水量	过程跟测		阳台标高	100%实测
	流动性	过程跟测		阳台水平	100%实测
	注浆饱满度	过程跟测		阳台支撑	抽查
	坐浆质量	过程跟测		相邻阳台拼缝	100%实测

10）施工管理与保障

（1）每日工作会

每天召开工作会，参加人员为：项目部2号楼工长、技术员、质量员、安全员、施工员，施工队长、安全员、质量员。

工作会主要内容如下：

①工事确认单。对当天及第二天施工计划、材料计划、验收情况、安全文明施工事项进行确认。

②施工交底作业表。对当日发生的施工工序部位、用工人数、施工时间、施工中遇到的问题进行确认和分析。

（2）资料管理内容

装配式建筑施工资料管理内容与现浇结构的区别主要有抗剪预埋件、进场检验、墙体吊装、隐蔽工程检查、吊装检查记录、斜撑检查记录、坐浆检查记录、灌浆施工检查记录、灌浆料拌合物现场制作检查记录、模板检查记录、模板及支撑、抗剪焊接等。

（3）实验管理内容

装配式混凝土结构应验收的项目有钢筋套筒灌浆型式检验报告、工艺检验报告和施工检验记录，后浇混凝土部位的隐蔽工程检查验收文件，后浇混凝土、灌浆料、坐浆材料强度检测报告。

（4）安全管理重点

安全管理重点是：塔吊设置限重半径；塔吊吊具每日检查；吊装机械验收分色管理；作业面安装安全大绳以便于安全带挂接（图 4.57）；楼层设置施工责任牌（图 4.58），作业层设置工序负责人，阳台设置安全挂网。

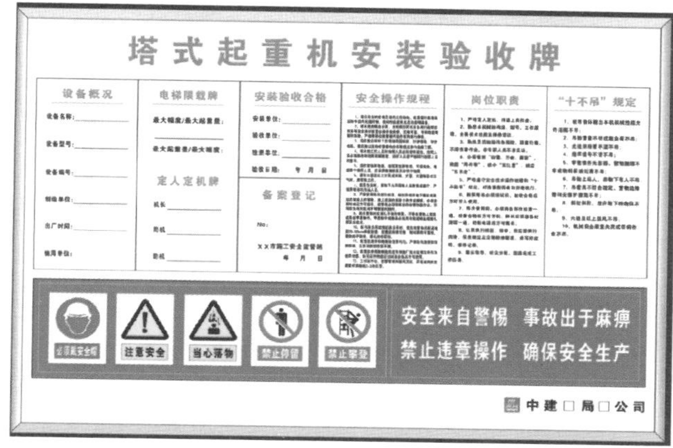

图 4.57　安全管理

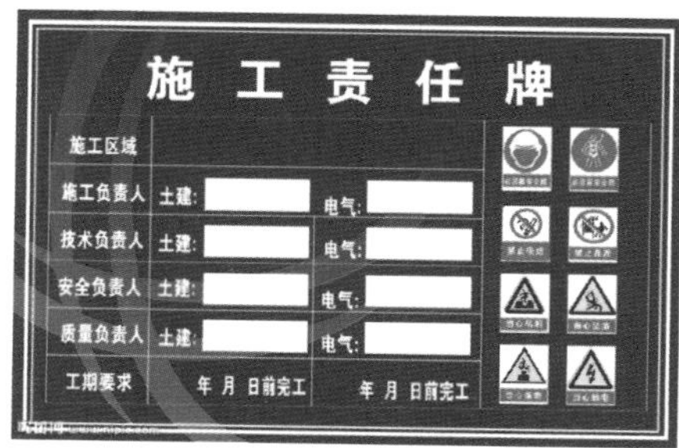

图 4.58　施工责任牌

集成爬架的使用可以解决阳台挑架问题，实现外墙穿插施工，防护更严密（图 4.59）。

（5）计划管理内容

①编制单层流水工序计划。

②规定每日工作内容。

③分析塔吊使用时间。

④确定构件进场合理时间。

⑤明确安全管理工序使工业化有组织、有顺序施工。

图 4.59　集成爬架防护

在工程实施阶段，项目部根据整体网络施工进度计划图，编制“整体穿插施工循环计划表”，将结构施工、初装修施工、精装修施工、外檐施工所有工序进行排序、衔接。通过工序的有效衔接，将各分包各工序计划的准确度进行锁定，项目部将进度计划张贴于现场，实现进度控制可视化。通过每天各工序进度确定，实现多道工序、多家分包“同时、有序、准确”施工。

穿插原因：结构特殊，结构工期长，通过立体穿插缩短整体工期。

通过整体工序穿插的有序组织，将初装修、精装修提前插入，结构施工一层，装修提升一层，实现结构施工至 23 层，2 层达到交用标准，有效实现“合同签订提前、部品加工提前、工期提前”的目标。

4.4.4　工程后期总结

(1)技术经济分析

养护用水减少，节约 334 t；预制构件的使用降低了顶板木材的使用，节约 177 493 元；采用整体穿插，节约工期 2 个月；墙体为预制构件，墙体模板面积减少，节约 349 102 元。

(2)用工分析

2 号装配式住宅楼单层用工 28 人，同面积现浇住宅楼用工 42 人，节省用工量 33.3%(表 4.5)。

表 4.5　用工分析

工种	2 号装配式住宅楼	现浇住宅楼	降低率/%
钢筋工/人	7	15	53.3
混凝土工/人	8	12	33.3
灌浆工/人	4	—	100
模板工(吊装工)/人	6	12	50
测量工/人	3	—	100

(3)工业化效率提升分析

工业化效率提升分析如表 4.6 所示。

表 4.6　工业化改进提升分析

项目	需改进部分
图纸设计	设计阶段应考虑施工难易度,便于现场实施
	个别节点比较复杂,需要相应规范等支持进行改进
现场施工	产业化各级管理及工人施工素质有待提升
	产业化施工应当以技术质量指导现场
	产业化施工精度控制应该更严格
	产业化施工的各道工序验收应该更严格
	好工具才能做出好质量
	各个环节的精细才能确保后期的精准作业(构件生产、现场安装)
	前期策划很重要,精细的策划才能做出精细的工程

课后习题

4.1　简述装配整体式混凝土剪力墙结构的工艺流程。

4.2　装配整体式混凝土剪力墙预制构件安装尺寸偏差应符合哪些规定?

4.3　试总结装配整体式混凝土剪力墙结构施工的安全措施。

4.4　装配式建筑构造节点防水常采用哪些措施?

模块 5 装配式建筑专项施工组织设计

5.1 高层装配式混凝土结构施工组织设计

5.1.1 工程概况、编制依据以及工程特点

1)工程概况

本工程主要包括 1 号楼(33F)、2 号楼(34F)、3 号楼(34F)、4 号楼(34F)、5 号办公楼(16F)、幼儿园(3F)、两层地下室。总建筑面积为 13.38 万 m^2,标准层采用装配式混凝土结构。结构类型为剪力墙结构,标准层及以上至顶层外墙、阳台板、空调板、外凸窗、楼梯为装配式混凝土结构,其中部分外墙板采用高强灌浆施工技术。

2)编制依据

编制依据主要有:

①装配式混凝土结构施工图纸以及招标文件。

②《建筑结构可靠性设计统一标准》(GB 50068—2018)。

③《建筑结构荷载规范》(GB 50009—2012)。

④《建筑抗震设计规范》(GB 50010—2010)(2016 年版)。

⑤《高层建筑混凝土结构技术规程》(JGJ 3—2010)。

3)工程特点

(1)主要特点

本工程为装配整体式混凝土结构,其主要特点是:

①现场结构施工采用预制装配式方法,涉及外墙墙板、空调板、阳台、设备平台、凸窗以及楼梯成品构件。

②所有预制构件全部在工厂流水加工制作,制作产品直接用于现场装配。

③在设计过程中,运用 BIM 技术模拟构件拼装,减少安装冲突。部分外墙预制构件采用套筒植筋、高强灌浆施工的新技术施工工艺,将预制构件间进行有效连接,增加了预制构件施工使用率,降低 PCF 板施工率,提高施工效率。

④楼梯、阳台、连廊栏杆均在构件设计时考虑预埋位置,设置预埋件,后续直接安装。

⑤按照装配式混凝土结构施工特点,采用悬挑外墙脚手架。

(2)防水特点

本工程施工的装配式外墙板防水方法:

①连接止水条:预制外墙板连接时,预先在板墙侧边粘贴防水止水条。

②空腔构造防水:预制外墙板之间在预制板侧边和上下设置沟(槽)排水。

③外墙密封防水胶:预制外墙板外侧采用耐候胶封闭。

(3)施工技术要点

①预制构件工厂制作。

②现场装配构件吊装。

③临时固定连接。

④配套机械选用。

⑤预制结构和现浇结构连接。

⑥节点防水措施。

⑦橡胶条与灌浆施工,专业化的多工种劳动力施工组织。

(4)工程新技术特点

①产业化程度高,资源节约,绿色环保。

②构件工厂预制和制作精度控制。

③构件深化加工设计图与现场可操作性的相符性。

④施工垂直吊运机械选用与构件的尺寸组合。

⑤预制构件的临时固定连接方法。

⑥校正方法及应用工具。

⑦装配误差控制。

⑧预制构件连接控制与节点防水措施。

⑨施工工序控制与施工技术流程。

⑩专业化多工种施工,劳动力组织与人员培训。

⑪装配式结构非常规安全技术措施和产品保护,以及钢筋套筒灌浆连接新技术应用,为新技术推广做出了贡献。

5.1.2 施工准备与目标

1)技术准备

技术准备是施工准备的核心。由于任何技术的差错或隐患都可能引起人身安全和质量事故,造成生命、财产和经济的巨大损失。因此,必须认真做好技术准备工作:

①熟悉、审查施工图纸和有关设计资料。

②调查分析原始资料。

③编制施工组织设计。

在施工开始前,由项目工程师召集各相关岗位人员汇总、讨论图纸问题。设计交底时,切实解决疑难问题,有效落实现场碰到的图纸施工矛盾,切实加强与建设单位、设计单位、预制构件加工制作单位、施工单位以及相关单位的联系,及时加强沟通与信息联系。要向工人和其他施工人员做好技术交底,按照三级技术交底程序要求,逐级进行技术交底,特别是对不同技术工种的针对性交底,每次技术交底后要落实。

2)物资准备

施工前要将装配式混凝土结构施工物资准备好,以免在施工过程中因为物资问题而影响施工进度和质量。物资准备工作程序是做好物资准备的重要手段。通常按如下程序进行：

①根据施工预算、分部(项)工程施工方法和施工进度的安排，拟订材料、构(配)件及制品、施工机具和工艺设备等物资的需要量计划。

②根据各种物资需要量计划、组织货源，确定加工、供应地点和供应方式，签订物资供应合同。

③根据各种物资需要量计划和合同，拟订运输计划和运输方案。

④按照施工总平面图要求，组织物资按计划时间进场，在指定地点按规定方式进行储存或堆放。

3)劳动组织准备

开工前应做好劳动力组织准备，建立拟建工程项目领导机构，建立精干有经验的施工队组，集结施工力量、组织劳动力进场，向施工队组、工人做好施工技术交底，同时建立健全各项管理制度。管理人员组成如表5.1所示。

表5.1　管理人员组成

序号	人员	担任职务	备注
1	×××	项目经理	一级建造师
2	×××	总工程师	一级建造师
3	×××	生产经理	中级职称
4	×××	项目资料员	持证
5	×××	项目预算员	持证
6	×××	项目施工员	中级职称
7	×××	项目安全员	C证
8	×××	项目质检员	持证
9	×××	项目装配式结构技术员	中级职称
10	×××	施工班组组长	合作劳务班组

根据装配式图纸设计要求及经验，结合本项目装配式结构体复杂、质量大和施工复杂的情况，成立装配式结构施工小组，配备有装配式结构施工经验的班组进行施工。装配式结构管理小组暂由30人组成，其中每1栋房配备1个装配式结构施工班组和1个灌浆施工班组，每个装配式结构施工班组计划配备10人，每个灌浆施工班组计划配备2人。

4)场内外准备

(1)场内准备

施工现场做好“三通一平”准备，搭建好现场临时设施和预制构件堆场准备(图5.1)；为了配合结构施工和单块构件最大质量的施工需求，确保满足每栋房子预制构件的吊装距离以及施工进度、现场场布的要求，项目配备5台QTZ6012型塔吊，合理布置在建筑物附近，确保平均吊装速度为5~6 d每层。由于一期6栋房子同时施工，造成现场塔吊的平面布置交叉重叠，塔吊布置密集，塔身与塔臂旋转半径彼此影响极大，为防止塔吊交叉碰撞，塔吊配备在满足施工进度的前提下，塔吊平面布置允许重叠，将道路与吊装区域用拼装式成品围挡划分开，同时编制群塔防碰撞专项方案。

图 5.1　堆场和道路布置图

根据本工程结构具有体积大、板块多的施工特点，同时各栋为高层建筑，给预制构件卸车堆放带来一定的困难。若在构件卸车时使用汽车吊卸载施工，可以大大加快整个项目施工进度，避免出现构件卡车长时间堵塞的情况，使用汽车吊施工可减轻塔吊运能，较不使用汽车吊卸车施工效率更高。

(2)场外准备

场外做好与相关构件厂家的沟通，准确了解各个构件生产厂家地址，准确测算厂家距离本项目的实地距离，以便于更准确了解厂家发送构件的时间，有助于整体施工安排；实地确定各个厂家生产的构件类型，实地考察厂家生产能力，根据不同生产厂家实际情况，做出合理的整体施工计划、构件进场计划等；考察各个厂家后，再请厂家到施工现场实地了解情况，了解构件运输线路及现场道路宽度、厚度和转角等情况；具体施工前，派遣质检人员到厂家进行质量验收，将不合格构件排除，对现场施工有问题的构件进行工厂整改，对有缺陷的构件进行工厂修补(图 5.2)。

图 5.2　构件生产厂实地验收

5)工程目标

①安全施工目标：重大伤亡事故为零，无重大治安、刑事案件和火灾事故。

②文明施工目标：本项目取得绿色建筑银奖(取牌)，获得“×××市安全文明施工工地”称号，

达到×××市优质工程标准，争创×××市优质工程。

③质量目标：工程一次合格率100%。开始吊装施工前，本方案要领已经贯彻到各个生产部门操作员，确保工程质量一次验收合格。

④进度目标：进度目标在保障施工总进度计划实现的前提下，施工过程中投入相应数量的劳动力、机械设备、管理人员，并根据施工方案合理有序地对人力、机械、物资进行有效调配，保证计划中各施工节点如期完成。

5.1.3 构件生产、运输与安装施工

1）预制构件生产

混凝土预制构件实行工厂化生产，由专业预制构件生产单位进行；装配式预制构件在工厂加工后，运送到工地现场由总包单位负责卸车并吊装安装。

按构件形式和数量，划分为预制外墙板、预制楼梯、阳台板、凸窗板和设备平台等构件。

（1）设备设施

①混凝土搅拌：采用强制式搅拌机。

②混凝土振捣：采用高频插入式振动器。

③模具：采用成型钢模。

④蒸养：4 t锅炉及相应管道等设施和设备。

⑤混凝土运输：6 m^3 搅拌车。

⑥吊车：12 t以上汽车吊。

（2）钢筋工程（图5.3）

半成品钢筋切断、对焊、成型均在原钢筋车间进行，钢筋在车间按配筋单加工，应严格控制尺寸，个别超差不应大于允许偏差的1.5倍。钢筋对焊应严格按《钢筋焊接及验收规程》（JGJ 18—2012）操作，对焊前应做好班前试验，并以同规格钢筋一周内累计接头300只为一批进行三拉三弯的实物抽样检验。由于墙板、叠合板属板类构件，钢筋主筋保护层相对较小，因此钢筋骨架尺寸必须准确，故要求采用专门的成型架成型。

图 5.3　钢筋加工制作

(3)模具设计(图 5.4)

叠合板室内一侧(板底)、楼梯属清水构件,对外观和外形尺寸精度要求都很高,外表应光洁平整,不得有疏松、蜂窝等,因此对模具设计提出了很高的要求。模板既要有一定的刚度和强度,又要有较强的整体稳定性,同时模板面要有较高的平整度。模板安装、固定要求平直、紧密、不倾斜,且尺寸要求准确。

图 5.4　模具成型

(4)窗框安装(图 5.5)

在模板体系上安装一个和窗框内径一样大的限位框,窗框安装时可直接固定在限位框上,限位框与窗框间加柔性橡胶垫层,防止窗框固定时被划伤或撞击。窗框上下方均采用可拆卸框式模板,分别与限位框和整体模板固定连接。窗框与模板接触面采用双面胶布密封保护。门窗框应安装牢固,预埋件和连接件应是不锈钢件或经防锈处理金属件,规格、数量和位置按图纸尺寸准确埋入预制外墙构件混凝土中。预埋件间距小于 350 mm,连接件厚度大于 2.5 mm,宽度大于 20 mm,节点连接小于 500 mm,门窗装入洞口应横平竖直。

图 5.5　窗框安装

(5)混凝土浇捣以及养护(图 5.6、图 5.7)

浇捣前,应对模板和支架、已绑好的钢筋和埋件进行检查。检查先由生产车间(班组)进行自检,并填写隐蔽工程验收单,送交技术质安部门进行隐蔽工程验收,逐项检查合格后,方可浇捣混凝土。采用插入式振动器振捣混凝土时,其插入距离以 30 cm 为宜。混凝土应振到停止下沉,无显著气泡上升,表面平坦一致,呈现薄层水泥浆为止。浇筑混凝土时,应经常注意观察模板、支架、钢筋骨架、窗框、保温层、预埋件等情况,如发现异常时应立即停止浇筑,并采取措施解决后方可继续进行。

图 5.6　混凝土浇捣

图 5.7　养护

构件须采用低温蒸汽养护,蒸养可在原生产模位上进行。采用表面遮盖油布做蒸养罩,内通蒸汽的简易方法进行。遮盖油布时,墙、板表面应设专用油布支架,使油布与混凝土表面隔开 300 mm,形成蒸汽循环的空间。两块油布搭接应密实不漏气,搭接尺寸不宜小于 500 mm,四周应拖放到地面,并以重物压住,以形成较密封的蒸养罩。蒸养分为静停、升温、恒温和降温 4 个阶段。静停一般可从混凝土全部浇捣完毕开始计算,升温速度不得大于 15 ℃/h;恒温时段温度为 55±2 ℃;降温不宜大于 10 ℃/h,蒸养制度为:静停$\xrightarrow{2\ h}$升温$\xrightarrow{2\ h}$恒温$\xrightarrow{7\ h}$降温$\xrightarrow{3\ \mathrm{h}}$结束。

当蒸养环境气温小于 15 ℃时,需适当增加升温时间,但是蒸养制度必须通过试验室进行调整。蒸养构件温度与周围环境温度差不大于 20 ℃时,才可以揭开蒸养油布。

(6)模具拆除

预制构件脱模起吊时的混凝土强度应计算确定,且不宜小于 15 MPa。平模工艺生产的大型墙板、挂板类预制构件宜采用翻板机翻转直立后再行起吊。对于设有门洞、窗洞等较大洞口的墙板,脱膜起吊时应进行加固,防止扭曲变形造成开裂。使用两侧压力式温度表,应注意不得弯折毛细管,装拆过程必须使毛细管弯曲半径大于 50 mm。由于墙、板为水平浇筑,需翻身竖立。可先将墙、板从模位上水平吊至翻转区,在翻转区采用特殊工艺(如翻板机)翻转竖立。墙、板脱模后应对现浇混凝土连接的部位进行凿毛处理(图 5.8),也可在生产中设置拉毛工艺。

图 5.8 凿毛处理

构件运输的技术要求

2)预制构件运输、堆放及成品保护

(1)运输要求

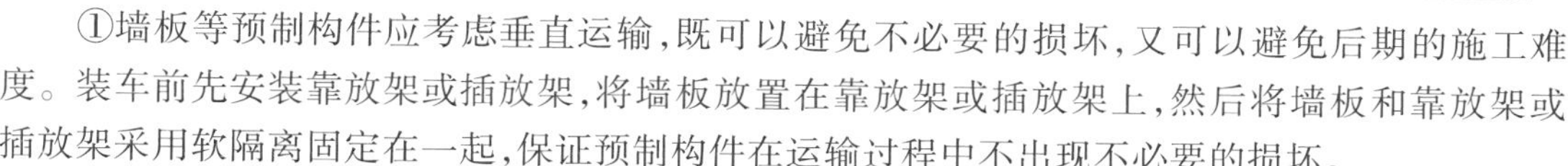

①墙板等预制构件应考虑垂直运输,既可以避免不必要的损坏,又可以避免后期的施工难度。装车前先安装靠放架或插放架,将墙板放置在靠放架或插放架上,然后将墙板和靠放架或插放架采用软隔离固定在一起,保证预制构件在运输过程中不出现不必要的损坏。

为确保预制构件进入施工现场以及能够在施工现场运输畅通,设置进入现场主大门道路至少宽 8 m,施工现场道路宽 5 m,保证预制构件运输车辆能够在主大门道路双向通行,保证在施工现场转弯、直走等方式畅通(图 5.9)。

②预制阳台、预制空调板、预制楼梯、设备平台采用平放运输,放置时构件底部设置通长木条,并用紧绳与运输车固定。水平运输时,预制梁柱叠放不宜超过 3 层,板类构件叠放不宜超过 6 层且满足强度、刚度、稳定性验算。

③运输预制构件时,车启动应慢,车速应均匀,转弯变道时要减速,以防墙板倾覆。

④部分运输线路覆盖地下车库,运输车通过地下车库顶板的,在底部用 16 号工字钢对梁底部做支撑加固,确保地下车库静荷载重量满足构件运输重量。

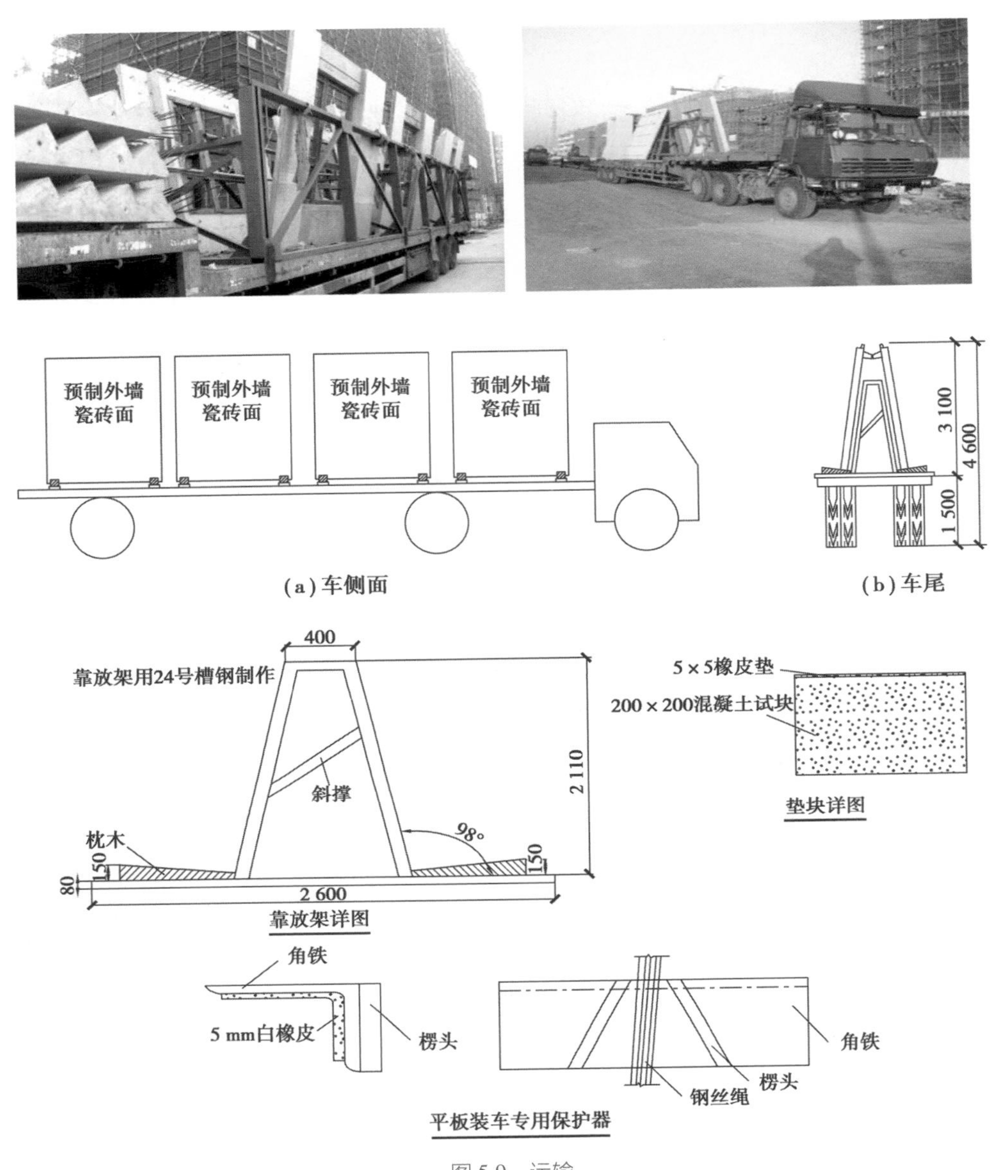

图 5.9　运输

(2)堆放要点

本工程具有预制构件单层数量多、质量大的特点,图纸显示每栋号房构件最长有 4 m 左右,质量 4 t 左右。根据上述施工要求以及便于构件吊装施工,构件管理小组计划每栋号房设置 2 个构件堆场,堆场平面尺寸为 10 m×20 m。大部分堆场为地下室顶板(利用消防车道,且底部有加固措施),地下室其余周边施工道路采用 200 mm 厚 C20 混凝土浇筑而成,其中非地库上主干道与构件堆场均须铺设Φ 18@ 150 单层双向钢筋。由于号房与地库紧邻,号房与地库外整个场地能提供的施工作业区域非常狭小。号房主体阶段施工混凝土泵车、钢筋运输车及构件堆场都必须借助地库顶板作为施工道路及材料堆场。根据要求结合实际情况,对车行道路及预制构件堆场涉及范围内的地库顶板进行加固,特别是车行驶路线使用钢管加密加固,所有排架钢管待结构封顶后拆除。

预制构件运至施工现场后，由塔吊或汽车吊按施工吊装顺序有序吊至专用堆放场地内。预制构件堆放必须在构件上加设垫块或垫木支撑，场地上的构件应采取防倾覆措施。

墙板采用竖放，用槽钢制作满足刚度要求的支架，墙板搁置点应设在墙板底部两端处，堆放场地须平整、坚实。搁置点可采用柔性材料，堆放好以后要采取临时固定，场地做好临时围挡措施。因人为碰撞或塔吊机械碰撞倾倒，堆场内预制构件易形成多米诺骨牌式连续性倒塌。本堆场按吊装顺序交错有序堆放，板与板之间留出一定间隔，如图5.10所示。

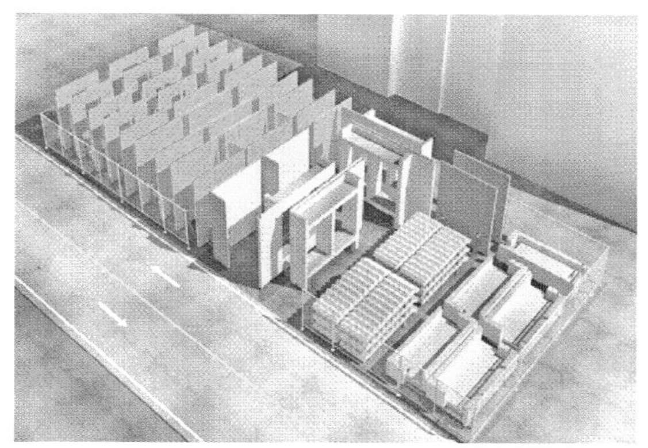

图5.10 堆场

(3)成品保护

在预制构件运输、堆放和吊装过程中，必须要注意成品保护(图5.11)。运输过程中，采用钢架辅助运输。运输墙板时，车启动慢，车速应均匀，转弯变道时要减速，以防墙板倾覆。由于预制构件已铺贴成品外墙面砖，堆场、运输成品保护难度较大，在预制构件与钢架结合处采用棉纱或橡胶块等，避免在运输过程中预制构件与钢架因碰撞而破损。堆放过程中，采用吊装梁将预制构件在吊装过程保持平衡、平稳和轻放。轻放前也要在预制构件堆放位置放置棉纱或橡胶块、枕木等，将预制构件下部保持为柔性结构；楼梯、阳台等预制构件必须单块堆放，叠放时用4块尺寸大小统一的木块衬垫。木块高度必须大于叠合板外露桁架筋和棱角等高度，以避免预制构件受损，同时衬垫上适度放置棉纱或橡胶块，保持预制构件下部为柔性结构。

吊装施工过程中,更要注意成品保护方法,在保证安全的前提下,要使预制构件轻吊轻放,同时安装前先将塑料垫片放在预制构件微调的位置。塑料垫片为柔性结构,这样可以有效地避免预制构件受损。施工过程中楼梯、阳台等预制构件需用木板覆盖保护。浇筑前,套筒连接锚固钢筋采用 PVC 管成品保护,防止在混凝土浇捣过程中污染连接钢筋,影响后期预制构件吊装施工。

图 5.11　成品保护

5.1.4　装配式混凝土施工

1) 施工流程

施工流程为:引测控制轴线→楼面弹线→水平标高测量→预制墙板逐块安装(控制标高垫块放置→起吊、就位→临时固定→脱钩、校正→粘自黏性胶条→安装连接板→锚固螺栓安装、梳理)→现浇剪力墙钢筋绑扎(机电暗管预埋)→剪力墙模板→支撑排架搭设→叠合阳台板、空调板安装→现浇楼板钢筋绑扎(机电暗管预埋)→模板安装→混凝土浇捣→养护→预制楼梯→拆除脚手架排架结构→灌浆施工(按上述工序继续施工下层结构)。

灌浆施工:灌浆钢筋(下端)与现浇钢筋连接→安放套板(只有现浇结构与预制结构相连接的部位才有本施工程序)→调整钢筋→现浇混凝土施工→预制构件安装→本层主体结构施工完毕→高强灌浆施工。

施工流程分解如图 5.12 所示。

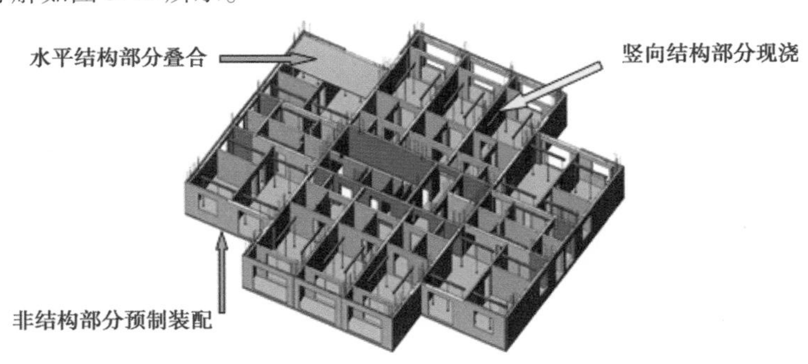

(a) 根据水平构件和竖向构件编号对号入座

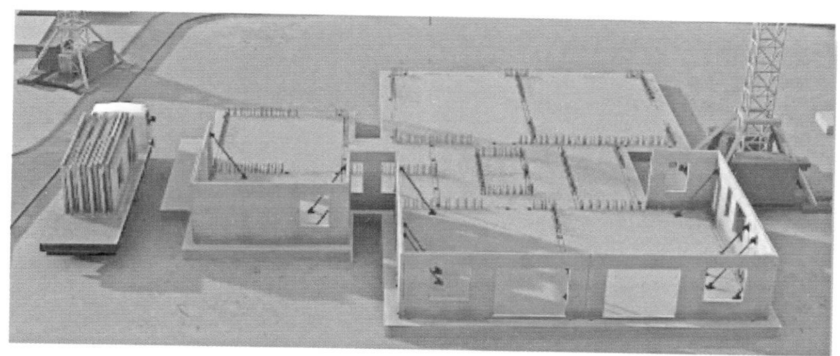

(b)安装外墙板（预制保温墙体）

(c)墙板连接件安装、板缝处理

(d)叠合梁安装

(e)内墙板安装

(f)柱、剪力墙钢筋绑扎

(g)电梯井道内模板安装

(h)剪力墙、柱模板安装

(i)墙柱模板拆除、楼板支撑搭设、叠合楼板安装

(j)预制楼梯安装

图 5.12　施工流程

2)吊装设计与施工

本工程设计单件板块最大质量为 4 t 左右,采用 QTZ6012 型塔吊吊装,为防止单点起吊引起构件变形,采用吊装梁起吊就位。构件起吊点应合理设置,保证构件能水平起吊,避免碰撞构件

边角。构件起吊平稳后再匀速移动吊臂,靠近建筑物后由人工对中就位(图5.13)。

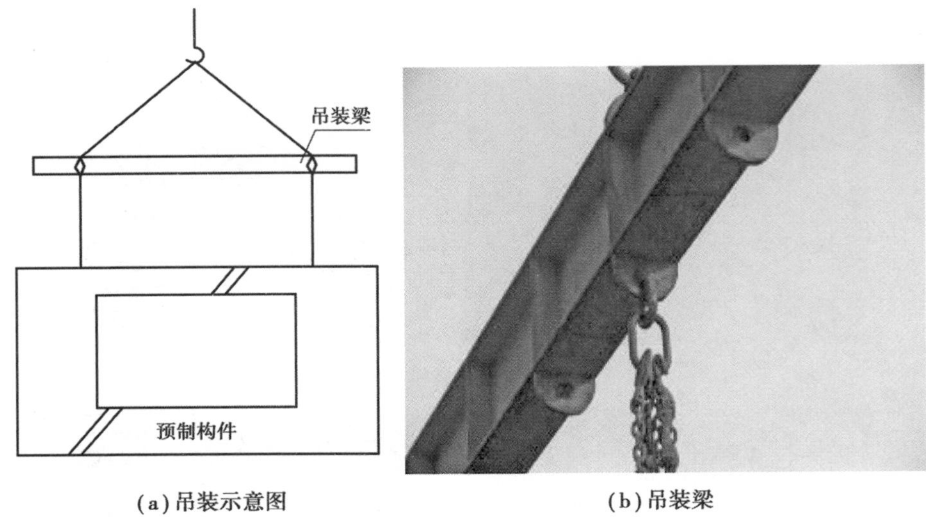

(a)吊装示意图　　(b)吊装梁

图5.13　起吊

(1)吊点设计

本工程预制外墙板吊点分为两种形式,第一种预制墙板模采用预埋吊环(图5.14)。

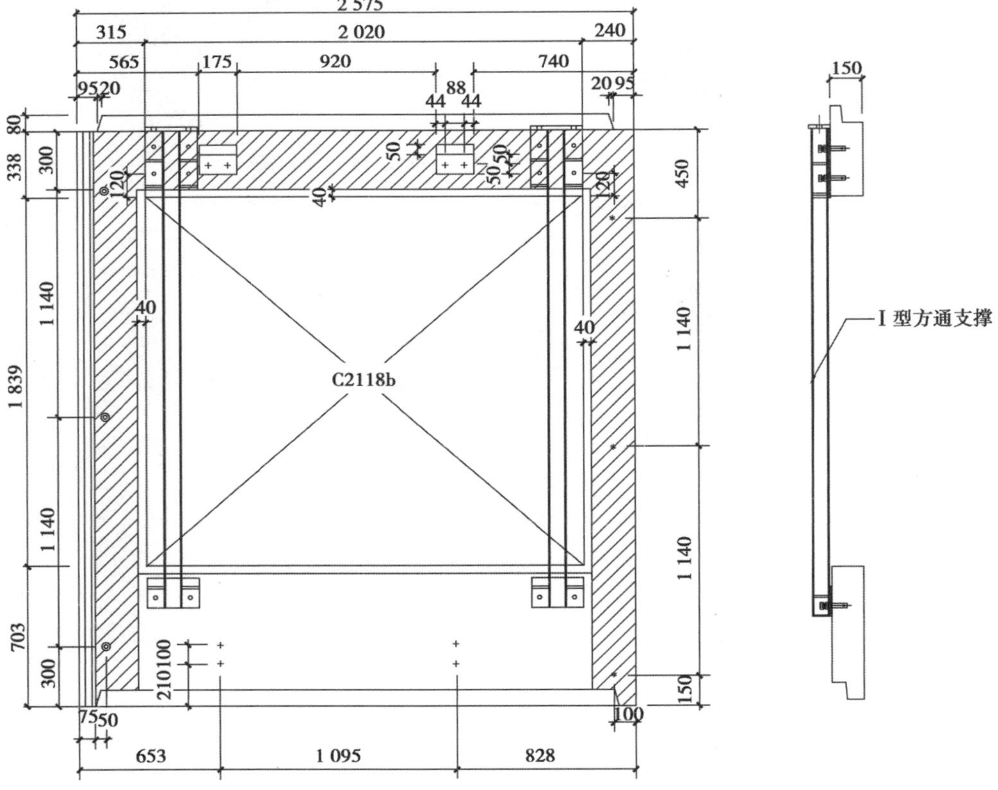

图5.14　预制外墙模吊点详图

第二种吊点形式是在预制构件上边沿预埋螺栓套筒，将带有吊环的高强螺栓拧进螺栓套筒，用吊装梁将预制构件吊装到施工位置(图 5.15)。

图 5.15　预制构件吊装

(2)构件加固

本工程采用的 PCF 板、凸窗板等构件具有面积大、厚度薄的特点，若直接吊装会使构件产生较大变形甚至断裂，因此有必要对构件采取加固措施。

①叠合筋加固：对于叠合板和阳台板，采用桁架钢筋加固形式，叠合筋与板内主筋焊接形成一体(图 5.16)。

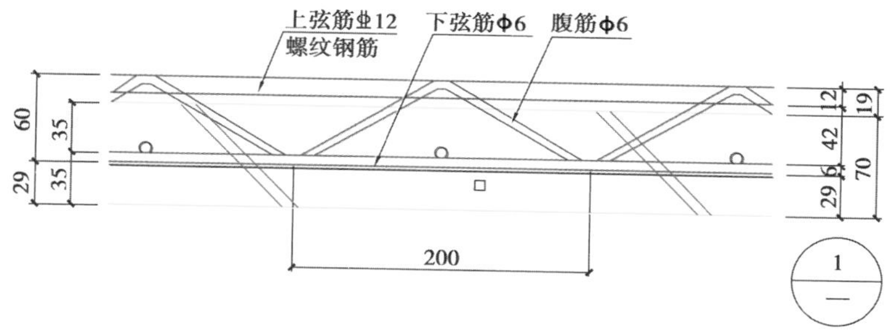

图 5.16　$H=60$ 叠合筋加固大样

②型钢加固：对于部分构件形式复杂或无法设置叠合筋的，则采用加设型钢形式。此型钢在构件厂可配备 1~2 套供起吊翻转时加固使用。

3)预制构件安装与调整施工

(1)外墙板施工

①预制构件进场质量检查、编号，按吊装流程清点数量(图 5.17)。

②各逐块吊装预制构件搁(放)置点清理，按标高控制线调整螺丝、粘贴止水条(图5.18)。

③按编号和吊装流程对照轴线、墙板控制线逐块就位，设置墙板与楼板限位装置，做好板墙内侧加固(图 5.19)。层与层之间、板与板之间均需要加强连接。

④设置构件支撑及临时固定，施工过程板-板连接件紧固方式应按图纸要求安装(图 5.20)。调节墙板垂直尺寸时，板内斜支撑以一根调整垂直度，待矫正完毕后再紧固另一根。禁止在两

根均紧固状态下进行调整。改变以往在预制构件下采用螺栓微调标高的方法，现场采用1 mm、3 mm、5 mm、10 mm、20 mm 等型号的钢垫片。

图 5.17　构件进场检查并编号

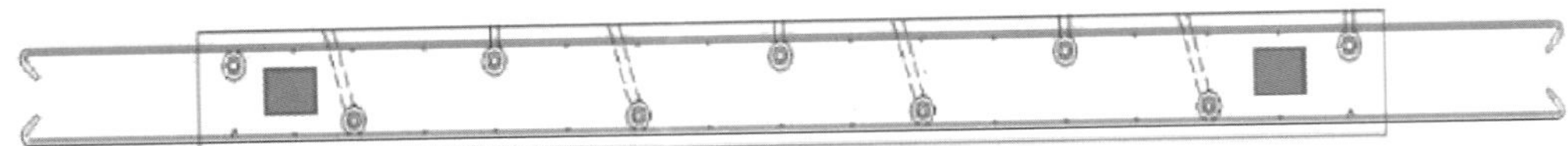
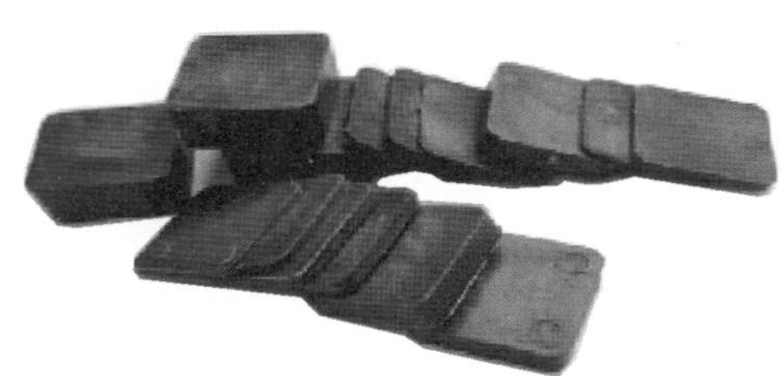

图 5.18　标高控制与底缝注浆封堵

图 5.19　墙板与楼板的限位装置安装

图 5.20　设置构件支撑及临时固定

⑤塔吊吊点脱钩，进行下一墙板安装，并循环重复（图 5.21）。

图 5.21　构件吊装

⑥楼层浇捣混凝土完成，混凝土强度达到设计、规范要求后，拆除构件支撑及临时固定点。

墙板安装校正施工方法：

①预制墙板的临时支撑系统由长、短斜向可调节螺杆组成（图 5.22、图 5.23）。

图 5.22　预制墙板支撑

②根据给定水准标高、控制轴线引出层水平标高线、轴线,然后按水平标高线、轴线安装板下搁置件。墙板底部水平缝隙处采用硬垫块、软砂浆方式,即在墙板底按控制标高放置墙厚尺寸的硬垫块,然后沿板墙底铺砂浆,预制墙板一次吊装,坐落其上。

③吊装就位后,采用靠尺、铅锤等检验挂板垂直度,如有偏差用可调斜支撑进行调整。

④预制墙板通过多规格钢垫片进行调控施工,多规格标高钢垫块尺寸为 40 mm×40 mm,厚度为 1 mm、3 mm、5 mm、10 mm、20 mm,其承重强度按规定计算。

⑤预制墙板安装、固定后,再按结构层施工工序进行后一道工序施工。

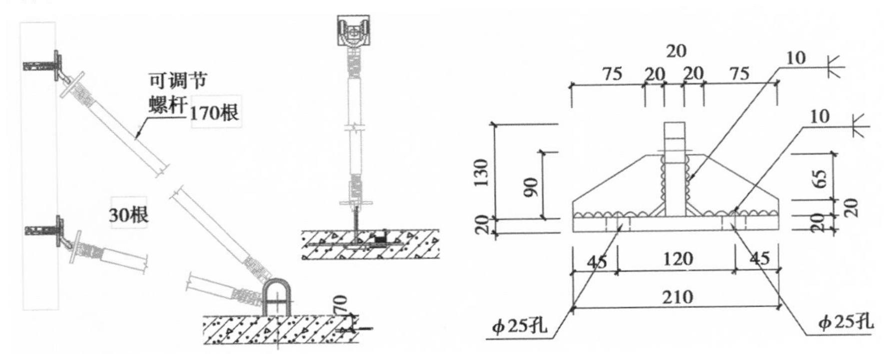

(a)正面图

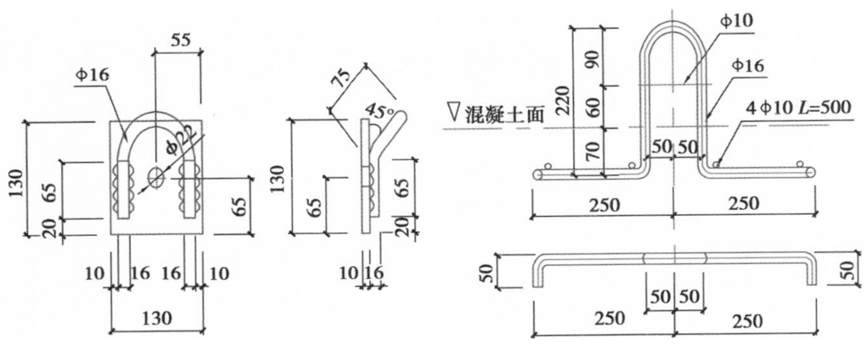

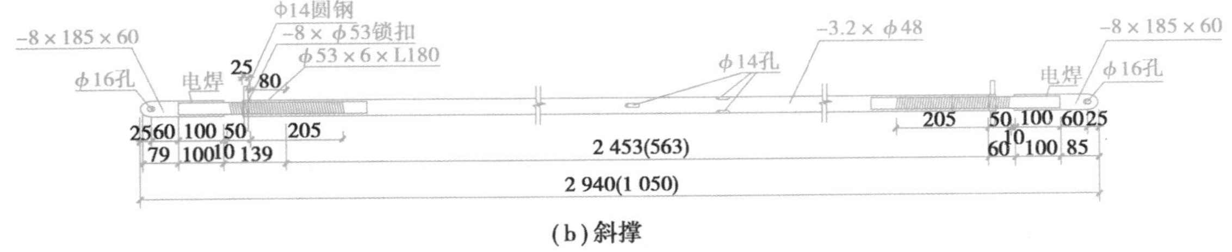

(b)斜撑

图 5.23 预制墙板支撑详图

(2)预制阳台板施工

①预制阳台板进场、编号,按吊装流程清点数量。

②搭设临时固定与搁置排架(图 5.24)。

图5.24　预制阳台板临时固定排架

③控制标高与预制阳台板板身线(图5.25)。

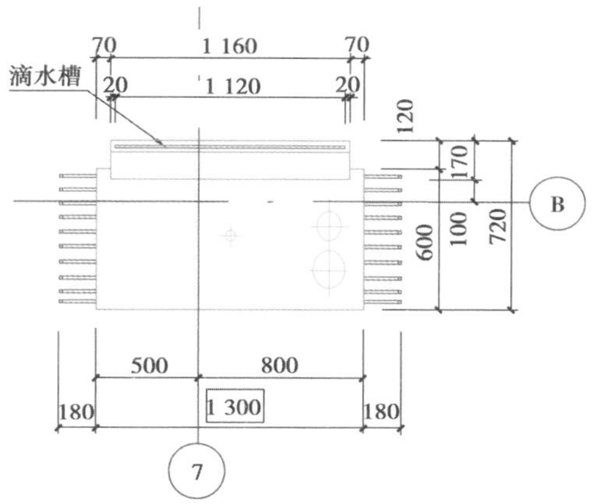

图5.25　细部尺寸及定位

④按编号和吊装流程逐块安装就位(图5.26)。

⑤塔吊吊点脱钩,进行下一块预制阳台板安装,并循环重复(图5.27)。

图5.26　预制阳台安装就位

图5.27　塔吊吊点脱钩

⑥楼层浇捣混凝土完成,混凝土强度达到设计、规范要求后,拆除构件临时固定点与搁置的排架(图 5.28)。

图 5.28　拆除临时固定点

叠合阳台板施工方法:

①施工前,按照设计施工图,由木工翻样绘制出叠合阳台板加工图。工厂化生产按该图深化后,投入批量生产。运送至施工现场后,由塔吊吊运到楼层上铺放。

②阳台板吊放前,先搭设叠合阳台板排架,排架面铺放 2 m×4 m 木板,水平铺设。

③阳台板钢筋插入主体 180 mm,按设计要求,伸入的钢筋有部分须焊接。

④阳台板安装、固定后,再按结构层施工工序进行后一道工序施工。

(3)预制楼梯施工

①预制楼梯进场、编号,按各单元和楼层清点数量(图 5.29)。

②预制楼梯采用先吊装方法,当层预制外墙板等吊装完成后,开始进行楼梯平台排架搭设、模板安装。开始第一块预制楼梯吊装,楼面模板排架完成后开始第二块预制楼梯吊装。上层预制楼梯预留出预制楼梯锚固筋位置,待预制楼梯平台模板(上层)安装完成后吊装。

预制楼梯安装顺序:剪力墙、休息平台浇筑→楼梯吊装→锚固灌浆。

图 5.29　构件进场编号

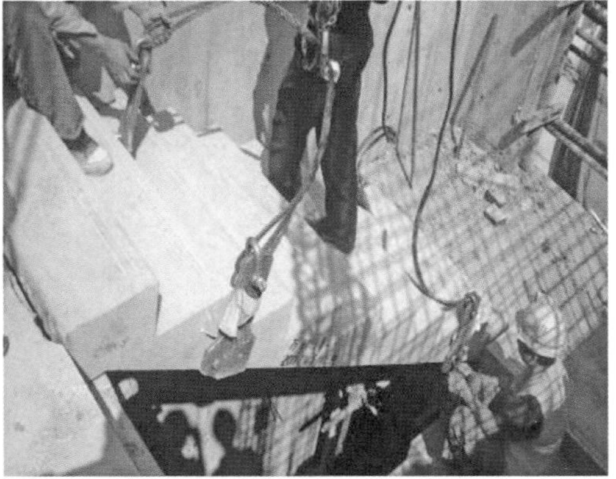

图 5.30　楼梯安装

③施工过程中,一定要从楼梯井一侧慢慢倾斜吊装施工,楼梯采用上、下端搁置锚固,伸出

钢筋锚固于现浇楼板内。标高控制与楼梯位置微调完成后，预留施工空隙采用商品水泥砂浆填实。

④按编号和吊装流程，逐块安装就位(图 5.30)。

⑤塔吊吊点脱钩循环重复施工(图 5.31)。

图 5.31　塔吊重复吊装

4)防水构造与保温

①预制墙板水平拼缝防水和保温节点构造如图 5.32 所示。

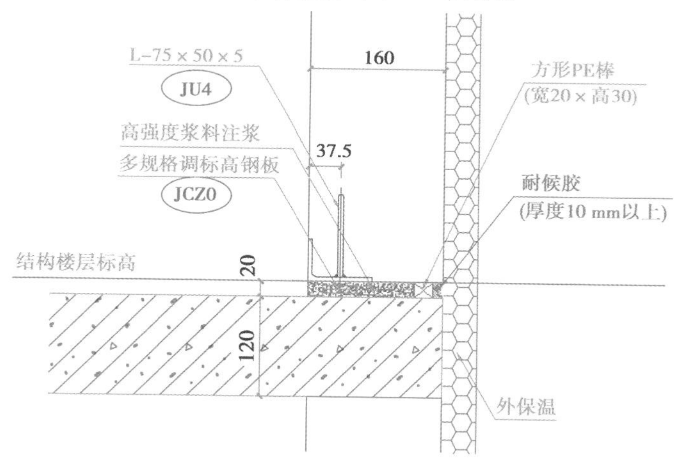

图 5.32　预制墙板水平拼缝防水和保温节点构造

②凸窗(PCF)板水平拼缝防水和保温节点构造如图 5.33 所示。

③现浇构件与预制平窗连接如图 5.34 所示。

④现浇构件与预制墙板连接如图 5.35 所示。

⑤凸窗边的防水及保温节点构造如图 5.36 所示。

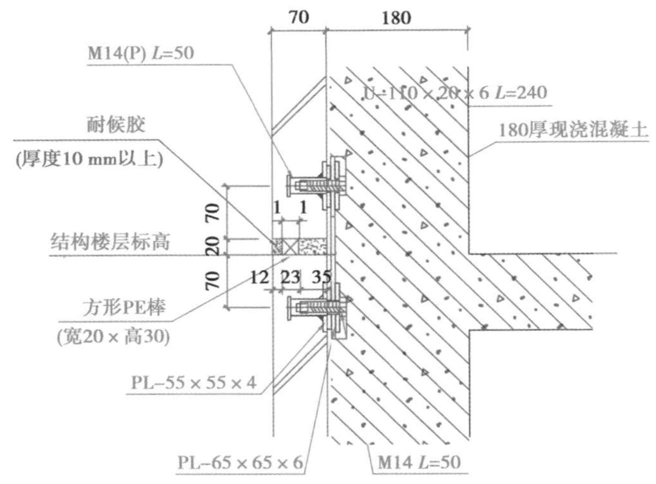

图 5.33　PCF 板竖向拼缝防水和保温节点措施

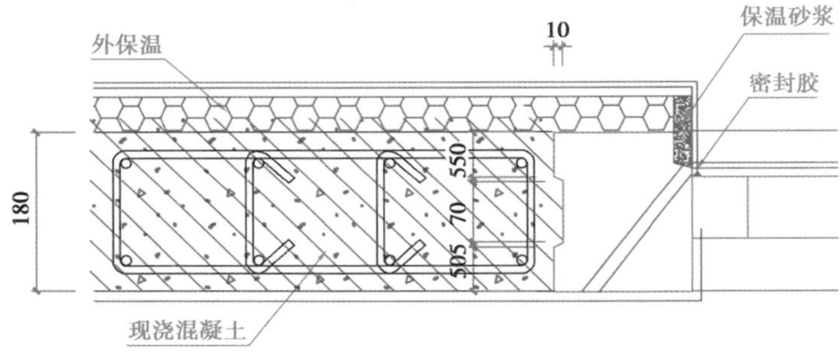

图 5.34　现浇构件与预制平窗连接

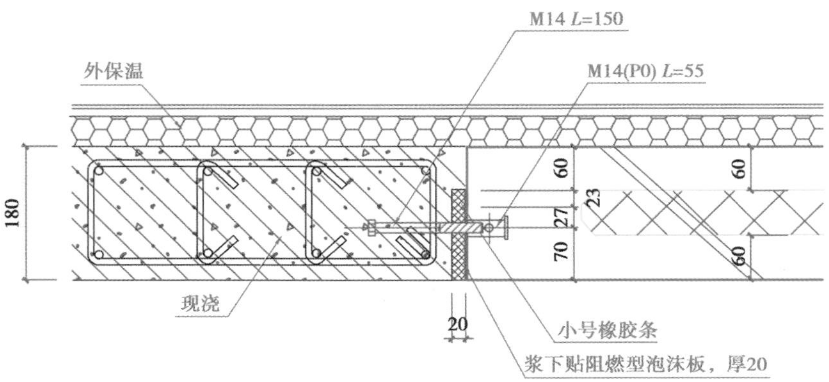

图 5.35　现浇构件与预制墙板连接

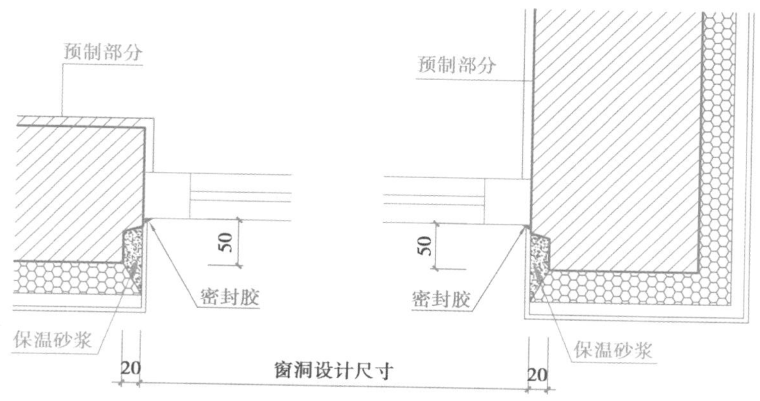

图5.36　凸窗边的防水及保温节点构造

由于PCF板内侧还需浇捣混凝土，所以PCF板内放置PE填充条和橡胶皮粘贴以防止混凝土浇捣时漏浆。在主体结构施工完毕后进行密封胶施工。具体施工顺序为：PCF板吊装前，先在下一层板顶部粘贴20 mm×30 mm PE条，然后在垂直竖缝处填充直径20 mm的PE条，最后在PCF结构间粘贴橡胶皮，施工完成后再次进行密封胶施工（图5.37）。

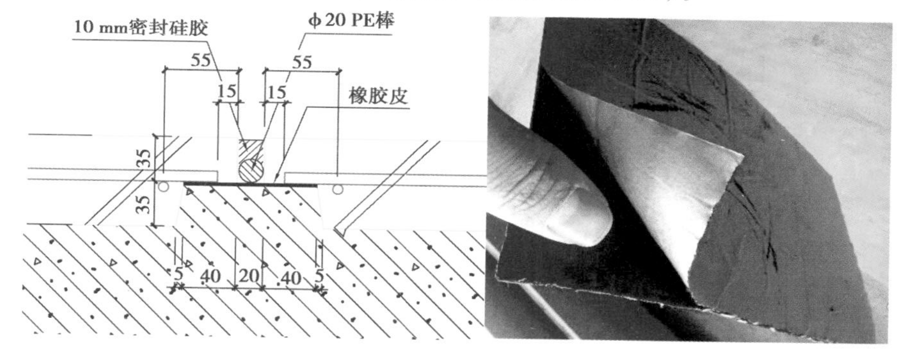

图5.37　PCF结构间密封处理

⑥密封胶施工步骤：材料准备（纸箱批号确认→罐批号确认→涂布枪及金刮刀→平整刮刀）→除去异物→毛刷清理→干燥擦拭→溶剂擦拭→防护胶带粘贴→密封胶混合搅拌→向胶枪内填充→接缝填充及刮刀平整→防护胶带去除→使用工具清理。

⑦淋水试验方法：

a.按常规质量验收要求对外墙面、屋面、女儿墙进行淋水试验。

b.喷嘴离接缝距离为300 mm。

c.重点对准纵向、横向接缝和窗框进行淋水试验。

d.从最低水平接缝开始，然后是竖向接缝，接着是上面的水平接缝。

e.注意仔细检查预制构件内部，如发现漏点，做记号，找出原因，进行修补。

f.喷水时间：每1.5 m接缝喷5 min。

g.喷嘴进口处水压：210~240 kPa（预制面垂直，慢慢沿接缝移动喷嘴）。

h.喷淋试验结束后，观察墙体内侧是否出现渗漏现象。如无渗漏现象出现，即可认为墙面防水施工验收合格。

i.淋水过程中在墙内、外进行观察，做好记录。

5)高强灌浆料施工

根据图纸和设计要求,本工程预制外墙板内套筒、镀锌波纹管以及 PVC 管采用高强灌浆料灌注,高强套筒、镀锌波纹管施工是应用于预制与现浇结构、预制与预制构件连接的新型施工技术(图 5.38)。

(1)施工准备

①手持式搅拌器一台,小型水泥灌浆机一台,量程为 100 kg 地秤一台,用于称料;量程为 10 kg电子秤一台,或能精确控制用水量、带刻度且容量合适的量筒(量杯)用于量水;温度计 3 支(用于测量现场气温、水温、料温);30 L 灌浆料搅拌桶一只(严禁用铝质桶)、小水桶若干,用于盛水及运送灌浆料;竹坯子若干,供疏导灌浆料用。

②橡胶塞若干,用于堵塞灌浆孔、溢浆孔;瓦刀等工具若干;准备检验强度用试模,可选用 40 mm×40 mm×160 mm 试模。

上述施工准备材料和机械为 1 栋号房的施工材料和机械,根据调查和设计等需求,再结合项目施工特点,计划配置 4 台灌浆机进行灌浆施工,能满足最高峰灌浆施工。

③连接要求:预制构件吊装前,应清除套筒内及预留钢筋上灰尘、泥浆及铁锈等,保持清洁干净。吊装前应将钢筋矫正就位,确保构件顺利拼装。钢筋在套筒内应居中布置,尽量避免钢筋碰触,紧靠套筒内壁。

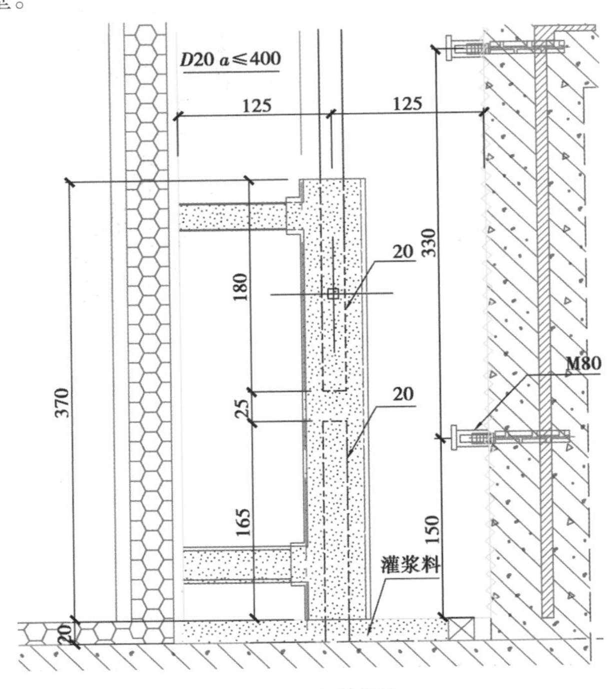

图 5.38　套筒灌浆

(2)灌浆施工

①搅拌。高强灌浆料以灌浆料拌和水搅拌而成(图 5.39)。水必须称量后加入,精确至 0.1 kg。拌和用水应采用饮用水,使用其他水源时,应符合《混凝土拌和用水标准》(JGJ 63—2006)的规定。灌浆料加水量一般控制在 13%~15%,灌浆料∶水=1∶0.13~1∶0.15(质量比)。根据工程具体情况可由厂家推荐加水量,原则为不泌水,流动度不小于 300 mm(不振动自流情况下)。

(a)高强灌浆料称量

(b)水量称量

图 5.39　灌浆施工

高强无收缩灌浆料拌和采用手持式搅拌机搅拌，搅拌时间为 3~5 min，灌浆料拌合物应搅拌充分、均匀，并宜静置 2 min 后使用。搅拌完成的拌合物随停放时间增长，其流动性降低。自加水算起应在 30 min 内用完。灌浆料未用完应丢弃，不得二次搅拌使用，灌浆料中严禁加入任何外加剂或外掺剂。

②灌浆。将搅拌的灌浆料倒入螺杆式灌浆泵(图 5.40)，开动灌浆泵，控制灌浆料流速在 0.8~1.2 L/min，待有灌浆料从压力软管中流出时，插入钢套筒灌浆孔中(图 5.41)。应从一侧灌浆，灌浆时必须考虑排除空气，两侧以上同时灌浆会窝住空气，形成空气夹层。

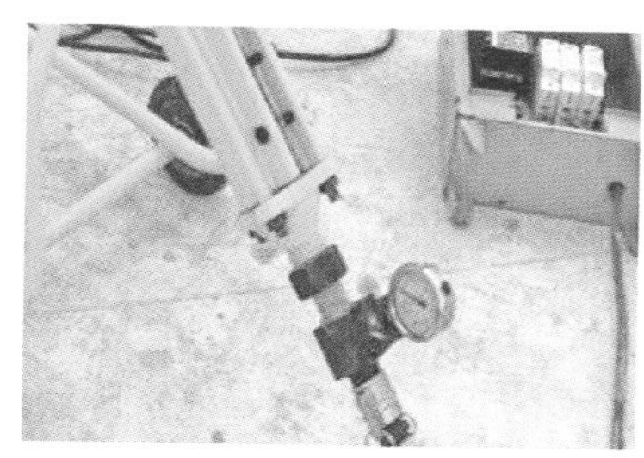

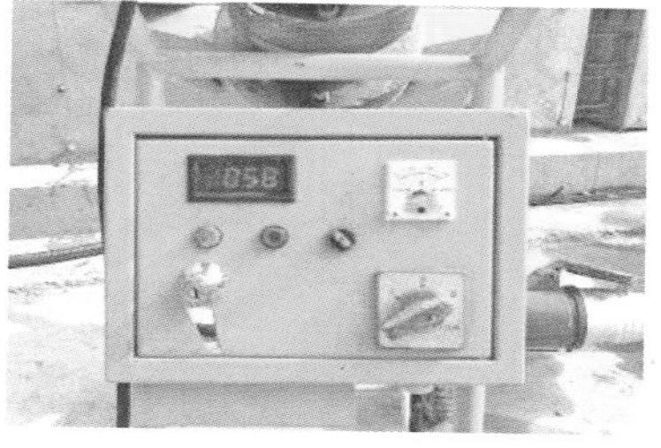

图 5.40　灌浆泵

图 5.41　高强灌浆施工

从灌浆开始，可用竹坯子疏导拌合物。这样可以加快灌浆进度，促使拌合物流进模板内各个角落。灌浆过程中，不允许使用振动器振捣，以确保灌浆层匀质性。灌浆开始后，必须连续进行，不能间断，并尽可能缩短灌浆时间。灌浆过程中发现已灌入拌合物有浮浆时，应当立即灌入较稠些的拌合物，使其吸收浮水。有灌浆料从钢套筒溢浆孔溢出时，用橡胶塞堵住溢浆孔，直至所有钢套筒中灌满灌浆料，停止灌浆。

拆卸后的压浆阀等配件应及时清洗，其上不应留有灌浆料，灌浆工作不得污染构件，如已污染应立即用清水冲洗干净。作业过程中对余浆及落地浆液及时进行清理，保持现场整洁。灌浆结束后，应及时清洗灌浆机、各种管道以及粘有灰浆的工具。超高强无收缩钢筋连接灌浆料施工流程如图 5.42 所示。

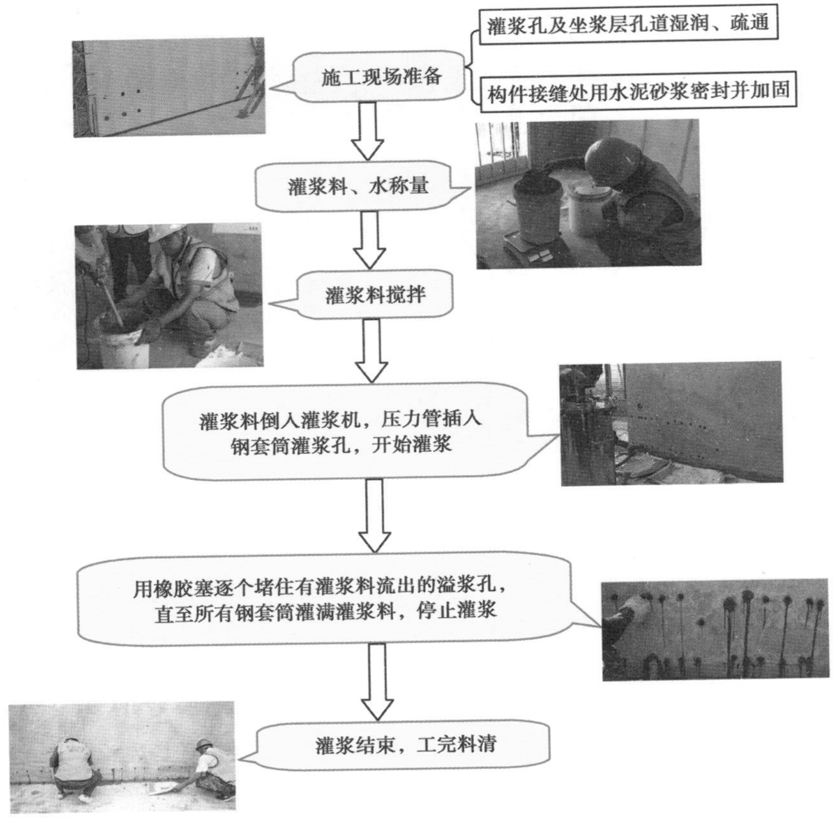

图 5.42　超高强无收缩钢筋连接灌浆施工流程

6)连接件、外防护及施工进度安排

每栋号房构件金属加工件种类、数量统计。根据构件施工图纸内容，构件管理小组在构件施工前两个月就将金属加工件根据图纸要求按照种类、数量统计完毕，同时在构件正式施工前将其金属加工件加工完成。预制外墙采用内墙加固连接方式，五金损耗较大。

本工程 3 层以上使用预制构件，并使用无外架防护结构。装配式混凝土结构构件在工厂预制、现场安装，施工时在方便构件吊装的前提下，防护结构既要组装简便，又要满足安全防护要求。本项目结合具体情况采用组合防护结构。外墙围护脚手架采用传统悬挑脚手架。

标准层施工进度为 6 d 一层。

第一天施工现场如图 5.43、图 5.44 所示。

第二天施工现场如图 5.45 所示。

第三天施工现场如图 5.46 所示。

第四天施工现场如图 5.47 至图 5.49 所示。

第五天施工现场如图 5.50、图 5.51 所示。

第六天施工现场如图 5.52 所示。

图 5.43　结构弹线、混凝土养护、吊钢筋(上午)

图 5.44　外墙板吊装、内墙钢筋绑扎(下午)

图 5.45　外墙板继续吊装施工、内墙钢筋绑扎、墙柱模板安装、钢管排架搭设

图 5.46　墙柱模板安装、排架搭设

图 5.47　楼面板、梁模板安装施工

图 5.48　阳台板安装

图 5.49　叠合板钢筋绑扎

图 5.50　模板安装完成，楼板钢筋绑扎

图 5.51　水电管线预埋

图 5.52　现场浇筑混凝土

5.1.5　装配式混凝土结构质量管理

1)测量工程

①建筑物在施工期间或使用期间发生不均匀沉降或严重裂缝时,应及时会同设计单位、监理单位、质量监督部门等共同分析原因,商讨对策。

②沉降观测资料应及时整理和妥善保存,包括沉降观测成果表、沉降观测点平面位置布置图等。

③质量监督部门在质量监督过程中,应把建筑物沉降观测检查作为质量监督重要内容。重点检查基准点埋设、观测点设置、测量仪器设备及计量检定证书,测量人员上岗证、测量原始数据记录等,并将单位工程竣工沉降观测成果表归入监督档案资料中。

④经纬仪工作状态应满足竖盘竖直,水平度盘水平;望远镜上下转动时,视准轴形成的视准面必须是一个竖直平面。水准仪工作状态应满足水准管轴平行于视准轴。

⑤使用钢尺时,应进行钢尺鉴定误差、温度测定误差修正,并消除定线误差、钢尺倾斜误差、拉力不均匀误差、钢尺对准误差、读数误差等。

⑥每层轴线间偏差在±2 mm,层高垂直偏差在±2 mm。所有测量计算值均应列表,并应有计算人、复核人签字。在仪器操作上,测站与后视方向应用控制网点,避免转站而造成积累误差。定点测量应避免垂直角大于45°。对易产生位移的控制点,使用前应进行校核。在3个月内,必须对控制点进行校核,避免因季节变化而引起误差。在施工过程中,要加强对层高、轴线和净空平面尺寸的测量复核工作。

2)预制构件

①对于成品生产、构件制作、现场装配各流程和环节,施工管理应有健全的管理体系、管理制度。

②施工前,应加强设计图、施工图和构件加工图校核,掌握有关技术要求及细部构造,编制专项施工方案,构件生产、现场吊装、成品验收等应制订专项技术措施。在每一个分项工程施工前,应向作业班组进行技术交底。

③每块出厂的预制构件都应有产品合格证明,经构件厂、总包单位、监理单位三方共同认可后方可出厂。

④专业多工种施工劳动力组织，选择和培训熟练的技术工人，按照各工种的特点和要求，有针对性地组织与落实。

⑤施工前，按照技术交底内容和程序，逐级进行技术交底，对不同技术工种的针对性交底应达到施工操作要求。

⑥装配施工过程中，必须确保各项施工方案和技术措施落实到位，各工序控制应符合规范和设计要求。

⑦每一道步骤完成后都应按照检验表格进行抽查。每一层结构混凝土浇捣完毕后，需用经纬仪对外墙板进行检验，以免垂直度误差累积。

⑧装配式结构应有完整的质量控制资料及观感质量验收，对涉及结构安全的材料、构件制作进行见证取样、送样检测。

⑨装配式结构工程的产品应采取有效的保护措施，对于破损的外墙面砖应用专用黏结剂进行修补。

3）模板工程

①模板制作质量直接影响混凝土的质量。本工程模板均采用九夹板（九夹板，又称九层板，就是 9 mm 厚的夹心木质板，夹芯板是以一种材料作为芯材，两面用其他材料作面层，用料可以是密度板，也可以是多层板，一般指 9 mm 的多层板。在建筑工程多用于模板工程，用来固定支撑混凝土。），顶板采用七夹板，从而保证结构垂直度及几何尺寸。制作安装偏差控制参照标准执行。

②模板在每一次使用前，均应全面检查模板表面光洁度，不允许有残存的混凝土浆，否则必须进行认真清理，然后喷刷一层无色的脱膜剂或清机油。

③模板安装必须正确控制轴线位置及截面尺寸，模板拼缝要紧密。当拼缝大于或等于 1 mm 时，要用刮腻子或用白铁皮封钉；跨度大于 4 m 时，模板应起拱跨度的 1‰~3‰。

④模板支承系统必须横平竖直，支撑点必须牢固，扣件及螺栓必须拧紧，模板严格按排列图安装。浇捣混凝土前，对模板支撑、螺栓、柱箍、扣件等紧固件派专人进行检查，发现问题及时整改。

⑤孔洞、埋件等应正确留置，建议在翻样图上自行编号，防止错放漏放。安装要牢固，经复核无误后方能封闭模板。

⑥平台模板支撑必须严格按照设计图纸要求，做到上下、进出一致，木工施工员必须做到层层复核。

⑦模板拆除应根据“施工质量验收规范”和设计规定的强度要求统一进行，未经有关技术部门同意，不得随意拆模。现场增加混凝土拆模试块，必要时进行试块试压，以保证质量和安全。

⑧模板周转使用应经常整修、刷脱模剂，并保持表面平整和清洁。

4）钢筋工程

①钢筋按图翻样，要求准确。

②进场钢筋必须持有成品质保书、出厂质量证明书、试验报告单。每批进入现场的钢筋，由材料员和钢筋翻样组织人员进行检查验收，认真做好清点、复核（即核定钢筋标牌、外形尺寸、规格、数量）工作，确保每次进入到现场的钢筋到位准确，避免现场钢筋堆放混乱现象，保证现场文明标准化施工。

③对进场各主要规格的受力钢筋，由取样员会同监理工程师根据实际使用情况，抽取钢筋焊接接头、原材料试件等，及时送试验室对试件进行力学性能试验，经试验合格后，方可投入使用。

④钢筋搭接、锚固要求按照结构设计说明及相关设计图纸要求，并符合规范施工质量要求。

⑤钢筋要合理布置，用铁丝绑扎牢固，相邻梁的钢筋尽量拉通，以减少钢筋的绑扎接头。必要时，会同技术员先根据图纸绘出大样，然后再加工绑扎，梁箍筋接头交错布置在两根架立钢筋上，板、次梁、主梁上下钢筋排列要严格按图纸和规范要求布置。

⑥每层结构柱头、墙板竖向钢筋在板面上要确保位置准确无偏差，该工作需协同复核；如个别确有少量偏位或弯曲时，应及时在本层楼板顶面上校正偏差位，确保钢筋垂直度。确保竖向钢筋不偏位的方法为：柱在每层板面竖向筋应绑扎不少于 3 只柱箍，最下一只柱箍必须与板面梁筋点焊固定；对于墙板插筋，应在板面上 500 mm 高范围内，绑扎不少于 3 道水平筋，并扎好“S”钩撑铁。

⑦主次梁钢筋交错施工时，一般情况下次梁钢筋均搁置于主梁钢筋上。为避免主次梁相互交接时，交接部位节点偏高，造成楼板偏厚，梁中间部位采取次梁主筋穿于主梁内筋内侧。上述钢筋施工时，总体确保钢筋相叠处不得超过设计高度。遇到复杂情况时，需会请甲方、设计、监理到场处理解决。

⑧梁主筋与箍筋的接触点全部用铁丝扎牢，墙板、楼板双向受力钢筋相互交点必须全部扎牢；上述非双向配置钢筋相交点，除靠近外围两行钢筋相交点全部扎牢外，中间可按梅花形交错绑扎牢固。

⑨梁和柱的箍筋应与受力钢筋垂直设置；箍筋弯钩叠合处，应沿受力钢筋方向错开设置（梁箍弯钩设置在梁底位置，左右交错，柱箍转圈设置），箍筋弯钩必须为 135°，且弯钩长度必须满足 $10d$。

⑩钢筋搭接处，应在中心和两端用铁丝扎牢；钢筋绑扎网必须顺直，严禁扭曲。

⑪钢筋绑扎施工时，墙和梁可先在单边支模后，再按顺序扎筋；钢筋绑扎完成后，由班长填写“自检、互检”表格，请专职质检员验收；项目质量员及钢筋翻样严格按施工图和规范要求进行验收，验收合格后，再分区分批逐一请监理工程师验收；验收通过后方可封模（在封模前清除垃圾）。每层结构竖向、平面的钢筋、拉结筋、预埋件、预留洞、防雷接地全部通过监理工程师验收，由项目质检员填写隐蔽工程验收意见后提交监理工程师签证。浇捣混凝土时派专人看护，随时随地对钢筋进行纠偏，同时清除插筋上黏附的混凝土。

⑫钢筋加工形状尺寸应符合设计要求，偏差率应符合有关规范要求。加工完成后的钢筋应进行验收，符合要求后方可用于工程，并填写“钢筋加工检验批质量验收记录表”。

⑬钢筋施工前必须准确放出轴线和控制边线，柱、暗柱、墙板、梁弹线后方可进行钢筋施工，以确保钢筋保护层厚度，满足设计和施工验收规范的要求。钢筋保护层不足的位置，安排专门人员进行校核。

⑭水泥垫块必须按照不同的厚度预先制作；垫放时，原则上为 1 m 间距垫一块，若钢筋较细（如楼板、楼梯平台等），则加密设置；板双层钢筋的面层钢筋需加设马凳筋；梁钢筋绑扎好入模后，下侧保护层和外侧保护层应先垫好，然后再扎平台钢筋；板和柱的钢筋保护层要边扎边垫。保护层厚度需均匀、扎垫牢固。浇捣混凝土前，要检查一遍所有扎好的钢筋保护层是否都垫妥，避免发生露筋。

⑮绑扎钢筋时先扎柱墙筋，再扎梁和平台钢筋，在绑扎时所有的箍筋均只能从柱顶上部逐

一套入，套入时要注意箍筋开口倒角的位置，柱的箍筋弯钩应交错放置，并要有135°倒角，绑扎在四周纵向立筋上，间距准确，成型钢筋要绑扎在主筋上。

⑯采用电渣压力焊施工时，钢筋端部应切平，并清除铁锈，对焊钢筋轴线垂直对接，特别是上下钢筋的边缝一定要对齐，接头处弯折不大于2°，接头处钢筋轴线偏移不大于0.1d且不大于2 mm。焊接后，接头焊包均匀，不得有裂纹，钢筋表面无烧伤等明显缺陷，接头处钢筋位移超过规定的要重新焊接。同时为了补偿焊接时的长度损失，翻样时钢筋长度宜放长5 cm（即1.2d），电渣压力焊接要逐个进行外表检查，并按规定每层300个同类接头，取一组（3根）试样至标准实验室试验。

⑰直螺纹连接必须按设计要求应用，除适用厂家的技术标准，还应遵守《混凝土结构工程施工质量验收规范》（GB 50204—2015）要求。施工中注意对直螺纹的保护，必须用塑料套包住螺纹丝牙，严禁机械等碰撞，连接要用专用工具，螺纹露出套筒丝牙数要满足要求，以保证连接可靠性。丝牙损坏不得强行连接，接头必须按比例送检。

⑱梁上部、底部钢筋接头位置按照设计及有关规范要求执行。

⑲墙体水平筋进柱时，锚固长度必须满足设计及有关规范要求。

5）混凝土工程

①施工前一周，由混凝土搅拌站将配合比送交总包方审核，并提请监理方审查，合格后方能组织生产。

②为保证混凝土质量，主管混凝土浇捣的人员一定要明确每次浇捣混凝土的级配、方量，以便于混凝土搅拌站能严格控制混凝土原材料的质量技术要求，并备足原材料。

③严格把好原材料质量关，水泥、碎石、砂及外加剂等均要达到国家规范规定的标准，及时与混凝土供应单位沟通信息。

④对不同混凝土浇捣，采用先浇捣墙、柱混凝土，后浇捣梁、板混凝土，并保证在墙、柱混凝土初凝前完成梁、板混凝土的覆盖浇捣。混凝土配制采用缓凝技术，入模缓凝时间控制在6 h。对高低等级混凝土用同品种水泥，同品种外掺剂，保证交接面质量。

⑤及时了解天气动向，浇捣混凝土需连续施工时应尽量避免大雨天。施工现场应准备足够数量的防雨物资（如塑料薄膜、油布、雨衣等）。如果混凝土施工过程中下雨，应及时遮蔽，雨过后及时做好面层处理。

⑥混凝土浇捣前，施工现场应先做好各项准备工作，机械设备、照明设备等应事先检查，保证完好符合要求；模板内的垃圾和杂物要清理干净，木模部位要隔夜浇水保湿；搭设硬管支架，着重做好加固工作；做好交通、环保等对外协调工作，确定行车路线；制订浇捣期间的后勤保障措施。

⑦由项目经理牵头组成现场临时指挥小组，实行搅拌站、搅拌车与泵车相对固定，定点布料，现场设一名搅拌车指挥总调度。由于工程所在地位于市中心，道路状况的限制，车辆应设立蓄车点。为了加强现场与搅拌站之间的联系，搅拌站应派遣驻场代表，发现问题及时解决。

⑧混凝土搅拌车进场后，应把好混凝土质量关。按规定检查坍落度、和易性是否符合要求，对于不合格者严格予以退回。

⑨混凝土浇捣前，各部位的钢筋、埋件插筋和预留洞必须由有关人员验收合格后方可进行浇捣。

⑩为确保施工顺利进行，避免出现意外情况，必须注意以下几点：

a.确保工地用电用水。

b.混凝土浇捣时严格控制现场搅拌车混凝土坍落度,不合格退回。到现场的搅拌车不得加水。

c.现场大门口应有管理人员检查每辆搅拌车进场收货单,以确认混凝土的级配和方量。

d.现场大门口应有管理人员冲洗、清扫每辆搅拌车和路面,防止拖泥带水影响市容。

⑪每台泵由专人在施工面上统一指挥,控制好泵车的速度,合理供料。每台泵配备4台振捣棒。

⑫混凝土养护工作:已浇捣的混凝土强度未达到1.2 MPa前,在通道口设置警戒区,严禁在其表面踩踏或安装模板、钢筋和排架。对已浇捣完毕的混凝土,在12 h以内(即混凝土终凝后)即派人浇水养护,浇水次数应能使混凝土处于润湿状态;气温高于30 ℃时适当增加浇水次数,气温低于5 ℃时不要浇水。

⑬为保证产品质量,在混凝土施工后应注意做好产品保护:

a.混凝土施工完毕后,在混凝土墙板、柱或构件等部位搭设临时防护,确保混凝土墙板、柱构件等不被破坏。

b.在混凝土墙板、柱或构件等部位表面严禁刻画或涂写,确保墙板柱或构件等表面清洁干净。

c.必须在混凝土表面做标记时,应经过主管人员同意,并在指定部位进行。

6)验收标准

(1)验收程序

预制结构施工质量标准

装配式结构质量验收按单位(子单位)工程、分部(子分部)工程、分项工程和验收批进行。

装配式结构可分为四大部分:预制构件质量验收部分、预制构件吊装质量验收部分、现浇混凝土质量验收部分、预制产品竣工验收与备案部分。

(2)预制构件验收标准

预制构件验收分为构件制作生产单位验收与现场施工单位(含监理单位)两个方面进行。

①构件厂验收包含5个方面:模具、外墙面砖、制作材料(水泥、钢筋、砂、石、外加剂等);成品后,预制构件验收包括外观质量、几何尺寸,要求逐块检查。

②现场验收:对进场后的构件观感质量、几何尺寸、产品合格证和有关资料,以及构件图纸编号与实际构件的一致性进行检查。对预制构件在明显部位标明的生产日期、构件型号、生产单位和构件生产单位验收标志进行检查。对构件预埋件、插筋及预留洞规格、位置和数量符合设计图纸的标准进行检查。

5.1.6　装配式混凝土结构施工安全

(1)脚手架平面布置以及特殊临边防护外架

本项目中,装配式住宅楼采用落地外脚手架(1~11层)和悬挑脚手架(12~21层)特殊外架临边围挡作为吊装施工及外墙清理安全防护措施。所有号房(地库)落地式脚手架使用从底层至11层,特殊外架围护架是从12层至顶层。脚手基础在坚实地基上(回填土夯实)浇捣整条通长混凝土板带。搭设按结构层次施工逐步由下向上进行,满足预制装配式墙板结构施工需要,施工完毕后,由人工和塔吊配合拆除。

采用$\phi48\times3.0$双排钢管外脚手架,搭设时严格按操作规程进行(图5.53)。脚手架采用扣件式钢管搭设,外侧立面采用密目网全封闭,每排脚手架的外侧下部设挡脚板,脚手板为竹笆脚手板。做好脚手架与建筑物拉结，脚手架外挂密目安全网，操作层满铺脚手板，并在外侧设置高度大于 180 mm 挡脚板。连墙件必须每层设置，在有窗口的位置，采用在楼层内预埋钢管与脚手架连接；在没有窗口的位置，在外墙板水平缝处预留Φ10 钢筋与脚手架钢管焊接连接；水平和垂直间距都不得大于 3 600 mm。

图 5.53　脚手架和安全网

(2)安全通道及加工棚

适用范围：多功能组合钢构架可利用标准构件完成多种临时设施搭设，包括人行安全通道、车行安全通道、仓库及各种加工棚(图 5.54、图 5.55)。

图 5.54　现场安全通道

图 5.55　现场加工棚

(3)楼梯防护栏杆

①适用范围：安装在不同长度、不同斜度的楼梯段临边作防护。

②结构、型号：采用内插式钢管，弯头可调节，杆件可伸缩。

③制作特点：钢材采用国家标准材料，制作严格按图施工。尺寸正确，连接方便、牢固，达到安全防护的目的。

④产品特点：楼梯扶手栏杆采用工具式短钢管接头，立杆采用膨胀螺栓与结构固定，内插钢管栏杆，使用结束后可拆卸周转重复使用。

⑤安装要求：立杆安装要求位置正确、垂直，底座膨胀螺栓与结构固定平整牢固，内插钢管栏杆连接，螺丝不遗漏。

⑥颜色要求：扶手栏杆颜色采用黄、黑两色(图 5.56)。

图 5.56　扶手栏杆及警示颜色

(4)电梯井安全门

①适用范围：门式电梯井安全门是建筑施工现场预防人身伤害必备的保护设施，它涉及高层建筑、多层建筑、综合性工业厂房等建筑施工工地(图 5.57)。

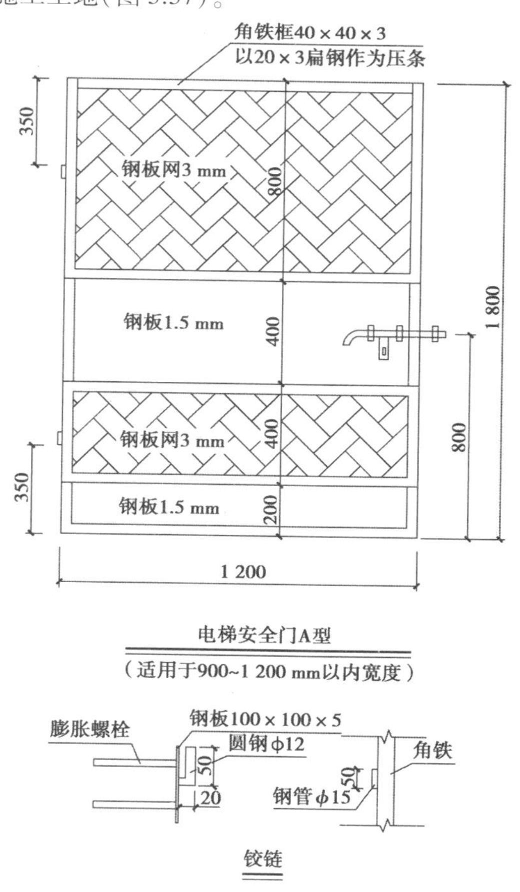

图 5.57　电梯井安全门

②结构、型号：电梯井安全门全部由钢结构组成，适用于门洞宽度为900~1 200 mm的电梯井。

③制作特点：钢材采用国家标准材料，制作严格按图施工，尺寸正确，电焊接点牢固，达到安全防护的目的，喷漆均匀，安全门安装离地200 mm。

④产品特点：门式电梯井安全门结构简洁，安装、使用方便、感观大方，质量安全可靠，符合安全生产保证体系要求。

⑤安装要求：铰链固定要求横平竖直，标高准确，铰链固定用膨胀螺栓，要求拧紧；安全门安装离地200 mm。

⑥颜色要求：电梯安全门采用黄色，门下部挡脚板采用黄、黑间隔，宽度为150 mm，60°斜向布置。

（5）基坑临边防护围挡（图5.58）

①适用范围：基坑周边区域围护及施工区域隔离分隔，并可用作电梯井防护门。

②结构、型号：基坑临边防护栏由钢立管和插片式防护围栏组成，各构件由螺栓锚固组成。

③制作特点：钢材采用国家标准材料，制作严格按图施工；尺寸正确，焊接牢固，达到安全防护目的。

④产品特点：结构简单，安装使用方便，外观大方，质量安全可靠，可反复使用。

⑤安装要求：基坑周边防护围栏立管底座应埋入混凝土翻梁内，梁截面为150 mm×150 mm，护栏离地总高度为1 200 mm；用作电梯井防护门时，应采用拼装式网片，护栏通过锚固钢板同电梯井边墙面有牢固连接，各锚固件位置和栏板高度尺寸应符合设计要求。

⑥颜色要求：ϕ48钢管、定型网片、角钢框均为黄色。

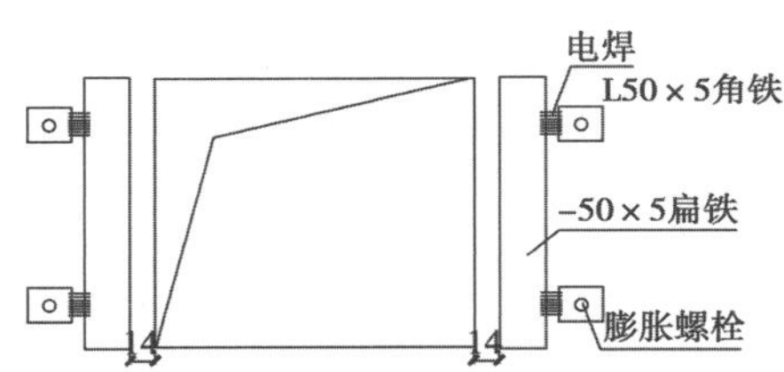

图5.58 基坑和电梯井临边防护

（6）移动登高平台（图5.59）

①适用范围：楼层内作业，结构、装饰和安装作业等。

②结构、型号：全部由钢管构件拼装组成，采用电焊（满焊）及铰链端连接。

③制作特点：钢材采用国家标准材料，制作严格按图施工，尺寸正确，电焊接点牢固，达到安全防护的目的。

④产品特点：移动登高平台移动方便，支撑灵活安全、结构简单，安装使用方便、感观大方，结构安全可靠，符合安全生产保证体系要求。

⑤安装要求：铰链端固定要求横平竖直，标高准确，支撑脚固定端用撑地螺栓，要求四面整平固定。

⑥颜色要求：移动登高平台颜色为黄黑相间。

图5.59 移动登高平台

(7)人字梯(图 5.60)

①适用范围:楼层内预制构件吊装作业等。

②结构、型号:全部由钢管焊接组成,连接端采用铰链固定,并设有防护链。

③制作特点:钢材采用国家标准管材,制作严格按图施工,尺寸正确,电焊接点须满焊,达到安全防护的目的。

④产品特点:构件灵活安全;结构简单,使用方便、支撑安全可靠,符合安全生产保证体系要求;为登高作业人员提供牢固的安全架体。

⑤安装要求:铰链固定端要求焊接牢固,各管件接口处焊接点必须满焊,保护链与架体连结点牢固稳妥,防滑橡皮设置到位。

⑥颜色要求:人字梯颜色为黄黑相间。

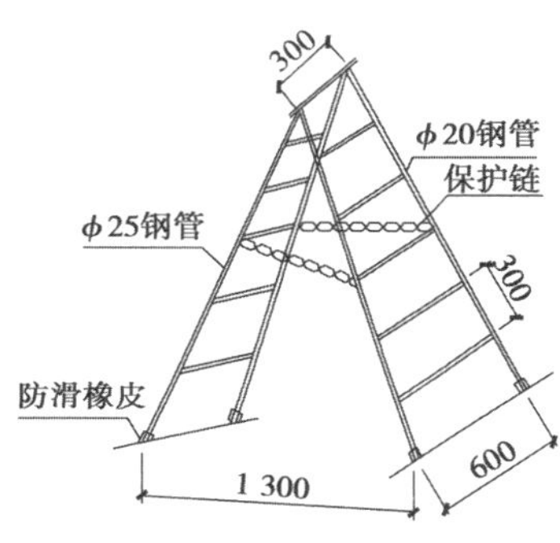

图 5.60　人字梯

(8)施工安全措施

预制板吊装、卸车需垂直起吊,在卸车过程中各相关人员相互配合,完成该放置过程。严禁非吊装人员进入吊装区域,构件上挂钩后要检查挂钩是否锁紧,起吊要慢、稳,保证预制板在吊装过程中不左右摇晃。在楼层外架上安装作业人员须佩戴安全带、安全帽等。

构件吊装工人必须经过三级教育及安全生产知识考试合格,并接受安全技术交底。

吊装各项工作要固定人员,不准随便换人,以便工人熟练掌握技能。外架吊装作业时按要求佩戴安全带,确保施工安全。

预制板吊装工人每次作业必须检查钢丝绳、吊钩、手拉葫芦、吊环螺丝等有关安全环节吊具,确保完好无损、无带病使用后方可作业。

预制板离开地面后,所有工人必须全部撤离预制板运行轨道及其附近区域。

预制板上预留的起吊点(螺栓孔)必须全部利用到位并螺栓必须拧紧,严禁吊装工人贪快而减少螺栓。

预制板吊装工人必须与塔吊班组配合,禁止野蛮施工。遇有五级及以上大风时,预制板吊装工人不得强求塔吊班组继续作业。

预制板吊装时必须采用“四点吊”,且吊点位置必须按照图纸明确的预留吊点孔洞进行加固起吊,不得利用预制板上其他预留孔洞进行起吊。

预制板吊装时,4 条吊装钢丝绳必须采用同规格、同长度(4 m)进行吊装,否则吊装时受力不稳易发生脱落现象。

5.1.7 装配式混凝土结构文明施工措施

(1)场容场貌管理

①按照要求实行封闭施工,施工区域围栏围护,大门设置门禁系统,按日式化管理进行人员打卡进入,着装标准化,闲杂人员一律不得入内。

②施工现场的场容管理实施划区域分块包干,责任区域挂牌,生活区管理规定挂牌。

③制订施工现场生活卫生管理、检查、评比考核制度。

④工地主要出入口设置施工标牌,内容包括工程概况、管理人员名单、安全六大纪律牌、安全生产计数牌、十项安全技术措施、防火须知牌、××市民卫生须知、卫生责任包干图和施工总平面图。

⑤现场布置安全生产标语和警示牌,做到无违章。

⑥施工区、办公区、生活区挂标志牌,危险区设置安全警示标志,在主要施工道路口设置交通指示牌。

⑦确保周围环境清洁卫生,做到无污水外溢,围栏外无渣土、无材料、无垃圾堆放。

⑧环境整洁、水沟通畅,生活垃圾每天用编织袋袋装外运,生活区域定期喷洒药水,灭菌除害。

(2)临时道路管理

①进出车辆门前派专人负责指挥。

②现场施工道路畅通。

③做好排水设施,场地及道路不积水。

④开工前做好临时便道,临时施工便道路面高于自然地面,道路外侧设置排水沟。

(3)材料堆放管理

①各种设备、材料尽量远离操作区域,不得堆放过高,防止材料倒塌伤人。

②进场材料严格按场布图指定位置进行规范堆放。

③现场材料员认真做好材料进场验收工作(包括数量、质量、质保书),并做好记录(包括车号、车次、运输单位等)。

④水泥仓库有管理规定和制度,水泥堆放 10 包一垛,过目成数,挂牌管理。水泥发放凭限额领料单,限额发放。仓库管理人员认真做好水泥收、发、存流水明细账。

⑤材料堆放按场布图严格堆放,杜绝乱堆、乱放、混放,特别要杜绝将材料堆靠在围墙、广告牌后,以防受力发生倒塌等意外事故。

5.1.8 工程资料管理

1)资料划分

装配式项目资料按照《建筑工程质量竣工资料实例》《建筑安装工程质量竣工资料实例》《装饰装修工程质量竣工资料实例》编制,范围为 A 册、B 册、C 册、D 册。本工程资料涉及的具体划分为:A 册——施工组织设计、质量计划资料;B 册——施工技术管理资料;C 册——工程质量保证资料;D 册——工程质量验收资料。

2）资料管理内容及要求

资料管理及资料编制执行“双轨制”，一套电子版、一套完整的文档版资料。在资料收集、编制和汇总过程中，应加强并注意各项资料的收集汇总与管理。本工程外墙为预制装配式混凝土结构，大量构件和铝合金门窗框、外墙面砖在工厂化生产中进行，该部分资料在工厂化生产中汇总、收集与形成，进入现场后应及时提供产品合格证，检查验收后方可用于工程施工中。现场施工资料包括以下内容。

（1）施工日记

施工日记是记录工程施工全过程的档案性文件，应按公司施工日记管理办法贯彻执行。

（2）技术复核单

技术复核单应一式三份，一份自留，一份交技术部门，一份交资料管理部门，由工地分项工程的施工技术员（钢筋翻样、木工翻样）在分项施工完成以后填写，填写时应详细写明复核的内容、部位、时间，由技术部门复核并签证。

（3）自检互检记录（包括结构质量评比记录）

各分部分项工程施工班组都必须进行自检工作，并填写自检质量评分单，由项目专职质量员进行测定。如不符合质量要求，应返工重新施工，评定单一份自留，一份交技术员（质量员）保管，另一份交技术资料员存档，作为今后竣工验收资料之一。

（4）隐蔽工程记录

隐蔽工程验收单应由专人负责开具、验收、回收，填写应及时，部位应填写清楚详细，及时交四方和质量部门检查验收并签证，未经隐蔽验收不得进行下一道工序。

（5）原材料及半成品质保书和实验室的报告

工程各项原材料以及半成品都应具有质量保证书或合格证书，应进行材料试验取得质量数据符合要求后方可使用。对各项试验报告应积累归入技术资料中。

（6）修改凭证

工程的修改图纸、修改通知单、材料代用设计签证单、三方会议纪要、技术交底、会议记录，都必须对照施工并妥善保存，最后列入技术资料栏内。

（7）沉降、偏差与记录

建筑物本身以及相邻的建筑物（构筑物）沉降，定位轴线、桩位偏差（包括压桩分包单位和工地截桩后测量）以及上部各层柱、墙、板、电梯井道偏差以及建筑物的全高偏差都必须做好测定记录。应办好技术复核单的签证手续，统一表格，及时归档。

（8）事故处理资料

事故（包括质量、安全、消防等）发生后，应遵照“四不放过”原则进行分析，由项目经理召集有关人员，必要时应请建设单位、协作单位、公司有关部门共同召开事故调查会，进行事故原因分析、吸取教训和采取处理办法以及措施的“四不放过”。根据事故的大小、损失程度，写出事故情况报告，列为技术资料归档。

（9）竣工图管理

竣工图作为该工程全面竣工后的规定资料，是今后的历史性文件，因此，必须全面地、详细地做好资料图纸的整理、资料汇总。由专人负责完善竣工图，按公司有关规定编制竣工图。工地必须准备一套完整、清楚的图纸，包括该工程的资料（建设单位需要的竣工图由建方提供原套图纸，包括修改图、资料）编制、盖竣工图印章，并由工程负责人签字盖章。

5.2 装配式剪力墙结构施工组织设计

5.2.1 编制依据

(1)规范与标准

《装配式混凝土结构技术规程》(JGJ 1—2014)

《钢筋锚固板应用技术规程》(JGJ 256—2011)

《钢筋焊接及验收规程》(JGJ 18—2012)

《混凝土结构施工规范》(GB 50666—2011)

《混凝土结构工程施工质量验收规范》(GB 50204—2015)

《钢筋机械连接技术规程》(JGJ 107—2016)

(2)图集

《装配式混凝土结构表示方法及示例(剪力墙结构)》(15G107-1)

《预制混凝土剪力墙外墙板》(15G365-1)

《预制混凝土剪力墙内墙板》(15G365-2)

《预制钢筋混凝土板式楼梯》(15G367-1)

《装配式混凝土结构连接点构造(楼盖和楼梯)》(15G310-1)

《装配式混凝土结构连接点构造(剪力墙)》(15G310-2)

《混凝土结构施工图平面整体表示方法制图规则和构造详图》(16G101-1/2/3)

5.2.2 质量保证体系

1)质量保证体系图

质量保证体系如图 5.61 所示。

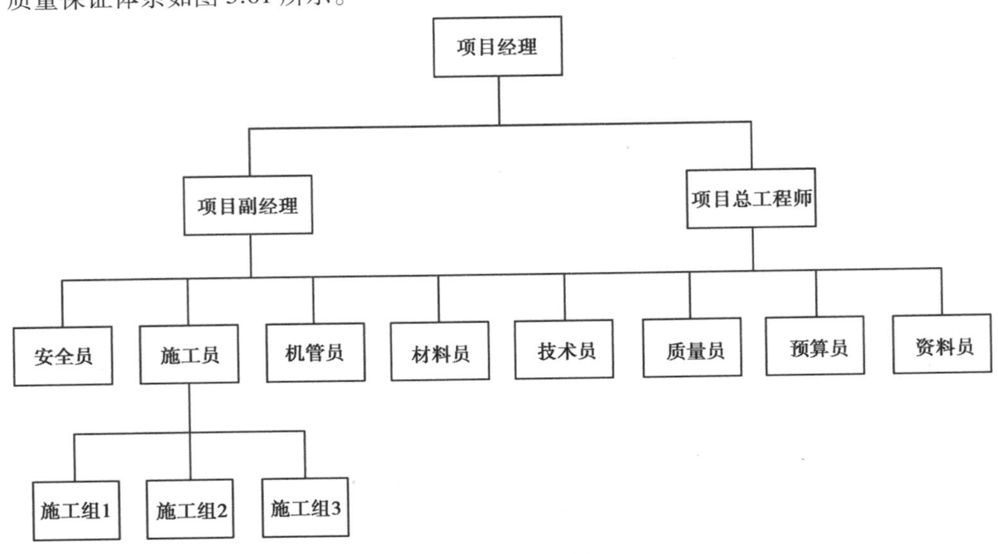

图 5.61 质量保证体系

2）工程技术复核

做好对原材料的复核工作，认真做好施工记录（表 5.2）。

表 5.2　工程技术复核

序号	复核项目	复核人
1	模具定位	
2	钢筋绑扎	
3	埋件预埋	
4	混凝土浇捣	
5	蒸汽养护	

3）原材料复检及成品检测

原材料复检如表 5.3 所示。

表 5.3　原材料复检

序号	验收项目	验收人
1	钢筋性能及质量偏差	
2	混凝土标养	
3	成品预制剪力墙（第三方检测）	
4	出厂合格证	
5	PVC 阻燃套管检验报告、暗装线盒检测报告、钢管检测报告	
6	楼梯（第三方检测）	
7	高强钢筋性能检测、高强钢筋质量偏差检测	
8	成品楼板（第三方检测）	

隐蔽工程验收如表 5.4 所示。

表 5.4　隐蔽工程验收

验收项目	验收人
钢筋绑扎、水电预埋	

4）质量管理措施

做到精心组织、精心指挥、精心施工。质量控制实行三检制度（自检、互检、质检）。加强工程预检工作，防止或减少制作和安装操作累积误差。对施工人员经常进行全面质量教育，针对工程施工特点，强化质量意识，牢固树立"百年大计，质量第一"思想。

5)预制构件成品检验

预制构件检验批依据《混凝土结构工程施工质量验收规范》(GB 50204—2015)检验数量:同一类型预制构件不超过1 000个为一批,每批随机抽取1个构件进行结构性能检验。检验方法:检查结构性能检验报告或实体检验报告。

(1)剪力墙

项目:钢筋性能检测(60 t一批次),钢筋质量偏差检测(60 t一批次),混凝土标养检测(100 m^3一批次),成品预制剪力墙第三方检测(每1 000块检测一次),出厂合格证,PVC阻燃套管检验报告,暗装线盒检测报告,钢管检测报告。

(2)楼梯

项目:钢筋性能检测(60 t一批次),钢筋重量偏差检测(60 t一批次),混凝土标养检测(100 m^3一批次),楼梯第三方检测(每1 000块检测一次),出厂合格证。

(3)楼板

项目:高强钢筋性能检测(60 t一批次)、高强钢筋重量偏差检测(60 t一批次),混凝土标养检测(100 m^3 一批次),成品楼板第三方检测(1 000块检测一次),出厂合格证。

5.2.3 质量保证措施

1)剪力墙制作工艺

剪力墙制作工艺:模板安装与清理→钢筋绑扎→验收→混凝土浇筑→蒸汽养护与脱模→出池、码放→成品验收→出厂。

预制构件制作时,生产车间及各生产小组应提前做准备工作,包括构件类型分布、场地安排,临时码放区域清理,生产设备调用、新制,辅料统计及库存清点等。

(1)模板安装与清理

①模板侧模与侧模、侧模与底模采用螺栓固定,具体视情况而定。

②侧模与侧模、侧模与底模之间一定要保证准确固定,用作底模的台座、底模、地坪及铺设的底板等均应平整光洁,不得下沉、裂缝、起砂或起鼓,以保证墙体与梁的截面尺寸。

③模具的部件与部件之间应连接牢固;预制构件上的预埋件均应有可靠固定措施,清水混凝土构件的模具接缝应紧密,不得漏浆、漏水。

④每次使用完模板后,将模板上的残渣、铁锈等杂物清理干净,并涂刷脱模剂,脱模剂应具有良好的隔离效果,且不得影响脱模后混凝土表面的后期装饰。

⑤模板安装后报甲方生产技术部验收合格后,方可进行下一道工序。

(2)钢筋绑扎

钢筋、预埋件入模安装固定后,浇筑混凝土前应进行构件隐蔽工程质量检查,其内容包括纵向受力钢筋的牌号、规格、数量、位置等,钢筋的连接方式、接头位置、接头数量、接头面积百分率等,箍筋、横向钢筋的牌号、规格、数量、间距等,预留孔道的规格、数量、位置,灌浆孔、排气孔、锚固区局部加强构造等,预埋件的规格、数量、位置等。

①保证所用钢筋型号准确,应按国家现行有关标准的规定进行进场检验,其力学性能和质量偏差应符合设计要求或标准规定,且需有甲方提供的钢筋复试报告方可进行施工。

②保证钢筋的间距及距构件边的距离、位置精确,确保钢筋保护层厚度。

③保证钢筋及拉钩、箍筋数量及预留钢筋长度的准确。

④钢筋绑扎前应注意钢筋除锈，确保钢筋清洁到位表面应无损伤、裂纹、油污、颗粒状或片状老锈。

⑤绑扎成型的钢筋骨架周边两排钢筋不得缺扣，绑扎骨架其余部位缺扣、松扣的总数量不得超过绑扣总数的 20%，且不应有相邻两点缺扣或松扣。

⑥纵向钢筋采用浆锚搭接连接，丝杠及灌浆孔的位置要精确无误。

⑦钢筋绑扎完成后报甲方生产技术部验收合格后，方可进行下一道工序。

(3)混凝土浇筑

①采用商品混凝土，保证构件所需混凝土品种与等级准确，冬季施工中应添加防冻剂。

②每次开盘前做好坍落度实验，坍落度保证在 140~160 mm，商品混凝土每次开盘及 100 m^3 内留置 3 组试块。

③混凝土浇筑过程中人员配置要合理，使用振动台或将振捣棒等工具配置到位，振捣棒在振捣过程中应保证将混凝土中的气体全部排出，且振出浮浆(图 5.62)。

图 5.62　混凝土振动台

④混凝土浇筑成型后，根据各类型构件要求将其操作面抹平压光。混凝土收面过程可用压杠刮平，也可用刮平机、磨平机完成(图 5.63、图 5.64)。尤其是门口、窗口部位平整度要从严控制。

图 5.63　混凝土刮平机

图 5.64　混凝土磨平机

⑤预制构件节点及接缝处后浇混凝土强度等级不应低于预制构件的混凝土强度等级；预埋件和连接件等外露金属件应按不同环境类别进行封闭或防腐、防锈、防火处理，并应符合耐久性要求。预制构件中外露预埋件嵌入构件表面的深度不宜小于 10 mm，墙板手工操作面应确保平整光滑，达到标准要求，一般为：

a.粗抹平：刮去多余混凝土（或填补凹陷），进行粗抹。

b.中抹平：待混凝土收水并开始初凝用铁抹子抹光面，达到表面平整、光滑。

c.精抹平：初凝后，使用铁抹子精工抹平，力求表面无抹子痕迹，满足平整度要求。

d.混凝土浇筑完成后，报甲方生产技术部验收合格后，方可进行蒸汽养护。

（4）蒸汽养护与脱模

①混凝土验收合格后进行蒸汽养护，养护时间为 12 h。养护过程中应进行温度测试，自混凝土养护开始后每小时测温一次，每一批次设置 3 个测温点，并做好记录。条件允许的情况下，预制构件优先推荐自然养护。采用加热养护时，按照合理的养护制度进行温控，可避免预制构件出现温差裂缝。预制夹芯保温外墙板最高养护温度不宜大于 60 ℃，防止有机保温材料在较高温度下产生热变形，进而影响产品质量。

②同种配合比的混凝土每工作班取样一次，做抗压强度试块不少于 3 组（每组 3 块），分别代表脱模强度、出厂强度及 28 d 强度。试块与构件同时制作，同条件蒸汽养护，出模前由试验室压试块并开具混凝土强度报告，达到脱模强度方可起吊脱模。

③拆模后的预制构件应及时检查，并记录其外观质量和尺寸偏差；对出现的一般缺陷应按技术方案要求对其进行处理，并对该构件重新检查。

④预制构件的预埋件、插筋、预留孔规格、数量应符合设计要求。

⑤预制构件的叠合面或键槽成型质量应满足设计要求。

⑥构件由蒸养窑取出（图 5.65）过程中，应保证所需要机械及人员到位，确保不损坏构件及安全，将构件放置码放区进行码放。

⑦对存在的一些缺陷，经技术人员判定，不影响结构受力的缺陷可以修补。

图5.65　混凝土预制构件蒸养窑

(5)外观质量验收

预制构件生产时,应采取措施避免出现外观质量缺陷。外观质量缺陷根据其影响结构性能、安装和使用功能的严重程度,可按规定划分为严重缺陷和一般缺陷(表5.5)。

表5.5　构件外观质量缺陷分类

名称	现象	严重缺陷	一般缺陷
露筋	构件内钢筋未被混凝土包裹而外露	纵向受力钢筋有露筋	其他钢筋有少量露筋
蜂窝	混凝土表面缺少水泥砂浆而形成石子外露	构件主要受力部位有蜂窝	其他部位有少量蜂窝
孔洞	混凝土中孔穴深度和长度均超过保护层厚度	构件主要受力部位有孔洞	其他部位有少量孔洞
夹渣	混凝土中夹有杂物且深度超过保护层厚度	构件主要受力部位有夹渣	其他部位有少量夹渣
疏松	混凝土中局部不密实	构件主要受力部位有疏松	其他部位有少量疏松
裂缝	缝隙从混凝土表面延伸至混凝土内部	构件主要受力部位有影响结构性能或使用功能的裂缝	其他部位有少量不影响结构性能或使用功能的裂缝
连接部位缺陷	构件连接处混凝土缺陷及连接钢筋、连接件松动,插筋严重锈蚀、弯曲,灌浆套筒堵塞、偏位,灌浆孔洞堵塞、偏位、破损等缺陷	连接部位有影响结构传力性能的缺陷	连接部位有基本不影响结构传力性能的缺陷

续表

名称	现象	严重缺陷	一般缺陷
外形缺陷	缺棱掉角、棱角不直、翘曲不平、飞出凸肋等，装饰面砖黏结不牢、表面不平、砖缝不顺直等	清水或具有装饰的混凝土构件内有影响使用功能或装饰效果的外形缺陷	其他混凝土构件有不影响使用功能的外形缺陷
外表缺陷	构件表面麻面、掉皮、起砂、沾污等	具有重要装饰效果的清水混凝土构件有外表缺陷	其他混凝土构件有不影响使用功能的外表缺陷

2）楼梯制作工艺

楼梯制作工艺：钢模板及其配件维修→施工准备→铺设底模及一面侧模→钢筋绑扎→另一面钢侧模板安装→混凝土浇筑→蒸汽养护→脱模→质量验收→出池吊装。

模板维修施工工艺及流程：清渣、除锈→板面维修→板肋维修。

（1）模具清理

①模板清渣、除锈。先用清扫机或扁铲清理模板上的灰块，然后用角磨机（安装钢丝刷）清理模板上的灰渣和浮锈。角磨机打磨不到位的部位用钢刷清灰、除锈，要求清理彻底，不留死角。

②板面维修。用靠尺、塞尺检查表面平整情况，平整度超过 2 mm 的模板需要在钢平台上平整板面。禁止用铁锤直接捶打板面，板面平整度要求在 2 mm 以内，用靠尺、塞尺检查。对板面孔洞用 2.5 mm 厚钢板堵塞，补焊找平，再用角磨机打磨平整。

③板肋维修。对模板肋变形部位调直，边肋不得超出凸棱。对脱焊部位补焊加固，焊脚长度不小于 2 mm，焊缝长度不小于 10 mm。边肋不全的模板可拆除报废模板肋板补齐，边肋孔洞需用钢板堵塞，焊口满焊，以保证模板刚度。板肋高度不得超过模板设计厚度，边肋打磨时严禁用砂轮机打磨面板凸棱。

（2）楼梯钢模板安装、钢筋绑扎

①钢模板安装、涂刷脱模剂：模板接缝处用密封条沿模板内缝边密封，不得出现跑浆、漏浆现象，模板与混凝土接触面应清理干净并涂刷脱模剂；模板内的杂物应清理干净，脱模剂应涂刷均匀且不得污染钢筋和混凝土接槎处，模板垂直度不得大于 3 mm。

②钢筋绑扎：钢筋外观应平直、无损伤，表面不得有裂纹、油污、颗粒状或片状老锈。检查钢筋（钢筋型号、直径、数量、间距、位置）是否符合图纸及规范要求。另一侧钢模板安装应紧固牢靠，接缝处用密封条沿模板内缝封堵密实，严禁出现跑浆、漏浆现象。混凝土施工质量标准必须按要求施工，严禁出现烂根、蜂窝、气泡，杜绝出现大的质量事故。

（3）混凝土浇筑及养护

浇筑混凝土时应分段分层连续进行，浇筑层高度应根据结构特点、钢筋疏密决定，一般为振捣器作用部分长度的 1.25 倍，最大不超过 40 cm。使用插入式振捣器时应快插慢拔，插点要均匀排列，逐点移动，顺序进行，不得遗漏，做到均匀振实。移动间距不大于振捣作用半径的 1.5 倍（一般为 30～40 cm）。振捣上一层时应插入下层 50 mm，以消除两层间的接缝。浇筑混凝土应连续进行，如必须间歇，其间歇时间应尽量缩短，并应在混凝土凝结前将次层混凝土浇筑完毕。间歇的最长时间应按水泥品种、气温及混凝土凝结条件确定，一般超过2 h应按施工缝处理。浇筑混凝土时，应经常观察模板、钢筋、预留孔洞、预埋件和插筋等有无移动、变形或堵塞情况，发现问题应立即处理，并应在已浇筑混凝土凝结前修正完好。蒸汽养护待合模后开始准备蒸养，蒸养前先将篷布支撑架以每50 cm左右间距排列整齐然后覆盖篷布，覆盖篷布时要严密防止蒸汽外漏。然后通知锅炉房通蒸汽，升温2~3 h，每小时升温不宜超过20 ℃；恒温5~8 h，保持恒温不超过70 ℃/h，降温2~3 h，每小时降温不宜超过20 ℃。蒸汽养护时用温度计测温并作好记录。

蒸养时间应根据天气季节情况适当调整。

(4)质量验收

预制楼梯外观质量、尺寸偏差及结构性能应符合设计要求。预制楼梯的外观质量不应有严重缺陷，不宜有一般缺陷，不应有影响结构性能和安装、使用功能的尺寸偏差。

(5)脱模吊装

混凝土楼梯蒸养后经过试压试块，强度值达到设计强度70%以上时方可脱模吊装。先将篷布叠好并放至指定位置，然后拆除钢模板。用吊车吊装到码放区，梯段前后摆放好方木，注意梯段控制间距以便于后期修理。吊装时，由于梯段较长，注意轻起轻放以免发生脱落、碰撞等造成人员、设备与梯段损伤。

(6)安全注意事项

①进入作业区需遵守相关规章制度。

②使用机械发现问题及时处理，禁止机械带病作业。

③机械维修时必须先切断电源，以防触电。

④下班后注意使用机械保护、覆盖、拉断电源。

⑤安全生产文明施工，做到活完料净脚下清。

3)楼板制作工艺

楼板制作工艺：模板安装与清理→钢筋张拉→钢筋绑扎→钢筋验收→蒸汽养护→出池、码放→成品验收→出厂。

预制板生产钢筋符合《混凝土结构设计规范》(GB 50010—2010)(2015年版)相关规定：预制板端伸出锚固钢筋互相连接，并宜与板支撑结构(圈梁、梁顶或墙顶)伸出的钢筋及板端拼缝设置的通长钢筋连接。

预制构件制作时，生产车间及各生产小组应提前做准备工作，包括构件类型分布、场地安排，临时码放区域清理，生产设备调用、新制、辅料统计及库存清点等。

(1)模具清理

生产线清理：将生产线上的砂石、渣土清理干净，并检查设备是否运转正常。

脱模剂涂刷：涂刷脱模剂时，先清理模板、生产线上的水泥、污垢、灰尘等，保证表面洁净。脱模剂加水稀释使用时，需要搅拌均匀再涂刷(新生产线使用前应整线涂刷未加水稀释的脱模剂或废机油)。由于脱模剂涂刷到生产线上待其干燥以后需要形成完整的膜层出来(特别是钢模板生产线)，因此在涂刷时需要仔细涂刷均匀，需要勤拉勤收，确保涂刷均匀一致，防止出现流挂、漏刷、气泡、杂质等。若因雨水冲刷造成脱模剂失效，需使用粉质脱模剂进行补刷。

(2)模具支设及维修

每次组合模具前，将模具表面混凝土残渣、灰尘打磨干净，模具内侧需光滑平整，平整度要小于 5 mm；模具面和侧模挠度小于 10 mm，模具组合严格按生产任务单要求尺寸进行组合。组合模具时，模具接缝处要保证严密，边模与底模不应有缝隙，缝隙处可采用重物压或密封条、密封胶棒封堵，防止漏浆。组模前模具涂刷机油，涂刷应均匀，防止出现流挂、漏刷、杂质等；模具尺寸必须符合任务单标注的尺寸，其误差需在验收规范规定的范围内：模具长度偏差≤3 mm、宽度偏差<3 mm、对角线偏差≤5 mm。模具固定分为磁力盒固定、压杆固定，磁力盒固定适用于钢底模板生产线，压杆固定适用于混凝土地面生产线（图 5.66）。

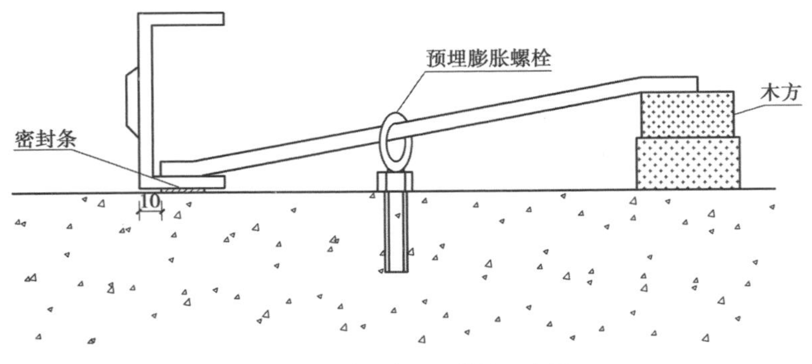

图 5.66　模具支设和维修示意图

模具平整度超过 5 mm 时需要在钢平台上平整板面，禁止用铁锤直接捶打板面，板面平整度要求达到 5 mm 以内，对板面键槽脱焊需补焊加固，焊脚长度不小于 2 mm，焊缝长度不小于 10 mm，再用角磨机打磨平整。

（3）钢筋张拉

钢筋张拉时，将钢筋沿生产线拉钢筋至生产线端部，钢筋一端由钢筋输筋板穿过，穿过端部后用夹具固定，然后按尺寸切断一端。钢筋切断后，钢筋由另一端输筋板穿过，穿过后用张拉机拉力夹具夹住钢筋，夹筋长度不得小于 10 cm 并用墩头机墩头（墩头次数不少于两遍）。整线布筋完成后，通知质检人员对预应力钢筋拉力进行检测，并对张拉机拉力值（限位器）进行调试设置。调试检测无误后，启动张拉机进行张拉，张拉机加力至设计钢筋拉力值处（有限位器）停止张拉。用夹具夹住钢筋后，缓慢松开张拉机并用镦头机进行镦头（镦头次数不少于两遍）。

预应力筋下料应满足以下要求：

①预应力筋的下料长度应根据台座的长度、锚夹具长度等经过计算确定。

②预应力筋应使用砂轮锯或切断机等机械方法切断，不得采用电弧或气焊切断。

钢丝镦头及下料长度偏差应满足以下要求：

①镦头的头型直径不宜小于钢丝直径的 1.5 倍，高度不宜小于钢丝直径。

②镦头不应出现横向裂纹。

③钢丝束两端均采用镦头锚具时，同一束中各根钢丝长度的极差不应大于钢丝长度的 1/5 000，且不应大于 5 mm。

④成组张拉长度不大于 10 m 的钢丝时，同组钢丝长度的极差不得大 2 mm。

预应力筋的张拉控制应力应符合设计及专项方案的要求。需要超张拉时，调整后的张拉控制应力 σ_{con} 应符合下列规定：对于消除应力钢丝、钢绞线，$\sigma_{con} \leqslant 0.80 f_{ptk}$；对于中强度预应力钢丝，$\sigma_{con} \leqslant 0.75 f_{ptk}$；对于预应力螺纹钢筋，$\sigma_{con} \leqslant 0.90 f_{pyk}$。

式中，σ_{con} 为预应力筋张拉控制应力；f_{ptk} 为预应力筋极限强度标准值；f_{pyk} 为预应力螺纹钢筋屈服强度标准值。

采用应力控制方法张拉时，应校核最大张拉力下预应力筋伸长值。实测伸长值与计算伸长值的偏差应控制在±6%以内，否则应查明原因并采取措施后再张拉。

(4)钢筋绑扎

钢筋绑扎前，确保预应力钢筋表面无油污、脱模剂等，钢筋先绑扎板底分布筋再绑扎板端构造筋。根据设计图纸及图集要求绑扎钢筋，钢筋绑扎过程中保证钢筋间距及距模具边距离、位置精确，边筋出板长度一致，确保预应力筋、分布筋、构造筋保护层厚度为 15 mm，楼板两端外露钢筋尺寸，两侧外露钢筋尺寸长度必须符合要求。实心板板端出筋上筋出 120 mm 向下打钩 50 mm，共 170 mm；板下预应力钢筋出 100 mm，板侧胡子筋出板 80 mm 向上打钩 50 mm，共 130 mm，端部分布钢筋距模具 50～150 mm，楼板均按设计要求荷载配筋(图 5.67)。绑扎成型的板端钢筋骨架不得缺扣，绑扎板端骨架其余部位跳扣总数量不得超过绑扣总数的 30%，且不应有相邻两点缺扣。桁架钢筋混凝土叠合板中，桁架钢筋应沿主要受力方向布置；桁架钢筋距板边不应大于 300 mm，间距不宜大于 600 mm；桁架钢筋弦杆钢筋直径不宜小于 8 mm，腹杆钢筋直径不应小于 4 mm；桁架钢筋弦杆混凝土保护层厚度不应小于 15 mm。

图 5.67　板钢筋分布

(5)混凝土浇筑

混凝土施工前应先通知质检人员，所需混凝土品种与等级应准确，混凝土坍落度保证在 120～140 mm。冬季施工中应添加防冻剂，对模具几何尺寸、钢筋绑扎间距、出筋长度等进行检验，检验合格确认无误后方可进行混凝土施工。采用商品混凝土时，需核对混凝土发货单上混凝土品种、等级等无误后方可进行混凝土浇筑施工。人工平整注意虚铺厚度，防止楼板厚薄不均。人工平整完成后，采用平板式振动器振捣，振捣时间要掌握准确。边振捣边人工平整，每次振动时间不应超过 1 min。当混凝土在模内泛浆流动或表面平整边角两端饱满即可停振，不得在混凝土初凝状态时再振，楼板板面平整度应小于 5 mm。平板式振动器作业时，应使平板与混凝土保持接触，使振波有效振实混凝土，待表面出浆不再下沉后，即可缓慢向前移动，移动速度应能保证混凝土振实出浆。振动器不得搁置在已初凝的混凝土上。采用绳拉平板振捣器时，拉绳应干燥绝缘；移动或转向时，不得用脚踢电动机，作业转移时电动机导线应保持有足够的长度和松度，严禁用电源线拖拉振捣器。振捣过后，应及时清理模具周边散落混凝土及漏浆，待楼板表面混凝土“水汽”吸收用木抹子抹平后及时用塑料布或薄膜覆盖楼板，以防止楼板水分流失过快导致干裂。

根据天气情况适当调整水灰比，施工前可先用喷壶将模具底部用水湿润。预制构件粗糙面成型应符合下列规定：可采用模板面预涂缓凝剂工艺，脱模后采用高压水冲洗露出骨料；叠合面粗糙面可在混凝土初凝前进行拉毛处理。

(6)蒸汽养护

预制构养护应符合下列规定：

①根据预制构件特点和生产任务量选择自然养护、自然养护加养护剂或加热养护方式。混凝土浇筑完毕或压面工序完成后应及时覆盖保湿，脱模前不得揭开。涂刷养护剂应在混凝土终凝后进行。加热养护可选择蒸汽加热、电加热或模具加热等方式。加热养护制度应通过试验确定，宜采用加热养护温度自动控制装置。宜在常温下预养护 2~6 h，升、降温速度不宜超 20 ℃/h，最高养护温度不宜超过 70 ℃。预制构件脱模时，其表面温度与环境温度的差值不宜超过 25 ℃。

②蒸汽养护的预制构件，其强度评定混凝土试块应随同构件蒸养后，再转入标准条件养护。构件脱模起吊、预应力张拉或放张的混凝土同条件试块，其养护条件应与构件生产中采用的养护条件相同。

(7)外观质量要求

①楼板尺寸(长、宽、厚)必须符合任务单标注的尺寸，其误差需在验收规范规定的范围内，楼板长度偏差为+10 mm、-5 mm，对角线偏差不大于 10 mm，宽度偏差为+10 mm、-5 mm，厚度为±5 mm。

②楼板板面平整度允许误差为 5 mm，楼板侧向弯曲、翘曲允许误差为 *L*/750，且不大于 20 mm。

③混凝土振捣要求表面平整，内部密实，边角及两端饱满，防止出现蜂窝、塌边、掉角。

④拆模后的预制构件应及时检查，并记录其外观质量和尺寸偏差；对于出现的一般缺陷应按技术方案要求对其进行处理，并对该构件进行重新检查。

⑤经技术人员判定，对不影响结构受力的缺陷进行修补。

(8)脱模堆放

混凝土楼板蒸养后经过试压试块，强度值达到设计强度 75%以上时方可脱模吊装。先从生产线中间楼板位置开始断筋，单块楼板应从两侧往中间对称断筋，预应力钢筋长度不得超过上部钢筋长度。出池吊车装车时，运输车辆前后两段枕木应平整坚实，堆放场地要平整夯实，堆放时使板与地面之间留有一定空隙，并有排水措施。垫木要上下对正、四角保持平稳、左右对齐，垫木厚度大于吊环出板面的高度，垫木距板端 200~300 mm，堆放高度不超过 6 层，以免压坏楼板。待码放完后在楼板上浇水湿润并覆盖篷布进行养护。

(9)安全注意事项

①进入作业区需遵守相关规章制度。

②合理使用机械发现问题及时处理，禁止机械带病作业。

③机械维修时，必须先切断电源，以防触电。

④下班后，注意使用机械保护、覆盖、拉断电源。

⑤安全生产文明施工，做到活完、料净、脚下清。

⑥施工现场人员必须服从公司员工管理规定，住宿人员必须服从宿舍管理规定。

5.2.4　预制构件吊运及安装

1）场地布置

①现场硬化采用 C20 混凝土，铺设范围包括常规材料堆场（钢筋、支撑、吊具、钢模等）外架底部和构件车辆通行道路。

②现场车辆行走通道必须能满足车辆可同时进出，避免道路问题影响吊装衔接。

③塔吊数量需根据构件数量进行确定（结构构件数量一定，塔吊数量与工期成反比）；塔吊型号和位置根据构件质量和范围确定，原则上距离最重构件和吊装难度最大的构件最近。

2）构件堆放及运输

堆放场地应为混凝土地坪，场地应平整并有足够承载力，避免由于场地原因造成构件开裂和损坏。所有与构件表面接触的材料均应有隔离措施，包裹无污染塑料膜。板叠层码放时，垫木均应上下对正，每层构件间的垫木或垫块应在同一垂直线上，竖直传力（图 5.68）。垫木应根据构件平起吊环位置设置，且不可放置在构件受力薄弱位置。

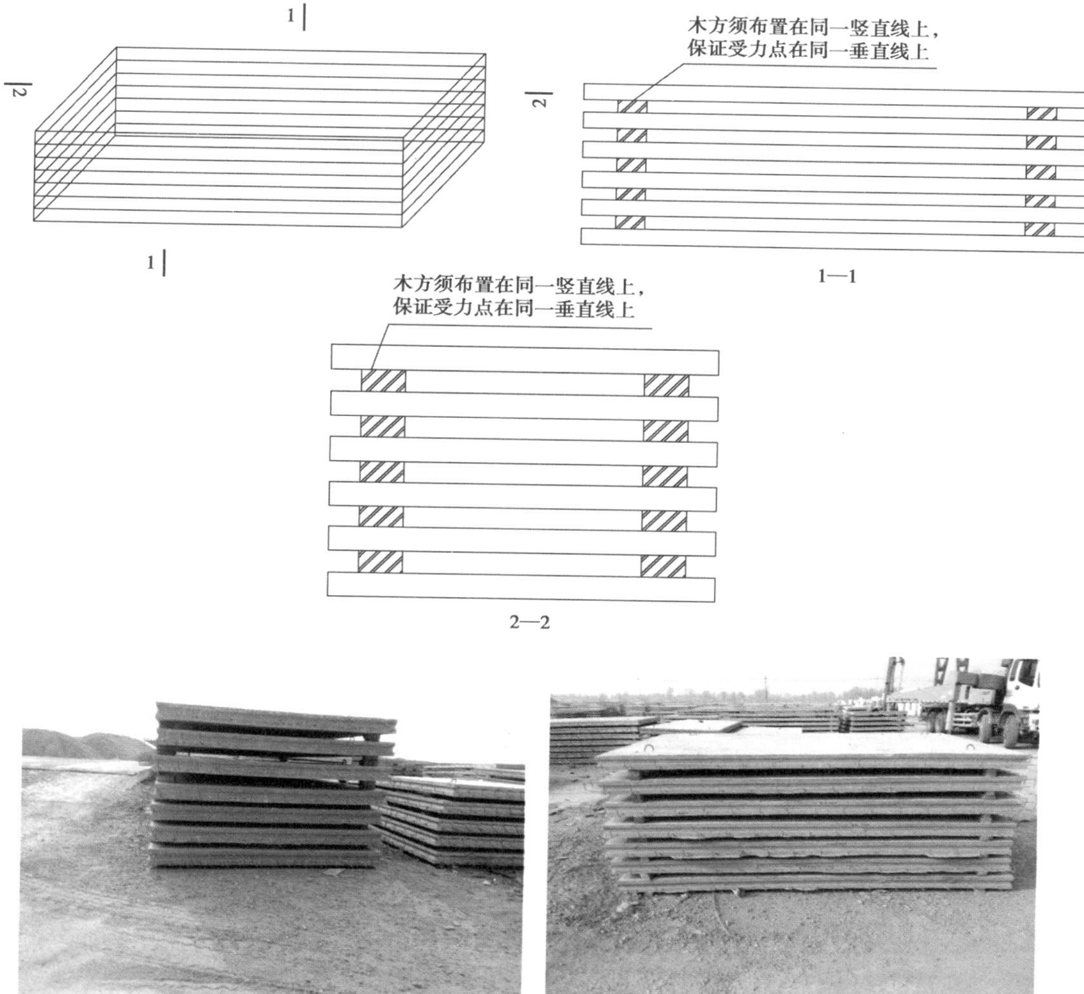

图 5.68　板垫木设置

预制墙板的码放需放置在专用的架体上，墙下方垫木方，运输过程中应使用专用架体码放，且墙体用绳索固定牢固，防止运输过程中因晃动造成墙体破坏(图 5.69)。

预制楼梯码放应顺着预制楼梯侧面在同一直线上垫木方，运输过程中梯段板之间应放置木方，防止晃动引起碰撞(图 5.70)。

图 5.69　预制墙板码放和运输

图 5.70　预制楼梯码放

3)预制墙安装

预制墙安装流程:测量放线→竖向钢筋校正→测量放置水平标高控制垫片，并用坐浆料填实→墙柱吊装、固定、校正→浆锚节点灌浆→梁板、楼梯段吊装、固定、校正→节点钢筋绑扎→节点模板安装→节点及叠合梁混凝土浇筑。

(1)测量放线

清理墙、暗柱安装部位杂物，将松散混凝土及高出定位预埋钢板黏结物清除干净。使用经纬仪、铅垂仪(线垂)将主控轴线引测到楼面上，根据施工图，配合钢卷尺、50 m 钢尺将轴线、墙柱边线、门窗洞口线、200 mm 控制线等用墨线在楼面上弹出。

使用水准仪、塔尺在预留钢筋上抄测出结构 500 mm 线，用红漆做好标记，同时在构件下口弹出 500 mm 线。

(2)竖向钢筋校正

根据所弹出墙线及构件插筋孔位置，调整下层墙伸出的预留钢筋位置及长度(可制作定位模具)。

(3)水平标高控制

测量放置水平标高控制垫片，并用坐浆料填实，在墙、暗柱构件安装部位的混凝土应进行凿毛处理，然后根据测量钢筋上的结构 500 mm 线，在墙柱构件安装部位设置垫片（至少 2 个放置点）进行找平。垫片厚度根据水平抄测数据确定，并铺设 20 mm 厚坐浆料，允许偏差值为 0~2 mm。

（4）预制墙板吊装、固定、校正

①清理墙安装部位的杂物，将松散混凝土及高出垫片的黏结物清除干净，检查墙柱轴线的位置、标高和锚固是否符合设计要求。对预吊墙伸出预留钢筋进行检查，将下部伸出墙柱筋理直、理顺，保证预留插筋孔同下层墙钢筋的准确插接。

②预制墙板起吊：吊装用钩绳与卡环相钩区用卡环卡准，吊绳应处于吊点的正上方，慢速提升，待吊绳绷紧后暂停上升。及时检查自动卡环可靠情况，防止自行脱扣，无误后方可起吊（图 5.71）。

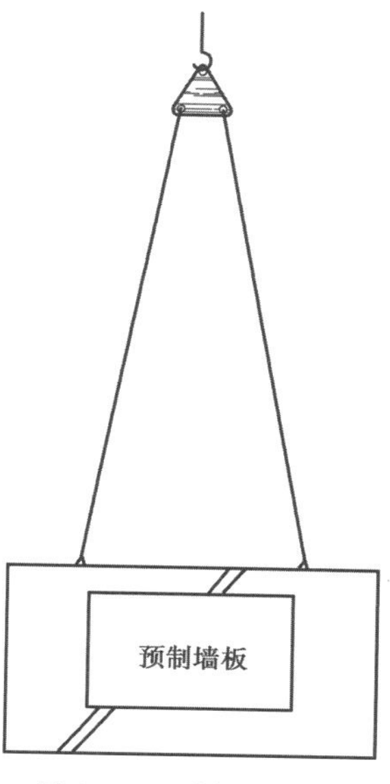

图 5.71　预制墙板起吊

③预制墙板就位校正：当预制墙板吊起距地面 1 m 左右时稍停，然后经信号员指挥，将预制墙板吊运到楼层就位。就位时（电葫芦倒链配合），缓慢降落到安装位置正上方、停住。核对预制墙板的插筋孔，调整方位由工人控制，使墙、柱插筋孔与下部钢筋完全吻合并一一插入。根据预制墙板定位线用撬棍等将墙柱根部就位准确，就位后立即在预制墙板上安装斜向支撑。斜支撑安装在竖向构件同一侧面，与楼面的水平夹角大于 60°。支撑下部连接固定用 M16×80 膨胀螺栓，确保安全后方可摘钩。调节支撑上的可调螺栓进行垂直度校正，一块预制墙板构件至少安装两根斜向支撑（图 5.72）。

④预制墙板之间的钢筋搭接、预制墙板甩筋与现浇部分钢筋搭接依据现浇图纸进行绑扎（图5.73）。

图 5.72　预制墙板就位校正

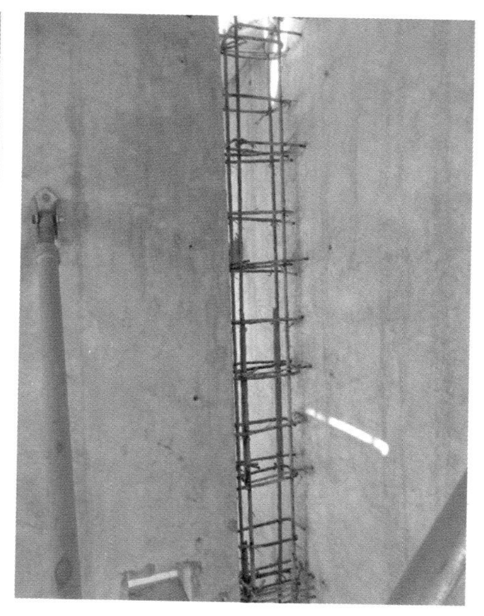
图 5.73　预制墙板连接

（5）预制墙板灌浆连接（图 5.74）

①灌浆前应全面检查排气孔是否通畅，将墙构件与楼面连接处清理干净，灌浆前 24 h 表面充分浇水湿润，灌浆前 1 h 应吸干积水。

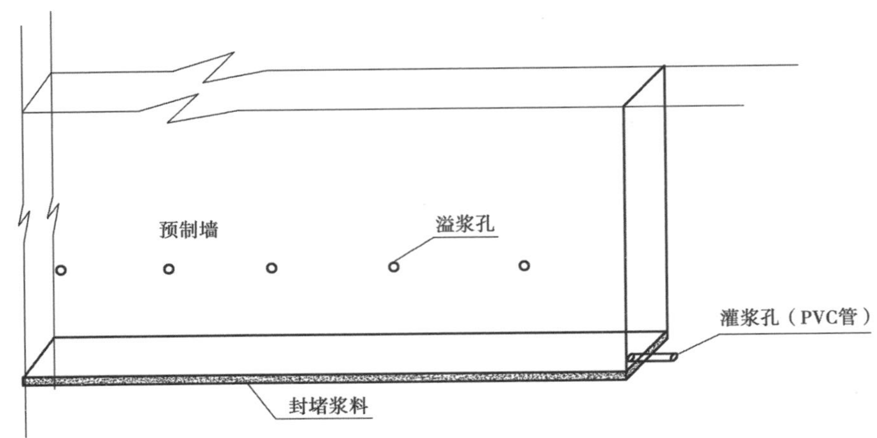

图 5.74　锚固点灌浆

②严格按照产品说明书要求配置灌浆料,先在搅拌桶内加入定量的水,然后将干料倒入,用手持电动搅拌器充分搅拌均匀。搅拌时间从开始投料到搅拌结束应不小于 3 min,搅拌时叶片不得提至浆料液面之上,以免带入空气。搅拌后的灌浆料应在 30 min 内用完。

③灌浆前先将剪力墙连接四周用灌浆料封严,留一根 PVC 管做灌浆备用。待灌浆料强度达到 100%后,从 PVC 管中继续灌浆,过程中注意排气孔,有灌浆料溢出进行封堵,待灌浆完成后拔出 PVC 管并将洞口灌严。

④灌浆应连续、缓慢、均匀地进行,单块构件灌浆孔或单独拼缝应一次连续灌满,直至排气管排出的浆液稠度与灌浆口处相同,且没有气泡排出后,将灌浆孔封闭。灌浆结束后,应及时将灌浆口及构件表面的浆液清理干净,并将灌浆口表面抹压平整。

⑤灌浆施工后,应避免灌浆层受到振动和碰撞,以免损坏未结硬的灌浆层。灌浆完成后30 min内,应立即喷洒养护剂或覆盖塑料薄膜(冬季并加盖岩棉被)等进行养护,或在灌浆层终凝后立即洒水保湿养护。养护措施还应符合《混凝土工程施工验收规范》(GB 50204—2015)有关规定。

4)预制板安装

①吊装前,先确保墙柱安装、校正、加固完成。一般应优先采用硬架支模安装,顶楞平直,支承模板(图 5.75)。水平楞应紧贴墙体,为避免接缝漏浆木方与墙体接缝处加双层海绵条。标高应一致,竖向支承牢固。另加横向支承,以防止浇注圈梁混凝土时水平楞胀开、跑浆,造成墙顶

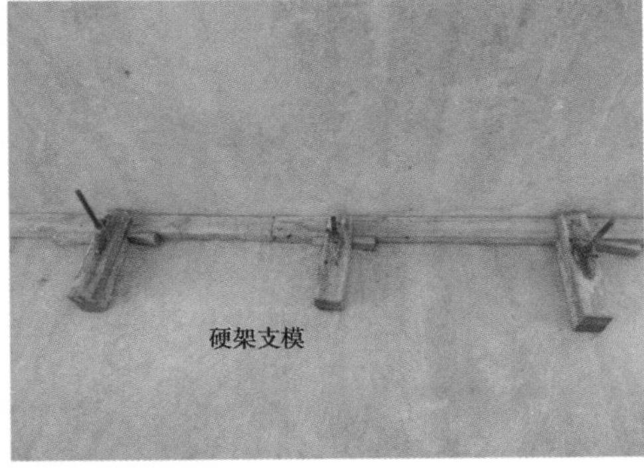

图 5.75　预制板吊装

阴角不方正，影响室内装修。

②画预制板的位置线：在梁（或墙板）侧面，按结构平面布置图画出板缝位置线，注明板的型号。预制板必须按设计要求对号入座，不得放错板号。

③预制板就位前，应根据 500 mm 标高线检查标高，保证板端支座准确。

④位置调整：对准位置线，落稳后方可脱钩。用撬棍拨动板端，理顺外露胡子筋。

⑤预制板缝钢筋搭接应符合下列要求：

a.预制板侧连接：预制板板缝上翼缘宽度不小于 80 mm，在板缝内放置两根纵筋，纵筋直径不小于 8 mm。板侧设贯通板宽的抗剪槽或粗糙面。

b.预制板端连接：板端设贯通板宽的抗剪槽或粗糙面。

c.预制板端与墙连接：板端预应力主筋及构造筋应锚固在后浇段内。

d.预制板侧与梁、墙连接：板侧做成凹凸齿槽形式，板侧胡子筋应锚固在后浇带内。

e.预制板按简支、单向板设计。

f.预制板缝、板端及板侧均采用高一个等级强度的微膨胀混凝土浇筑（图 5.76）。

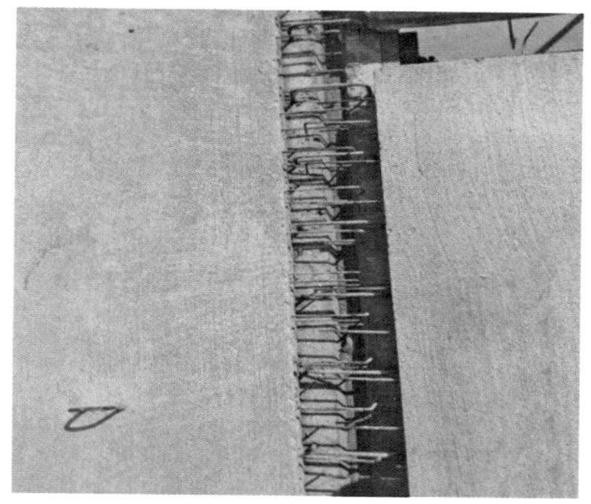

图 5.76 预制板板缝

⑥当预制板下为现浇墙体和现浇梁时，板支撑采用脚手架支撑体系；顶板支撑系统为扣件式满堂脚手架，立杆排距为 1 000 mm，水平杆间距为 1 200 mm（图 5.77）。顶托采用木方尺寸为

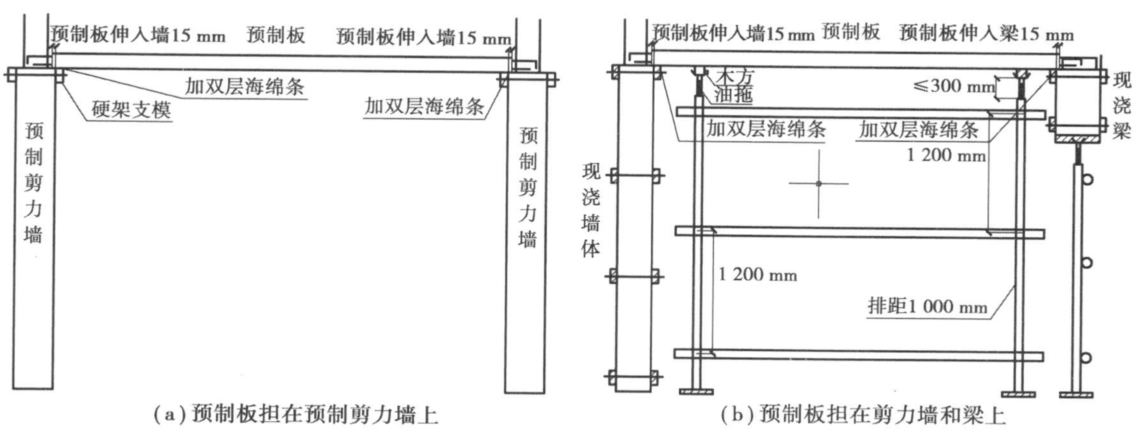

图 5.77 预制板安装

100 mm×100 mm。采用的钢管类型为 ϕ48×3.5，采用扣件连接方式。立杆上端伸出至模板支撑点长度为 300 mm。

5)楼梯段板安装

(1)弹线

楼梯段板在墙、板、完成安装后，楼梯剪力墙现浇完成后进行吊装。吊装前，先应清理连接部位的灰渣和浮浆，根据标高控制线将梁构件上口找平，弹好两端的轴线(或中线)，调直、理顺两端伸出的钢筋。

(2)起吊

按照图纸规定的吊点位置挂钩或锁绳，根据楼梯段位置坡度选择钢丝绳长度，使其按楼梯平面坡度吊装(图5.78)。注意使吊绳与楼梯段上表面间的夹角应大于 45°。如采用吊环起吊，必须同时拴好保险绳，当采用兜底吊运时必须用卡环卡牢。挂好钩绳后缓慢提升，绷紧钩绳，离地 50 cm 左右暂停上升，认真检查吊具拴挂安全可靠，方可吊运就位。

(3)安装就位

就位前，应检查楼梯梁标高、位置是否符合安装要求。就位时，找好楼梯段定位轴线和梁上轴线之间的相互关系，以便使楼梯段正确就位。

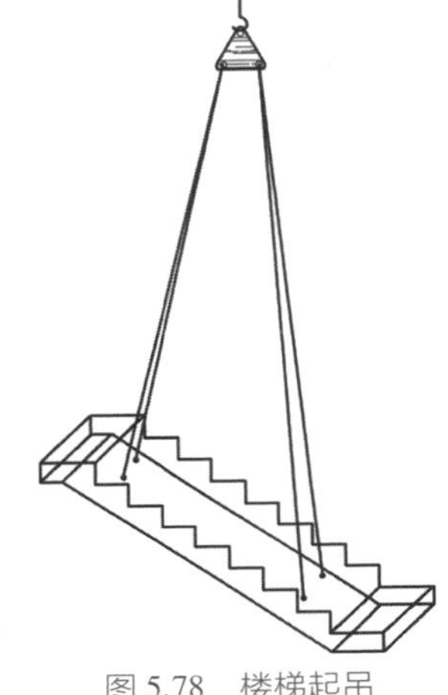

图 5.78　楼梯起吊

6)构件节点连接

(1)钢筋绑扎

①预制构件吊装就位后，根据结构设计图纸，绑扎墙柱垂直连接节点、梁、板连接节点钢筋。

②钢筋绑扎前，应先校正预留锚筋、箍筋位置及箍筋弯钩角度。

③剪力墙垂直连接节点暗柱、剪力墙受力钢筋采用搭接绑扎，搭接长度应满足规范要求。

④楼梯节点钢筋绑扎时，将楼梯段锚筋与支座处锚筋分别搭接绑扎，搭接长度应满足规范要求，同时应确保负弯矩钢筋的有效高度。

(2)节点模板安装

①节点模板安装前，在模板支设处楼面及模板与结构面结合处粘贴 30 mm 宽双面胶带。

②模板使用 M12 对拉螺栓紧固，对拉螺栓外套 ϕ20 塑料管。在塑料管两端与模板接触处分别加设塑料帽，塑料帽外加设海绵止水垫。

③对拉螺栓间距不宜大于 800 mm，上端对拉螺栓距模板上口不宜大于 400 mm，下端对拉螺栓距模板下口不宜大于 200 mm(预制构件已预留孔)。

(3)节点混凝土浇筑

①混凝土浇筑前，应将模板内及叠合面垃圾清理干净，并应剔除叠合面松动的石子、浮浆。

②构件表面清理干净后，应在混凝土浇筑前 24 h 对节点及叠合面充分浇水湿润，浇筑前 1 h 吸干积水。

③节点混凝土浇筑应采用插入式振捣棒振捣密实。

④混凝土浇筑后 12 h 内应进行覆盖浇水养护。日平均气温低于 5 ℃时，宜采用薄膜养护，养护时间应满足规范要求。

5.2.5　质量标准及验收

吊装时，构件混凝土强度必须满足设计要求和规范规定，构件的型号、位置、支点、锚固必须符合设计要求，且无变形、损坏现象。构件节点构造、锚固做法必须符合设计要求和建筑物抗震规范的有关规定，安装平稳、牢固、安全可靠。墙、板缝、构造节点混凝土必须振捣密实。加强后期养护，检查试块试验报告，其强度必须满足设计要求和施工规范的规定。

1）剪力墙隐蔽验收

①预制构件与后浇混凝土结构连接处混凝土的粗糙面或键槽。

②后浇混凝土中钢筋的型号、规格、数量、位置、锚固长度。

③结构预埋件、螺栓连接、预留专业管线的数量与位置。

2）模板与支撑

①主控项目：预制构件安装固定支撑应稳定可靠，应符合设计、专项施工方案要求及相关技术标准规定。检查数量：全数检查。检查方法：观察，检查施工记录。

②一般项目：后浇混凝土结构模板安装偏差应符合表 5.6 的规定。

表 5.6　后浇混凝土结构模板安装偏差

项目		允许偏差/mm	检验方法
轴线位置		5	尺量检查
底模上表面标高		±5	水准仪或拉线，尺量检查
截面内部尺寸	梁	+4，-5	尺量检查
	墙	+4，-3	尺量检查
层高垂直度	≤5 m	6	经纬仪或吊线，尺量检查
相邻两板表面高低差		2	尺量检查
表面平整度		5	2 m 靠尺和塞尺检查

检查数量：在同一检验批内，对梁应抽查构件数量的 10%，且不少于 3 件；对墙和板应按有代表性的自然件抽查 10%，且不少于 3 件。

3）模板拆除

①主控项目：底模及其支撑拆除时，混凝土强度应符合设计和规范要求，有同条件养护试件强度试验报告。

②一般项目：侧模拆除时，混凝土强度应能保证其表面及棱角不受损伤，不应对楼层形成冲击。拆除的模板和支撑分散堆放并及时清运。

4）钢筋

①主控项目：钢筋性能检测（60 t 一批次）、钢筋质量偏差检测（60 t 一批次）。

②一般项目：后浇混凝土中连接钢筋、预埋件安装位置允许偏差应符合表 5.7 的规定。

表 5.7　连接钢筋、预埋件安装位置允许偏差

项目		允许偏差/mm	检验方法
连接钢筋	中心线位置	5	尺量检查
	长度	±10	
安装用预埋件	中心线位置	3	尺量检查
	水平偏差	3,0	尺量和塞尺检查
斜支撑预埋件	中心线位置	±10	尺量检查
普通预埋件	中心线位置	5	尺量检查
	水平偏差	3,0	尺量和塞尺检查

5)混凝土

(1)主控项目

①后浇混凝土的外观质量不应有严重缺陷。检查数量:全数检查。检查方法:观察。

②装配式剪力墙结构安装连接节点和连接接缝部位后浇混凝土强度应符合设计要求。

检查数量:同一配合比混凝土,每工作班且建筑面积不超过 1 000 m^2 应制作一组标准养护试件,同一楼层应制作不少于 3 组标准养护试件。同条件养护试块根据方案留置。

检查方法:检查施工记录及试件强度试验报告。

(2)一般项目

后浇混凝土外观质量不宜有一般缺陷。检查数量:全数检查。检查方法:观察。

6)预制构件安装

(1)主控项目

①预制构件的外观质量不应有严重缺陷,且不应有影响结构性能和安装、使用功能的尺寸偏差。检查数量:全数检查。检查方法:观察,钢尺检查。

②后浇部位的钢筋品种、级别、规格、数量和材质应符合设计要求。检查数量:全数检查。检查方法:观察,钢尺检查。

③预制构件安装前,检查预留插筋的型号、位置、外伸长度是否符合设计要求。检查数量:全数检查。检查方法:观察,钢尺检查。

④灌浆料进场时,应对灌浆料拌合物 30 min 流动度、泌水率及 3 d 抗压强度、28 d 抗压强度、3 h 竖向膨胀率、24 h 与 3 h 竖向膨胀率差值进行检验。

检查数量:同一成分、同一批号的灌浆料,不超过 50 t 为一批,制作 40 mm×40 mm×160 mm 试件不应少于 1 组。

检查方法:检查质量证明文件和抽样检验报告。

⑤钢筋浆锚搭接连接用灌浆料 28 d 抗压强度检验结果应符合《装配式混凝土结构技术规程》(JGJ 1—2014)的相关规定。

检查数量:每工作班组取样不得少于 1 次,每楼层取样不得少于 3 次。每次抽取一组 40 mm×40 mm×160 mm 试件,标准养护 28 d 后进行抗压强度试验。

检查方法:检查灌浆施工记录及抗压强度试验报告。

⑥钢筋浆锚搭接连接的灌浆料应密实饱满。检查数量:全数检查。检查方法:检查灌浆施工记录。

⑦装配式剪力墙结构预制构件连接接缝处密封材料应符合设计要求。检查数量:全数检查。检查方法:检查出厂合格证、出厂检验报告及相关质量证明文件。

(2)一般项目

①预制构件的外观质量不宜有一般缺陷。检查数量:全数检查。检验方法:观察,检查技术处理方案。

②预制构件应在明显部位标明生产单位、构件型号和编号、生产日期和出厂验收标志。检查数量:全数检查。检验方法:观察。

③预制构件上的预埋件、吊环、预留孔洞的规格、位置和数量应符合设计要求。检查数量:全数检查。检验方法:观察,钢尺检查。

④预制构件的尺寸偏差应符合规定。

检查数量:同一检验批内使用的同种构件按同一生产企业、同一品种的构件,不超过 100 个为一批,每批抽查构件数量的 5%,且不少于 3 件。

⑤装配式剪力墙结构安装完毕后,预制构件安装尺寸允许偏差应符合规定。

检查数量:在同一检验批内,对梁、柱,应抽查构件数量的 10%,且不少于 3 件;对墙和板,应按有代表性的自然间抽查 10%,且不应少于 3 件。

7)混凝土结构子分部工程质量验收

①装配式剪力墙结构中,混凝土结构子分部工程质量验收应在钢筋、混凝土、现浇结构和装配式结构相关分项工程验收合格的基础上,进行质量控制资料及观感质量验收,并应对涉及结构安全的材料、试件、施工工艺和结构的重要部位进行见证检测或结构实体检验。

②装配式剪力墙结构工程质量验收时,应提交下列文件与记录:

a.工程设计文件、预制构件制作和安装的深化设计图;

b.预制构件、主要材料及配件质量证明文件、进场验收记录、抽样复验报告;

c.预制构件安装施工验收记录;

d.钢筋浆锚搭接连接施工检验记录;

e.后浇混凝土部位隐蔽工程检查验收文件;

f.后浇混凝土、灌浆料、坐浆材料强度检测报告;

g.外墙防水施工质量检验记录;

h.装配式结构分项工程质量验收文件;

i.混凝土结构实体检验记录;

j.装配式工程的重大质量问题处理方案和验收记录;

k.装配式工程的其他文件和记录。

5.2.6　成品保护

①楼面上的墙网格轴线要保持贯通、清晰,安装节点标高要注明。需要处理的要做明显的标记,不得任意涂抹和污染。

②安装墙定位埋件要保证标高准确，不得任意撬动、撞击和移位。

③节点处的主筋不得歪斜、弯扭，清理铁锈、污物的过程不得猛砸。节点加密区箍筋采用焊接封闭式，其间距必须按照设计和抗震要求关于箍筋加密的规定设置、绑扎牢固。

④已安装完的墙、板不得任意将支撑、拉杆撤除。

⑤构件在运输和堆放时，垫木支垫位置应符合规定，一般应靠近吊环，垫块厚度应高于吊环，且上下垫木成一直线，防止因支垫不合理造成构件损坏。堆放场地应平整、坚实，不得积水。底层应用 100 mm×100 mm 方木或双层脚手板支垫平稳。每垛构件应按施工组织设计规定的高度和层数码放整齐。

⑥安装各种管线时，不得任意剔凿构件，施工中不得任意割断钢筋或造成硬弯损坏成品。

5.2.7 安全文明施工

(1)安全保障体系(图 5.79)

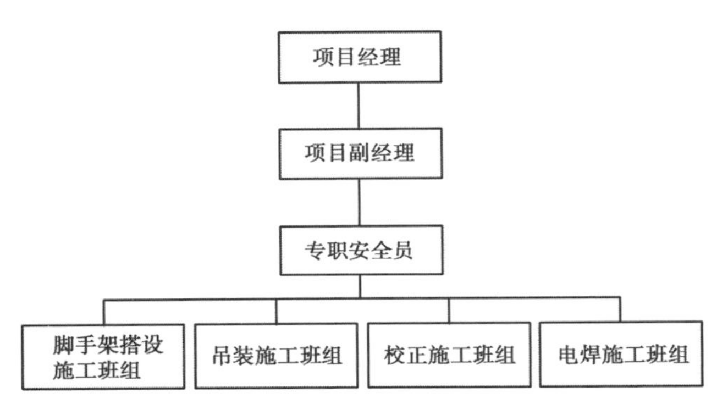

图 5.79 安全保障体系图

预制构件堆放及安全防护

预制外墙吊装过程防碰撞

预制楼梯吊装过程防碰撞

楼层围护栏拆除流程

(2)安全管理措施

加强安全教育工作，做好“三级安全教育”，牢固树立“安全第一”的思想观念。进入施工现场应戴好安全帽，高空作业扣好安全带，穿好防滑鞋。对每个施工员进行技术交底工作，每日上班前开安全会，每周开一次安全施工例会，总结安全施工情况，提出修改意见。每周由总包单位组织一次安全生产大检查。每天由专职安全员巡视，检查监督安全工作，把安全工作落到实处。

①参加起重吊装作业人员，包括司机、起重工、信号指挥(对讲机须使用独立对讲频道)、电焊工等均应接受过专业培训和安全生产知识考核教育培训，取得相关部门的操作证和安全上岗证，并经体检确认方可进行高处作业。

②墙板堆场区域内应设封闭围挡和安全警示标志，非操作人员不得进入吊装区。

③构件起吊前，操作人员应认真检验吊具各部件，详细复核构件型号，做好构件吊装事前工作，如外墙板连接筋弯曲、塑钢成品保护、临时固定拉杆竖向槽钢安装等。

④起吊时，堆场区及起吊区的信号指挥与塔吊司机的联络通信应使用标准、规范的普通话，防止因语言误解产生误判而发生意外。起吊与下降全过程应始终由当班信号统一指挥，严禁他人干扰。

⑤构件起吊至安装位置上空时，操作人员和信号指挥应严密监控构件下降过程，防止构件与竖向钢筋将或立杆碰撞。下降过程应缓慢进行，降至可操控高度后，操作人员迅速扶正挂板方向，引导至安装位置。在构件安装临时支撑固定前，塔吊不得有任何动作及移动。

⑥起吊工具应使用符合设计和国家标准，经相关部门批准的指定系列专用工具。

⑦所有参与吊装的人员进入现场应正确使用安全防护用品，戴好安全帽。在 2 m 以上（含 2 m）没有可靠安全防护设施的高处施工时，必须系好安全带。高处作业时，不能穿硬底和带钉易滑的鞋施工。

⑧吊装施工时，在其安装区域内行走应注意周边环境是否安全。临边洞口、预留洞口应做好防护，吊运路线上应设置警示栏。

⑨使用手持电钻进行楼面螺丝孔钻孔工作时，应仔细检查电钻线头和插座是否破损。配电箱应有防触电保护装置，操作人员须戴绝缘手套。电焊工、氩气乙炔气割人员操作时应开具动火证并有专人监护。

⑩操作人员不得以墙板预埋连接筋作为攀登工具，应使用合格标准梯。在墙板与结构连接处混凝土强度达到设计要求前，不得拆除临时固定支撑。施工过程中，斜支撑上应设置警示标志，并由专人监控巡视。

（3）主要安全措施

①边长或直径在 20~40 cm 洞口可盖板固定防护，40~150 cm 以上的洞口须架设脚手钢管，满铺竹笆固定围护。

②边长或直径 150 cm 以上的洞口，应在洞口下张小眼安全网。

③钢管立柱纵距、横距、步距应按规定布置，立杆纵距为 2 m，立杆横距为 1 m，立杆步距为 2 m。

④建筑物楼层周边钢梁吊装完成后，必须在临边离钢梁面 1.0~1.2 m 处设置两道连续 ϕ9.0~ϕ11.0无油钢丝绳。钢丝绳与预制墙预留吊装环用卸扣连接或捆扎连接。

⑤架子工搭设临边脚手架、操作平台、安全挑网时，必须将安全带系在临边防护钢丝绳上。

⑥预制楼板应由里向外或由外向里连续铺设。

⑦楼层预制楼板施工完成后，应移交下一道工序，同时拆除临边防护钢丝绳。

⑧登高设施。同一楼层脚手架底步距向第二步攀登，应在楼层安全通道与脚手架连接处设置歇脚平台，平台不小于 1 m×1 m，且设置防护栏杆。在歇脚平台上设置垂直爬梯，爬梯踏步间距不大于 40 cm。

⑨脚手架搭设。采用钢管脚手架，钢管宜采用 ϕ48.3×3.6 规格，每根钢管最大质量不应大于25.8 kg，扣件、螺栓等金属配件质量应符合有关标准要求，无锈蚀、变形、消丝、裂缝等现象。脚手架钢管扣件等必须有产品生产许可证、准用证、合格证等有关证明资料才能用于支架搭设。

⑩季节性安全施工。炎热季节除注意常规的安全措施，还应考虑阴雨天气道路保障畅通措施，避免因道路不通畅而影响施工进度。下雨后，登高设施、构件、操作工具、行走道路、有关设备等施工范围应将积水及时清理干净后再正常操作，以防滑跌造成事故。雷雨天气停止吊装施工。

5.3 装配式结构工程施工技术交底记录

工程名称	××××05-01 地块住宅	分部工程	预制安装
分部分项工程	外墙板、叠合板、阳台、楼梯	交底日期	××××年××月××日

交底内容：

1 吊装准备

1.1 技术准备

1.1.1 在构件图绘制前，定位所有预埋件，并准确地反映在构件图中。

1.1.2 构件模具生产顺序、构件加工顺序及构件装车顺序必须与现场吊装计划相对应，避免因构件未加工或装车顺序错误影响现场施工进度。

1.1.3 预制构件型号符合设计要求，有出厂合格证，并应符合现行标准要求。有裂纹、翘曲等有质量缺陷的楼板不准进场，按型号分类码放整齐并做好标志。钢筋、灌浆材料、砂、石子、水泥等均要求有出厂合格证，并应进行取样复试，合格后方准使用。

1.1.4 构件图出图后，第一时间必须对构件图中预留预埋部分认真核对，确保无遗漏、无错误，避免构件生产后无法满足施工措施和建筑功能要求。

1.1.5 必须向吊装工长、吊装班组长及一线作业人员进行清楚的技术交底，熟悉构件图，掌握每一道工序流程和施工方法。

1.1.6 必须保证底层预留插筋位置的准确性，根据构件图纸上的尺寸逐一核对校正，确保不因插筋问题影响吊装进度。

1.2 现场准备

1.2.1 现场场地应平整、夯实，确保构件堆场不出现沉陷，运输构件车辆行走的临时道路要按规定等级施工，并配备钢板道板备用。

1.2.2 现场车辆行走通道宽度必须能满足车辆可同时进出，避免因道路问题影响吊装衔接。

1.2.3 塔吊型号和位置根据构件质量和范围进行确定，原则上距离最重构件和吊装难度最大的构件最近。

1.3 吊装前准备

1.3.1 根据吊装图组织构件进场，按图码放，垫木距板端 30 cm，上下对齐。墙板宜直立堆放，并有可靠紧固措施以防倾倒；楼板堆放高度不超过 6 块，并检查构件质量，对有裂纹、翘曲或断裂损坏的构件不得使用。

1.3.2 构件吊装前必须整理吊具，并根据构件不同形式和大小安装好吊具。这样既节省吊装时间，又可保证吊装质量和安全。

1.3.3 构件进场后根据构件标号和吊装计划的吊装顺序在构件上标出序号，并在图纸上标出序号位置。这样可直观表示出构件位置，便于吊装工指挥操作，减少误吊概率。

1.3.4 所有构件吊装前必须在相关构件上将各个截面的控制线提前放好，并办完相应预检手续，可节省吊装、调整时间，且有利于质量控制。

1.3.5　墙体吊装前必须将调节工具埋件提前安装在墙体上，可减少吊装时间，且有利于质量控制。

1.3.6　梁板构件吊装前必须测量并修正墙柱顶标高，确保与梁底标高一致，便于梁板就位。

1.3.7　设备工具：QTZ100塔吊、撬棒、圆形套管、100 mm×100 mm方木、线锤、水平尺、扳手、斜撑杆、水平撑杆、水准仪、经纬仪、墨斗、塔尺、米尺、5 m钢尺、50 m长钢尺等。

1.3.8　吊装构件以前按设计图纸核对板型号，对设计中与施工规范要求或实际情况发生冲突的部位应提前与设计进行协商解决。按照每层的构件平面吊装图，作为施工中的吊装依据。

2　预制构件吊装

2.1　吊装流程一般可按同一类型的构件，以顺时针或逆时针方向依次进行，这样对构件吊装的条理性、楼层安全围挡及作业安全有利。根据图纸及控制线现场用墨线弹出构件边线（内墙柱构件）及200 mm构件控制线、洞口边线及构件边缘线、剪力墙暗柱位置线。

2.2　构件起吊离开地面时如顶部（表面）未达到水平，必须调整水平后再吊至构件就位处，这样便于钢筋对位和构件定位；飘窗、阳台、楼梯、部分梁构件等同一构件上吊点高低有不同的，低处吊点采用吊葫芦进行拉吊，起吊后调平，落位时采用葫芦紧松调整标高。

2.3　梁吊装前应将所有梁底标高进行统计，有交叉部分梁吊装方案根据先低后高进行安排施工。

2.4　选择构件吊装机型，遵循小车回转半径和大臂的长度距离；最大吊点的单件不利质量与起吊限量相符；建筑物高度与吊机的可吊高度一致。构件高空吊装要避免出现小车由外向内水平靠放的作业方式和猛放、急刹等现象，以防构件被碰撞破坏。

2.5　先粗放，后精调，充分利用和发挥垂直吊运工效，缩短吊装工期。采用“先柱、梁结构施工，后外墙构件安装”施工体系，要注意对连接件的固定与检查。脱钩前，螺栓与外墙构件必须连接稳固、可靠。

2.6　采用“先安装外墙构件，再施工连接结构”施工体系，临时调节杆与限位器的固定是构件安装不移位与构件吊装安全的保证。

2.7　预制外墙、预制阳台板、预制楼梯等安装，按计算结果布置支撑，支撑体系可采用钢管排架、单支顶或门架式等。

2.8　底模拆除时，混凝土强度应满足《混凝土结构工程施工质量验收规范》（GB 50204—2015）要求。

2.9　经现场施工实践，预制墙板之间水平或转角连接设置上、中、下3点连接，可避免连接点变形、跑位。做法可采用构件上预埋接驳器，用铁件（卡）连接。

2.10　对于预制外墙板吊装碰损，一般修补时的材料要与构件原材料相容和相配，以保证修补质量。对结构性损伤，不得自作主张按一般方法随意修补，必须经过设计和相关单位核定，按其要求进行处理。

2.11　根据构件平面布置图及吊装顺序平面图，对竖向构件按顺序就位。吊装前应放置垫片，垫片厚度根据测定标高计算。吊装时，应根据定位线对构件位置采用撬棍、撑顶等形式进行调整，以保证构件位置准确。构件就位后应立即安装斜支撑，应将螺丝收紧拧牢后方可松吊钩。使用2 m靠尺通过斜撑的调节撑出或收紧对构件垂直度进行校正，满足相应规定要求。

3 吊装质量控制

吊装质量控制是装配整体式结构工程的重点环节，也是核心内容，主要控制重点是施工测量精度。为满足构件整体拼装的严密性，避免因累计误差超过允许偏差值而使后续构件无法正常吊装就位等问题的出现，吊装前须对所有吊装控制线进行认真的复检。

3.1 吊装质量控制流程

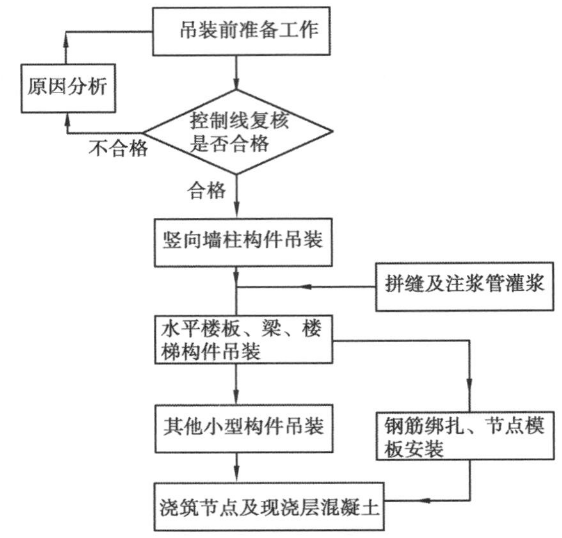

3.2 墙柱构件吊装控制

3.2.1 吊装前对外墙柱构件分割误差进行统筹计算，尽量将现浇结构的施工误差进行平差，防止预制构件误差累积过大。

3.2.2 吊装顺序应依次铺开，不宜间隔吊装。

3.2.3 墙吊装时应事先将对应的结构标高线标于构件内侧，有利于吊装标高控制，误差不得大于 2 mm；预制墙吊装就位后，标高允许偏差不大于 4 mm、全层不得大于 8 mm，定位不大于 3 mm。

3.3 梁吊装控制

3.3.1 梁吊装顺序应遵循先主梁后次梁、先低后高（梁底标高）原则。

3.3.2 吊装前，根据吊装顺序检查构件装车顺序是否对应，梁吊装标志是否正确。

3.3.3 梁底支撑标高调整必须高出梁底结构标高 2 mm，使支撑充分受力，避免预制梁底开裂。由于装配整体式结构工程构件不是整体预制，吊装就位后不能承受自身荷载，因此梁底支撑间距不得大于 1.5 m，每根支撑之间高差不得大于 1.5 mm、标高不得大于 3 mm。

3.4 板吊装控制

3.4.1 板吊装顺序尽量依次铺开，不宜间隔吊装。

3.4.2 板底支撑与梁支撑基本相同，板底支撑水平间距不得大于 1.5 m，每根支撑之间高差不得大于 2 mm、标高不得大于 3 mm，悬挑板外端比内端支撑尽量调高 3 mm。

3.4.3 每块板吊装就位后偏差不得大于 2 mm，累计误差不得大于 5 mm。

3.5 其他构件吊装控制

其他小型构件吊装标高偏差控制不得大于 5 mm，定位偏差控制不大于 8 mm。

<table>
<tr><td colspan="3">3.6　进入现场的预制构件，其外观质量、尺寸偏差及结构性能应符合标准图或设计要求，预制构件与结构之间的连接应符合设计要求。连接处钢筋或埋件采用焊接或搭接连接时，接头质量应符合《钢筋焊接及验收规程》(JGJ 18—2012)或相应搭接长度要求。
3.7　对于承受内力的接头和拼缝，混凝土强度未达到设计要求时，不得吊装上一层结构构件；设计无具体要求时，应在混凝土强度不小于10 MPa或具有足够的支撑时方可吊装上一层构件，已安装完毕的预制构件应在混凝土强度达到设计要求后，方可承受全部设计荷载。
3.8　预制构件码放和运输时的支撑位置和方法应符合标准图或设计要求。
3.9　预制构件吊装前，应按设计要求在构件和相应的支承结构上标出中心线、标高等控制尺寸。按标准图或设计文件校核预埋螺杆(套筒)、连接钢筋等，并做出标志。
3.10　预制构件应按标准图或设计的要求吊装。起吊时，绳索与构件水平面的夹角不应小于45°，否则应采用分配梁或分配桁架。
3.11　预制构件安装就位后，应采取保证构件稳定的临时固定措施，并应根据水准点和轴线(或控制线)校正位置。
3.12　装配式结构中的接头和拼缝应符合设计要求。工序检验到位，工序质量控制必须做到有可追溯性。
3.13　其他注意事项：构件吊装标志简单易懂；吊装人员在作业时必须分工明确，协调合作意识强。指挥人员指令清晰，不得含糊不清。
4　预制构件与现浇结构连接
4.1　预制构件与现浇混凝土接触面可采用凿毛或拉毛处理外，还可以采用缓凝剂石子露石等处理方法，但要符合设计图纸要求。
4.2　锚筋与预埋伸出钢筋是保证构件连接可靠与结构整体性的基本要求，必须按设计图纸和规范、规程执行。</td></tr>
<tr><td>技术负责人：</td><td>交底人：</td><td>接收人：</td></tr>
</table>

课后习题

5.1　试总结本章所示案例在施工工艺和施工组织上的特点。

5.2　预制构件存放与临时固定有哪些要求？

5.3　装配式建筑施工交底记录有哪些填写要点？

参考文献

[1] 中华人民共和国住房和城乡建设部，中华人民共和国国家质量监督检验检疫总局.装配式建筑评价标准：GB/T 51129—2017[S]. 北京：中国建筑工业出版社，2018.
[2] 中华人民共和国住房和城乡建设部，中华人民共和国国家质量监督检验检疫总局. 装配式混凝土建筑技术标准：GB/T 51231—2016[S]. 北京：中国建筑工业出版社，2017.
[3] 中华人民共和国住房和城乡建设部，中华人民共和国国家质量监督检验检疫总局. 装配式钢结构建筑技术标准：GB/T 51232—2016[S]. 北京：中国建筑工业出版社，2017.
[4] 中华人民共和国住房和城乡建设部，中华人民共和国国家质量监督检验检疫总局. 装配式木结构建筑技术标准：GB/T 51233—2016[S]. 北京：中国建筑工业出版社，2017.
[5] 中华人民共和国住房和城乡建设部. 装配式混凝土结构技术规程：JGJ 1—2014[S]. 北京：中国建筑工业出版社，2014.
[6] 中华人民共和国住房和城乡建设部. 装配式住宅建筑设计标准：JGJ/T 398—2017[S]. 北京：中国建筑工业出版社，2018.
[7] 中华人民共和国住房和城乡建设部. 装配式环筋扣合锚接混凝土剪力墙结构技术标准：JGJ/T 430—2018[S]. 北京：中国建筑工业出版社，2018.
[8] 中华人民共和国住房和城乡建设部. 工业化住宅尺寸协调标准：JGJ/T 445—2018[S]. 北京：中国建筑工业出版社，2018.
[9] 中国建筑标准研究院. 装配式混凝土剪力墙结构住宅施工工艺图解：16G906[S]. 北京：中国计划出版社，2016.
[10] 中华人民共和国住房和城乡建设部. 建筑施工起重吊装工程安全技术规范：JGJ 276—2012[S]. 北京：中国建筑工业出版社,2012.
[11] 中华人民共和国住房和城乡建设部. 钢筋连接用套筒灌浆料：JG/T 408—2019[S]. 北京：中国建筑工业出版社,2019.
[12] 中华人民共和国住房和城乡建设部. 钢筋套筒灌浆连接应用技术规程：JGJ 355—2015[S]. 北京：中国建筑工业出版社,2015.
[13] 中华人民共和国住房和城乡建设部. 建筑施工安全检查标准：JGJ 59—2011[S]. 北京：中国建筑工业出版社,2012.
[14] 中华人民共和国住房和城乡建设部. 建筑施工扣件式钢管脚手架安全技术规范：JGJ 130—2011[S]. 北京：中国建筑工业出版社,2011.
[15] 中华人民共和国住房和城乡建设部，中国人民共和国国家质量监督检验检疫总局. 混凝土结构工程施工质量验收规范：GB 50204—2015[S]. 北京：中国建筑工业出版社,2015.
[16] 中国建设教育协会，远大住宅工业集团股份有限公司. 预制装配式建筑施工要点集[M]. 北京：中国建筑工业出版社，2017.
[17] 肖明和，张蓓. 装配式建筑施工技术[M]. 北京：中国建筑工业出版社，2018.
[18] 郭学明. 装配式混凝土结构建筑的设计、制作与施工[M]. 北京：机械工业出版社，2017.
[19] 杜常岭. 装配式混凝土建筑施工安装200问[M]. 北京：机械工业出版社，2018.